Karen B. London

Andere Spezies, gleiches Prinzip

Wie wir vom Hundetraining fürs Leben lernen

Titel der englischen Originalausgabe: Treat Everyone Like a Dog:
How a Dog Trainer's World View Can Improve Your Life

Karen B. London/Animal Point Press
3100 West Shannon Drive
Flagstaff, Arizona 86001

Aus dem Englischen übersetzt von Lisa Wetzmüller

KYNOS VERLAG Dr. Dieter Fleig GmbH
Konrad-Zuse-Straße 3 • D-54552 Nerdlen/Daun
Telefon: +49 (0) 6592 957389-0
www.kynos-verlag.de

Bildnachweis: Titelbild Drobot Dean-stock.adobe.com; sonsedskaya-stock.adobe.com;
S. 365 Brian Hofstetter

Gedruckt in Lettland

ISBN 978-3-95464-256-4

Inhalt

Für meine Söhne Brian Hofstetter und Evan Hofstetter, für die das Hundetraining mit seinen Grundsätzen schon immer Teil des Alltags war, und die deshalb (so glaube ich) glücklichere und bessere Menschen geworden sind.

Und für meinen Mann Rich Hofstetter, der derartig außergewöhnlich ist und so perfekt zu mir passt, dass ich keinerlei Interesse habe, irgendetwas an ihm oder seinem Verhalten zu ändern.

Vorwort

Von Patricia McConnell, Ph.D.

Kennen Sie das, wenn Ihnen zu spät einfällt, was Sie hätten sagen sollen? Vielleicht während der Heimfahrt nach einem Meeting oder während Sie sich gerade unter der Dusche einseifen? Mir geht es ständig so und ich weiß, dass ich damit nicht alleine bin. Vielleicht geht es Ihnen genauso. Aber es trifft nicht auf Dr. Karen London zu, da sie die schlagfertigste Person ist, die ich kenne. Bei ihr kann man sicher sein, dass sie immer genau das Richtige sagt, und zwar genau zum richtigen Zeitpunkt.

Und hier hat sie es wieder geschafft: Dies ist ein Buch voller perfekter Tipps – Tipps, die Ihr Leben unglaublich verbessern werden, weil sie die Grundsätze des Hundetrainings in Ihr Leben einbringen. Hätten Sie gerne, dass Ihr Ehepartner Ihnen öfters Blumen mitbringt? Dass Ihre Kinder ihre Kleidung aufhängen und den Süßigkeiten an der Supermarkt-Kasse widerstehen? All das ist möglich und Karen wird Ihnen beibringen, wie es geht. Verhaltensbeeinflussung ist keine Quantenphysik, aber die meisten von uns haben nicht von klein auf gelernt, sie anzuwenden. Karen erinnert uns jedoch daran, dass gute Hundetrainer ihre Hunde dazu bringen, Erstaunliches zu leisten: Diese Hunde sind bereit, abrupt abzubremsen, obwohl sie gerade ein Kaninchen jagen oder eine fettige Essenverpackung auf ein ruhiges Wort ihres Besitzers hin fallen zu lassen. Wenn wir es schaffen können, hochmotivierte Raubtiere – die noch dazu zu einer anderen Spezies gehören – dazu zu bringen, fröhlich zu uns zurückzukommen und Futter abzulehnen, das wie von Zauberhand vor ihnen erscheint, dann können wir es sicher auch schaffen, unsere Kinder dazu zu bringen, an der Bordsteinkante stehenzubleiben, anstatt hinter einem Ball her auf die Straße zu rennen!

Dieses Buch ruft uns ins Gedächtnis, dass „Training“ in Wirklichkeit eine Art der Verhaltensbeeinflussung ist und dass positive Verstärkung diesbezüglich eines der Hauptwerkzeuge ist. Diese Methode bietet allen Tierarten Chancengleichheit: Anhand von positiver Verstärkung können Zoowärter Blutproben von Tigern entnehmen, Hundetrainer Hunden beibringen, ihre Spielzeuge in einen Korb zu legen und Ehepartner Hilfe beim Hausputz erhalten. Hundetrainer, die positive Verstärkung anwenden, sind von der Effektivität dieser Methode niemals überrascht – aber uns überrascht sehr wohl, wie selten sie im restlichen Leben eingesetzt wird. Es scheint, als ob die menschliche Spezies einen Hang zu Beschwerden, Strafen und Korrekturmaßnahmen hat, obwohl diese Methoden selten so wirksam sind, wie wir gerne glauben würden.

Hier ist ein kleines Beispiel aus meinem eigenen Leben: Als ich meinen Ehemann gerade kennengelernt hatte, erzählte er mir von den häufigen Beschwerden seiner Ex-Frau, die dahin gingen, dass er sie tagsüber selten anrief oder ihr mailte – nicht einmal, wenn es um etwas Wichtiges ging, das wenig Zeit in Anspruch genommen hätte. Da ich zu dem Zeitpunkt frisch in ihn verliebt war, wusste ich, dass ich gerne auch untertags gelegentlich Kontakt mit ihm hätte. Ich traf die bewusste Entscheidung, eine fehlende Reaktion seinerseits niemals zu erwähnen, aber schamlos mit ihm zu flirten, wenn er auf meine Kontaktaufnahme reagierte. In weniger als einem Monat hatte ich ihn so weit, dass er mir öfter mailte oder mich anrief als ich ihn.

Vielleicht denken Sie nun: Oh nein, wie manipulativ! Eine meiner Lieblingsstellen in diesem Buch ist Karens Beobachtung, dass der Einsatz positiver Verstärkung oft als „manipulativ“ gebrandmarkt wird, während wir diesen Begriff niemals für negative Reaktionen – wie beispielsweise Beschwerden oder Strafen – verwenden. So wahr und gleichzeitig komplett unlogisch.

Logisch – und wirksam – wäre es, wenn wir grundlegende Lernmethoden einsetzten, um uns das Leben zu erleichtern. Karens Buch erklärt diese Methoden (wie z. B. Einfangen von Verhalten, Freies Formen, Locken und die Bedeutung des äußeren Umfelds) nicht nur, sondern bietet auch eine Fülle an Beispielen, die aus dem echten Leben gegriffen sind. Zum Beispiel setzte Karen Methoden direkt aus dem Hundetraining ein, um das Verhalten einer Kassiererin in ihrem örtlichen Supermarkt von „unfreundlich" auf „freundlich" umzupolen oder um ihren schüchternen Sohn dazu zu bringen, seine Großeltern sofort nach deren Eintreten zu umarmen. Das alles ohne Nörgeln und ohne das Einjagen von Schuldgefühlen, sondern anhand von einfachen Maßnahmen, die das Leben für alle Beteiligten einfacher und befriedigender machen.

Aber es sind nicht nur unsere Söhne, unsere Ehepartner oder alle anderen Menschen, mit denen wir regelmäßig in Kontakt stehen, deren Verhalten unser Leben zu Himmel oder Hölle machen kann. Es sind wir selbst. Wenn Trainer und Schüler in ein und demselben Körper und Geist wohnen, kann es ein bisschen schwierig werden. Mit den eigenen Gewohnheiten zu brechen ist besonders schwer und diese Tatsache besitzt solch eine allgemeine Gültigkeit für die menschliche Natur, dass keine Beispiele nötig sind. Karen eilt jedoch auch hier zu Hilfe und führt Beispiele aus ihrem eigenen Leben an, um aufzuzeigen, wie wir unser eigenes Verhalten auf effektive und angenehme Weise beeinflussen können.

Lassen Sie mich ganz offen sein: Ich bin nicht völlig objektiv. Ich habe Karen kennengelernt, als sie im Jahr 1996 meine Lehrassistentin an der University of Wisconsin-Madison wurde. 150 Studenten belegten den Kurs mit dem Titel „Die Biologie und Philosophie von Mensch-Tier-Beziehungen", der Lehrplan war voller Kontroversen, und es war sehr viel Interaktion zwischen mir, ihr und den Studenten notwendig. Es gab viel zu organisieren und da Karen immer behilflich war, begann ich sie Radar zu nennen, nach Korporal

„Radar“ O’Reilly aus der Fernsehserie M*A*S*H. Radar hatte die Antwort immer schon parat, bevor die Frage gestellt worden war – er war der Inbegriff einer „unschätzbaren Hilfe“. Karen und ich führten unsere Zusammenarbeit in der Hundeschule „Dog’s Best Friend Training“ fort, wo Karen sich von Assistenztrainerin zu Verhaltensberaterin hocharbeitete und schlussendlich einige unserer schwierigsten Aggressionsfälle betreute.

Aggression war nichts Neues für Karen. Als sie sich als meine Lehrassistentin bewarb, schloss sie gerade ihre Ph.D.-Forschungsarbeit zu Aggressionsverhalten bei Wespen ab – die einzigen Tiere, vor denen ich wirklich Angst habe. Sie wusste bereits damals, dass es für uns alle im Bereich des Möglichen liegt, das Verhalten der Lebewesen um uns herum zu beeinflussen, ob diese nun sechs, vier oder zwei Beine haben. Karen hat die Grundsätze des Hundetrainings besser in ihr Leben inkorporiert als jeder andere Mensch, den ich kenne – und ich kenne viele herausragende Tiertrainer. Niemand hat den Dreh so heraus wie sie. Für mich war dieses Buch eine Inspiration und es wird auch für Sie eine sein. Ganz ehrlich, ich kann es kaum erwarten, dass Sie es lesen.

Anmerkung der Autorin

Ich weiß, dass Sie gerne mit dem eigentlichen Buch anfangen möchten und dass dieser Abschnitt zwischen Ihnen und dem Buch steht – eine zusätzliche Seite zum Umblättern, noch eine Verzögerung. Ich werde Sie nicht länger als nötig aufhalten, aber ich muss mich anhand von zwei kurzen Kommentaren erklären, damit es zu keinen Missverständnissen kommt.

Erstens: Ich sage oft, dass ein Hund oder eine Person verstärkt wird, obwohl ich sehr gut weiß, dass eigentlich Verhalten verstärkt wird. Eine strenge Befolgung dieser Formalität führt jedoch sowohl mündlich als auch schriftlich zu holprigen Konstruktionen, weshalb ich diesbezüglich nicht puristisch bin. Wenn ich sage, dass jemand „verstärkt" wird, so ist das als eine Kurzform zu verstehen, die das Lesen erleichtern soll – und das ist mir wichtiger als begriffliche Perfektion. Obwohl ich weiß, dass manche sich an meinem Umgang mit dieser Formalität stören werden, sollen Sie wissen, dass es sich hierbei um eine bewusste Entscheidung handelt. Ich betrachte diesen Punkt als so wichtig, dass ich ihn sowohl hier als auch später im Text erwähne.

Zweitens: Linguistisch gesprochen lebe ich oft im Hier und Jetzt. Ich habe an diesem Buch fast ein Jahrzehnt lang gearbeitet, weshalb einige der Beispiele in der Gegenwart geschrieben sind, obwohl sie sich auf Dinge beziehen, die vor Jahren passiert sind. Dieses eigenartige Zeitverhältnis wird besonders deutlich, wenn es um meine Kinder geht, da diese älter geworden sind (wie das bei Kindern so ist). Zum Zeitpunkt der Erstveröffentlichung (der englischen Originalausgabe, Anm. des Übersetzers) waren meine Söhne 15 ½ und 17 Jahre alt. Bitte beachten Sie, dass es sich um dieselben zwei Kinder handelt, wenn ich über meine Klein- oder Grundschulkinder schreibe. Sie können mir glauben, dass ich sie heute nicht mehr wie Kleinkinder behandle.

Einleitung

Überlegen Sie nur einmal, was Hundetrainer erreichen können: Sie bringen sehr schnellen, athletischen, verspielten und energiegeladenen Wesen bei, in einem menschlichen Schneckentempo so langsam neben ihnen herzulaufen, dass jeder Hund mit einem Hauch von Selbstrespekt dabei eigentlich gähnen, einnicken oder rebellieren müsste. Und sie bringen die Hunde sogar dazu, dies mit einem glücklichen Grinsen im Gesicht zu tun. Denselben Hunden, die – das sollten wir nie vergessen! – Raubtiere sind, bringen sie bei, mitten aus der Jagd auf Eichhörnchen, Reh, Katze oder Auto umzudrehen und zu ihnen zurückgerannt zu kommen.Wenn Hundetrainer „Nein“ sagen, nachdem ihnen versehentlich ein ganzes Steak auf den Küchenboden gefallen ist, dann ziehen sich ihre Hunde zurück, anstatt hemmungslos zu schlemmen. Diese Trainer müssen nicht noch einmal zum Supermarkt fahren, um sich ein neues Abendessen zu kaufen. Natürlich schafft so etwas nicht jeder Hundebesitzer, aber professionelle Hundetrainer können es und sie setzen es tagtäglich um. Offensichtlich wissen Hundetrainer etwas, was der Rest der Welt nicht weiß – und das ist Gold wert.

Hundetrainer wissen, wie sich *Verhalten beeinflussen* lässt, denn das ist der ganze Punkt am Hundetraining. Verhaltenbeeinflussung ist ein sehr weit gefasster Begriff, unter den viele verschiedene Techniken und Taktiken des Hundetrainings fallen. Im Großen und Ganzen gibt es aber bei jedem Training zwei Grundziele:

1. Ein anderes Individuum dazu zu bringen, ein erwünschtes Verhalten zu zeigen, wenn es gewollt ist (auf Signal), wie zum Beispiel „Sitz“, „Komm“, „Rolle“ oder „Fuß“.
2. Ein anderes Individuum dazu zu bringen, ein unerwünschtes Verhalten nicht zu zeigen (z. B. exzessiv bellen, anspringen, im Garten buddeln, Schuhe zerkauen oder Gäste beißen).

Wie wäre es, wenn Sie das Verhalten der Menschen in Ihrem Leben so beeinflussen könnten wie Hundetrainer das Verhalten ihrer Hunde? Wenn Sie ein Interesse daran haben, wie Sie das Verhalten der Menschen um Sie herum beeinflussen können – Ihren Chef, Ihre Arbeitskollegen, Ihre Kinder, Ihren Ehepartner, Ihre Schwiegereltern und sogar die Kassiererin im Supermarkt, deren Kasse Sie vermeiden, wann immer möglich – ist es dann nicht einleuchtend, zu lernen, was Hundetrainer machen und das in Ihr eigenes Leben zu integrieren? Was ist schwieriger: Ihrem Mann beizubringen, seine Schmutzwäsche in den Wäschekorb zu legen oder Ihrem Hund beizubringen, seine Spielsachen aufzuräumen? (Ja, das ist ein Trick, der Hunden häufig beigebracht wird). Wenn Hundetrainer es dank ihrer Talente schaffen, einen Hund vom Dauerkläffen abzuhalten, dann sollte es doch sicherlich auch möglich sein, die eigene Arbeitskollegin dazu zu bringen, etwas weniger zu nörgeln? Und wenn Hunde lernen können, ein Steak liegen zu lassen, dann sollten Eltern ihre Kinder doch eigentlich auch davon abhalten können, sich in der Supermarkt-Schlange einfach Kaugummi und Süßigkeiten zu schnappen.

Ein wohlerzogener, höflicher hündischer Mitbürger mit einer Vielzahl an Talenten ist für potenzielle Klienten sehr viel überzeugender als jeder Lebenslauf, wenn es darum geht, das Wissen und die Fähigkeiten eines Trainers unter Beweis zu stellen. Was der Hund kann und was der Hund sein lässt, sind beides Dinge, die die Leistungen eines Hundetrainers für manche Menschen wie Zauberei wirken lassen. Aber um ehrlich zu sein, sind diese Ergebnisse nur die Nebenprodukte von beachtlichem Können und Wissen.

Behandeln Sie alle Menschen wie Hunde!

Dieses Wissen und diese Fähigkeiten müssen nicht auf die Hundewelt beschränkt bleiben. Die wahre Magie am Hundetraining – das natürlich überhaupt nichts Übernatürliches an sich hat – ist die durchdachte und sorgfältige Anwendung bewährter Techniken zur Verhaltensbeeinflussung. Dabei spielt es keine Rolle, ob das Verhalten auf Hunde, Delfine, Elefanten, Ratten, Bienen oder Menschen zutrifft. Die meisten von uns würden gerne bestimmte Verhaltensweisen der Leute um uns herum beeinflussen – und mit den Fähigkeiten eines Hundetrainers ist das möglich. Gewissermaßen schlage ich vor, dass wir alle die Menschen in unserem Leben so behandeln, wie erstklassige Hundetrainer Hunde behandeln. Es ist mir zwar bewusst, dass dies missverstanden werden könnte, aber ich meine es überhaupt nicht beleidigend oder herabsetzend. Ganz im Gegenteil! Als Hundetrainerin und Verhaltensberaterin für Hunde, die seit fast 25 Jahren professionell mit Hunden arbeitet, habe ich enormen Respekt für Hunde. Wenn ich sage, dass wir alle Menschen wie Hunde behandeln sollten, dann meine ich es nicht in dem Sinn, in dem dieser Ausdruck üblicherweise verwendet wird. Ich meine es in einem Sinn, der Hunden nicht nur den höchsten Respekt zollt, sondern fast schon ehrfürchtig ist. Ich kann nicht genug betonen, dass ich glaube, den Menschen eine große Ehre zu erweisen, wenn ich sie im Zuge einer Interaktion oder einer versuchten Verhaltensbeeinflussung behandle wie einen Hund. Und zwar deshalb, weil alle es verdienen, so behandelt zu werden, wie die gütigsten und talentiertesten Trainer ihre Hunde behandeln.

Obwohl sich meine professionelle Arbeit mit Hunden auf den Arbeitstag beschränkt, betrachte ich die Welt auch in der restlichen Zeit durch die Brille eines Hundetrainers. Auf eine gewisse Weise bin ich immer und überall Hundetrainerin. Meine Arbeit hat nicht nur Einfluss auf meine eigenen Handlungsweisen, sondern auch darauf, wie ich viele Lebensereignisse und -situationen interpetiere und wie ich die Menschen um mich herum verstehe. Es war nur natürlich, dass ich die Ideen und Fähigkeiten, die ich als Hundetrainerin gelernt hatte, schlussendlich auch auf Menschen ummünzen würde.

Ich hatte ein Jahrzehnt lang als Hundetrainerin gearbeitet, als ich bewusst anfing, mein berufliches Wissen auch auf meine Interaktionen mit anderen Menschen anzuwenden. Ich entdeckte, dass dies nicht nur erfolgreicher, sondern auch netter ist. Man könnte sagen, dass ich den Menschen um mich herum einen großen Gefallen tat, indem ich begann, sie so zu behandeln, wie ich Hunde behandle – weil es eine freundlichere, sanftere und effektivere Methode ist, um das Verhalten von anderen zu beeinflussen.

Um es also ganz klar zu machen: Ich glaube daran, dass wir alle Menschen wie Hunde behandeln sollten. Ich behandle meinen Mann und meine Kinder wie Hunde. Ich behandle meine Freunde, Nachbarn und Arbeitskollegen wie Hunde. Ich behandle meine Eltern, meine Schwiegereltern, meine Schwester, meine Nichten und Neffen, meine Universitätsstudenten und sogar Fremde wie Hunde. Ich behandle Menschen, die ich beruflich kennenlerne, wie Hunde, und Menschen, mit denen ich privat zu tun habe. In meiner Einstellung anderen Menschen gegenüber bin ich sehr egalitär, und erfreulicherweise hat das für mich bisher sehr gut funktioniert.

Mich hat selten etwas mehr gefreut als der Tag, an dem ich überhörte, wie ein Schulfreund meines damals achtjährigen Sohnes zu ihm sagte, dass ich nie so herumbrüllen würde wie seine Eltern. Mein Sohn antwortete: „Ach, meine Mama hat uns schon seit zirka fünf Jahren nicht mehr angeschrien.“ Und das stimmt. Ich hatte entdeckt, dass es sich für mich (und meine Kinder!) schrecklich anfühlte, wenn ich sie anschrie, selbst wenn es nur gelegentlich war – und es fruchtete auch nicht. Als die beiden zwei und drei Jahre alt waren, schlich sich der folgende Gedanke in mein von Schlafentzug geplagtes Hirn: Bei Hunden brülle ich nie herum oder verliere meine Fassung, egal, was für Rückschläge oder Frustationen ich während des Trainings erlebe. Ich schulde es meinen Kindern, mindestens so freundlich und fair mit ihnen umzugehen wie mit den mir anvertrauten Hunden. Ich werde die Details meiner eigenen Anti-Brüll-Erziehung später beschreiben, aber für jetzt sei nur gesagt, dass die Idee für dieses erste Buch sich in jenem Moment zu entwickeln begann.

Kapitel 1

Positivität

Die Macht der freundlichen und sanften Hundeausbildung

Mir ist völlig bewusst, dass ich (bildhaft gesprochen) gegen den Strom schwimme, wenn ich versuche, viele Leute davon zu überzeugen, dass sie „alle Menschen so behandeln sollten wie einen Hund". Es klingt einfach nicht wie eine besonders gute Idee. Würde ich mich in der Geschäftswelt bewegen und mit Marketing-Experten zusammenarbeiten, wäre deren erster Ratschlag für mich sicherlich, dieses Motto zu ändern. Mindestens ein Problem besteht darin, dass der Ausdruck traditionell negativ besetzt ist – dieser Ballast ist das Ergebnis von veralteten Methoden, mit Hunden umzugehen. (Ganz abgesehen davon habe ich viele Klienten und Freunde, die ihre Hunde so gut behandeln, dass jeder vernünftige Mensch sich wünschen würde, im nächsten Leben als einer ihrer Hunde wiedergeboren zu werden!) Menschen haben Hunde viele Jahre lang auf eine Art behandelt und ausgebildet, die nicht immer nachahmenswert war. Jedoch hat in den letzten Jahrzehnten eine Revolution im Hundetraining stattgefunden. Diese Bewegung führte dazu, dass man sich immer mehr von aversiven Methoden entfernte und stattdessen positive und humane Trainingsmethoden einsetzte, die ich gerne unter der breiten Kategorie der „Positivität" zusammenfasse. Je nachdem, wie alt Sie sind und welche Rolle Hundetraining in Ihrem bisherigen Leben gespielt hat, erinnern Sie sich vielleicht noch an eine Zeit, in der Hundetrainer einem Hund „Sitz!" sagten und wenn der Hund den Befehl nicht befolgte, gab der Hundetrainer einen Leinenruck, um das Halsband straff zu ziehen oder brüllte den Hund an oder ging noch gröber mit ihm um. Heutzutage sagen fast alle Trainer „Sitz!" zu einem Hund und geben ihm eine Belohnung, wenn er reagiert, indem er sein Hinterteil auf den Boden setzt. Dreimal dürfen Sie raten, welche Methode Hunde glücklicher und kooperationsbereiter macht, eine bessere Mensch-Hund-Beziehung fördert *und* (dieser Punkt ist in diesem Zusammenhang ganz wesentlich!) zu gut erzogenen Hunden mit einer optimistischen Einstellung führt – weil sie nicht denselben Stresslevel verspüren wie Hunde, die angeschrien oder niedergedrückt werden? Richtig, die „Frohnatur"-Version des Trainings hat alle möglichen Vorteile, sowohl für Mensch als auch für Hund.

Positivität funktioniert

Es gibt durchaus Kritik an dem exklusiven Einsatz positiver Methoden – aber diese läuft meistens auf zwei Haupteinwände hinaus, denen ich beiden nicht zustimme. Nummer Eins lautet, dass diese Methode zu verhätschelnd und nett sei – und wir die Leute damit zu sehr verweichlichen würden. Für mich ergibt das keinen Sinn. Seit wann ist Güte und Wärme etwas, das man begrenzen oder vermeiden sollte? Wir finden diese Einstellung sehr oft in unserem Bildungswesen, da häufig angenommen wird, Kinder würden eine positive Behandlung nur bis zu einem gewissen Alter – sagen wir, neun oder zehn – brauchen oder verdienen. Danach werden strengere, kältere, weniger verständnisvolle Methoden gebilligt und sogar gutgeheißen. Pfui! Ich bin mittleren Alters und ich wünsche mir *immer noch*, dass jede Person, die mir etwas beibringt – sei es mein Lauftrainer oder eine Steuerberaterin, die ihr Wissen mit mir teilt – freundlich zu mir ist. Ich möchte nicht, dass die Leute mir gegenüber streng oder kritisch sind oder mir das Gefühl vermitteln, dass ich dumm sei. Wir müssen uns von dem Gedanken lösen, dass nur unsere jüngsten Gesellschaftsmitglieder einem Höchstmaß an Milde bedürfen. Es ist keine altersabhängige Strategie, Dinge anhand von Positivität und Wärme zu vermitteln und wir sollten aufhören, anzunehmen, dass eine besonders gütige und milde Person nur dazu geeignet ist, die Allerjüngsten zu unterrichten.

Der zweite Einwand ist, dass diese Methoden nicht oder nur bei leichten Fällen funktionieren würden. Viele Menschen glauben, dass es eine Sache ist, positiv, gütig und sanft zu sein, wenn man einem Hund Grundkommandos wie „Sitz“ oder „Platz“ beibringt oder ihm vermittelt, dass er einen zur Begrüßung nicht anspringen soll. Aber wenn es darum geht, dem Hund beizubringen, dass er an anderen Hunden vorbeigehen soll, ohne sie anzukläffen und sich in die Leine zu legen oder dass er keine Gäste beißen darf oder dass er bei Fuß gehen soll – dann ist Strenge vonnöten. In anderen Worten, es gibt einen weitverbreiteten Glauben, dass sanfte, positive Methoden der Verhaltensbeeinflussung nicht so wirksam seien wie strengere Methoden. Tatsache ist aber, dass die sanften Methoden mindestens genauso effektiv sind. Positive Trainingsmethoden sind in der Lage, alle Arten von Verhalten zu beeinflussen – nicht nur die einfachen, und das gilt sowohl für Hunde als auch für Menschen. Die grundlegenden Mittel und Strategien, um das Verhalten anderer zu beeinflussen (d.h., sie zu erziehen) unterscheiden sich nicht für unterschiedliche Verhaltensweisen und Ziele. Die Lernprinzipien, die in diesem Buch später behandelt werden, treffen immer zu – unabhängig vom Kontext und gleichgültig, welches Verhalten beigebracht oder modifiziert werden soll.

Bessere Beziehungen aufbauen

Die neue Positivitätswelle in der Hundeerziehung hat nicht nur zu einem besseren Hundeverhalten geführt, sondern auch zu glücklicheren Hunden und Menschen sowie zu einer verbesserten Beziehung zwischen den beiden. Die Revolution im Hundetraining war teilweise auch deshalb so effektiv, weil es dabei nicht nur darum geht, Leckerchen und Lob zu verteilen. Mindestens genauso wichtig ist die Abwesenheit von strengen Korrekturen und Bestrafungen. Wenn Tiere und Menschen Lernerfahrungen machen können, ohne dabei strenge Maßregelungen – verbal, sozial oder körperlich

– fürchten zu müssen, dann lernen sie besser und sind tendenziell glücklicher. In der Debatte über den Einsatz positiver Methoden versus aversiver Methoden geht es sehr viel darum, ob diese Techniken funktionieren. Es ist zwar richtig, dass beide eingesetzt werden können, um einem Hund das erwünschte Verhalten beizubringen – aber nicht beide schaffen es, dabei einen glücklichen Schüler und eine gesunde Beziehung aufrechtzuerhalten.

Der Übergang von strengen Techniken hin zu humaneren Methoden fand teilweise deshalb statt, weil wir heute die Ursachen für hündische Fehlreaktionen anders verstehen. Im System des alten Trainingsstils nannte man es ein „Kommando", wenn man dem Hund sagte, was er zu tun hatte. Heute nennen wir es „Signal" und das macht einen Riesenunterschied. Reagierte ein Hund früher nicht richtig auf ein *Kommando*, dann galt er als ungehorsam, stur oder einfach schlimm. Aber wenn ein Hund nicht richtig auf ein *Signal* reagiert, ist es viel leichter, anzuerkennen, dass er einfach noch nicht komplett ausgebildet wurde, um auf dieses Signal in dieser bestimmten Situation richtig reagieren zu können. Vielleicht gab es zu viele Ablenkungen oder der Hund hat dieses Signal mit einem anderen, ähnlich klingenden Signal, verwechselt oder vielleicht war er einfach verwirrt. Vielleicht war er auch zu angespannt, um auf dieses konkrete Signal zu reagieren und der Trainer muss sich überlegen, wozu der Hund *in diesem Augenblick* überhaupt fähig ist. Vielleicht kann ein Hund in der Gegenwart zu vieler anderer Hunde Sitz machen, aber nicht liegen. Vielleicht fühlt er sich zu unwohl, um sich überhaupt hinzusetzen, ist aber in der Lage, auf ein „Schau-mich-an"-Signal von Ihnen zu reagieren. Unsere Einstellung hat sich nicht verändert, weil wir heute „Signal" anstatt „Kommando" sagen, aber diese Sprachänderung spiegelt die Werteverschiebung wider. Dadurch ist es leichter geworden, die Ursache für eine Verhaltensauffälligkeit anders zu deuten. Der Hund macht nicht *Ihnen* Schwierigkeiten – er hat *selbst* Schwierigkeiten mit etwas.

Professionelle Trainer stellen sich oft selbst Fragen, um den Weg zum Erfolg zu bestimmen: „Was ist der kleinste Erfolgspunkt, für den ich diesen Hund positiv bestärken kann?“ (Anders ausgedrückt, ist der Hund bei mir und ausreichend frei von Anspannung und Ablenkungen, um sich für die Belohnung zu interessieren?) Wenn derartige Überlegungen bei einer Ausbildung vorkommen, dann liegt der Fehler nicht beim Hund. Wenn eine Trainerin es nicht schafft, einen Hund dazu zu bringen, ein Verhalten zu zeigen, dann hat sie ihm dieses einfach noch nicht vollständig beigebracht. Und das ist etwas ganz anderes, als einfach anzunehmen, dass der Hund das Problem ist, während alles, was der Trainer macht, natürlich über jeglichen Tadel und alle Kritik erhaben ist.

Positivität an Menschen anwenden

Wenn wir dieses Prinzip auf Interaktionen mit Menschen anwenden, dann merken wir, dass Menschen sehr oft Dinge tun, die als „schlecht“ gelten könnten (Fehlverhalten). Aber in Wirklichkeit liegt das Problem daran, dass diese Menschen sich schwertun und wahrscheinlich in dieser Situation ohne Verhaltensanpassungen nicht erfolgreich sein werden. Dieser Perspektivwechsel kann viele unserer frustrierendsten Interaktionen mit unseren Mitmenschen komplett verändern – und zwar zum Besseren. Dadurch gewinnen wir eine neue Einsicht und neue Lösungen für einige der grundlegenden Herausforderungen, mit denen die meisten Leute in ihrem täglichen Leben konfrontiert sind. Diese Sichtweise ist in vielen Alltagssituationen hilfreich, wie zum Beispiel, wenn wir unsere Kinder in der Früh dazu ermutigen möchten, sich fertig zu machen oder wenn sie sich in Gesellschaft höflich verhalten sollen. Es trifft ebenso auf Situationen zu, in denen wir von unseren Partnern erwarten, dass sie vor unseren Arbeitskollegen ohne Vorbereitung das Richtige sagen oder dass sie sofort ein paar Haushaltsaufgaben erledigen, wenn sie von der Arbeit nach Hause kommen. In diesen Fällen ist Erfolg vielleicht deshalb nicht möglich, weil sie unvorbereitet sind – d.h. sie verfügen nicht über genügend Hintergrundwissen, um das Richtige zu sagen und das Falsche zu vermeiden – oder weil sie vielleicht zu großen Hunger haben, um gut funktionieren zu können.

Positivität kann auch auf Kinder angewandt werden, wenn es darum geht, ihnen beizubringen, ihre Schmutzwäsche an den richtigen Ort zu legen oder ihnen gute Tischmanieren zu zeigen. Es ist unsere Aufgabe, unseren Kindern diese Dinge beizubringen (sie zu trainieren!), anstatt ihnen einfach zu sagen (befehlen!), was sie machen sollen. Ähnliche Probleme treten zum Beispiel auf, wenn wir möchten, dass unsere Partner das Geschirr abwaschen oder die Schmutzwäsche in den Wäschekorb legen. Oder wenn wir uns von unseren Arbeitskollegen wünschen, dass sie aufhören, zu reden, damit wir arbeiten können oder dass sie aufhören, sich ständig zu beschweren und damit die Stimmung für alle zu verderben. Warum sollten unsere Kinder oder alle anderen Personen in unserem Leben die Dinge machen wollen, die wir von ihnen erwarten und ihnen sagen? Die einfache Antwort ist, dass sie diese Dinge nicht unbedingt tun möchten und vielleicht ohne ein paar kleine Optimierungen auch gar nicht dazu in der Lage wären. Was bedeutet, dass es an uns liegt, ihr Verhalten auf eine fundiertere und klügere Weise zu beeinflussen als die oft ergebnislosen Techniken, die besonders Eltern gerne anwenden, wenn sie Dinge sagen, wie: „Weil ich es sage!", oder (vor Wut brüllend): „Mach' es einfach, verdammt noch mal!" Oder wir richten unseren bitteren Zorn gegen unsere Partner, weil sie einfach nicht das machen, was wir wollen und wenn wir es es wollen.

Es ist leicht, zu sehen, wie diese neuen Techniken des Hundetrainings auf Kinder angewandt werden können (und angewandt werden), aber sie können tatsächlich bei Menschen jedes Alters effektiv sein. Ich würde sagen, dass die Bewegung noch Wachstumspotenzial hat und eine breitere Masse erreichen könnte – sie könnte in sehr viel mehr Situationen hilfreich sein, als das bisher der Fall ist. Wenn Sie in letzter Zeit eine neue Fähigkeit erlernt haben, – sei es Stricken, einen Gesellschaftstanz, Kalligrafie, Snowboarden oder etwas anderes – wurden Sie so gut behandelt, wie Sie das gerne gehabt hätten? Ist es nicht viel motivierender, wenn Ihre Lehrperson sagt: „Das war super – Sie haben diese Masche korrekt gestrickt, diesen Tanzschritt elegant zur Musik ausgeführt, ein schönes großes R geschrieben, oder einen guten Bogen gemacht", – als wenn Sie verachtungsvolle Blicke ernten und hören: „FALSCH! Haben Sie nicht aufgepasst, Sie Dummkopf? Stellen Sie sich ins Eck, bis Sie bereit sind, sich anzustrengen, und mein Gott, Sie sind wirklich unkoordiniert!" Mir ist nicht klar, warum derartig negatives, abstoßendes Verhalten in irgendeinem Bereich unserer Gesellschaft akzeptabel sein sollte. Im Gegensatz dazu hat eine positive Einstellung so viele Vorteile.

Im Herzen der derzeitigen positiven Trainingsbewegung für Hunde steckt das Konzept, dass man den Hund dabei erwischen möchte, wie er etwas richtig macht. Denn so kann man auf das erwünschte Verhalten reagieren, anstatt nur darauf zu achten, was der Hund falsch macht und die eigene Reaktion dann auf dieses Fehlverhalten abzustimmen. Wenn wir auf ein Verhalten reagieren, indem wir dem ausführenden Individuum eine positive Konsequenz bieten, steigern wir die Wahrscheinlichkeit, dass dieses Verhalten in der Zukunft wieder auftreten wird – das ist die eigentliche Definition von „positiver Verstärkung". Ich werde positive Verstärkung später im Buch noch genauer besprechen (sowohl ihre Wirksamkeit, als auch die genauen Einsatztechniken, um Verhalten zu beeinflussen). Im Augenblick möchte ich nur darauf hinweisen, dass einer der Hauptvorteile dieses Verhaltens- und Trainingsansatzes darin liegt, dass Beziehungen dadurch gestärkt anstatt geschwächt werden.

Der Aufbau guter Beziehungen kann zwar das Ergebnis positiver Trainingsmethoden sein, aber eine bestehende gute Beziehung ist für jede Art von Ausbildungs- und Lernerfahrung von Vorteil. In diesem Prozess findet also eine positive Rückkopplungsschleife statt. Eine gute Beziehung ist für den Trainingsprozess absolut hilfreich und ein Trainingserfolg festigt die Beziehung.

Eine starke Bindung ist die Grundlage jeder Ausbildungs- oder Lernbeziehung. Denken wir nur an die Lehrer, die unser Leben am meisten beeinflusst haben oder an die Menschen, die uns außerhalb des Klassenzimmers am meisten beigebracht haben: Die Beziehung zu ihnen war wesentlich. Die Verbundenheit, die wir mit anderen Menschen spüren, spielt eine ganz wichtige Rolle für unser Fühlen, Denken und Handeln. Menschen, die wir respektieren und bewundern – und von denen wir uns im Gegenzug respektiert und angenommen fühlen – haben das größte Potenzial, unser Lernen und Verhalten zu beeinflussen. Die Beziehung ist die Grundlage für den erfolgreichen Einsatz aller verhaltensbeeinflussenden Handlungen.

Die Bedeutung einer guten Beziehung für jeglichen Erfolg ist auch der Grund, weshalb Teambuilding-Übungen in der Schule und am Arbeitsplatz stattfinden. Faktoren wie Vertrauen, fortwährende Kooperation, Angstfreiheit in der Gegenwart der anderen und Sympathie für die anderen sind nützlich, um Verhalten in so gut wie jedem Zusammenhang zu lehren, zu trainieren und zu beeinflussen.

Das ist der Grund, warum viele Verhaltensexperten für Hunde hart daran arbeiten, die Beziehung zwischen den Menschen und ihren Hunden zu verbessern. Es beginnt damit, Positivität in den Interaktionen mit anderen einzusetzen und es bedeutet auch, Spaß miteinander zu haben. Die Methode ist auch bei Menschen hilfreich. Deshalb betonen viele Unternehmensberater, ein Mitglied des

Teams zu sein und die Zusammenarbeit wertzuschätzen. Um starke Beziehungen aufzubauen, ist es ganz wichtig, Spaß miteinander zu haben, einander zu verstehen sowie auf die Vorlieben und Abneigungen der anderen zu achten.

Einige der berühmtesten konkreten Beispiele für Hundeverhalten waren das Resultat von Bindung, nicht von Training. Der Hund in Brasilien, der acht Tage lang vor dem Krankenhaus saß, als sein obdachloser Besitzer nach einem Sturz eingeliefert wurde? Der Hund machte dies aufgrund ihrer gegenseitigen Bindung, nicht, weil er darauf trainiert wurde. Die Hunde, die Straßenkindern folgen und die ganze Nacht bei ihnen bleiben, wobei sie ihre Körperwärme einsetzen, um die Kinder vor dem Erfrieren zu bewahren? Auch dies geschieht nicht, weil die Hunde dazu abgerichtet wurden. Dieses lebenrettende Verhalten ist das Ergebnis einer starken, guten Beziehung. Eine meiner Freundinnen stürzte nach Geschäftsschluss am Arbeitsplatz – sie war ganz allein und konnte nicht mehr aufstehen. Ihr Hund blieb die ganze Nacht an ihrer Seite und bellte in der Früh wie ein Höllenhund, um Passanten dazu zu bewegen, Hilfe zu holen. Dasselbe hier – der Hund war nicht dazu ausgebildet worden, im Fall eines Sturzes bei ihr zu bleiben oder andere zu alarmieren. Die starke Bindung zwischen den beiden führte zu seinem Verhalten.

Zwei meiner Freundinnen, die ebenfalls Hundeprofis sind, hatten das Pech, dass ihr Hund einige alte und unersetzliche Familienfotos zerkaute – diese befanden sich in einem Regal, von dem meine Freundinnen dachten, dass es sich außer Reichweite ihres Hundes befände. Beide meinten, die Sache habe sie zwar geärgert, aber sie würden ihren Hund viel zu sehr lieben, als dass sie dies zu einem ernsthaften Problem werden ließen, auf das man viel Zeit verschwendet. Die starke und liebevolle Bindung zwischen diesem Hund und seinen Menschen führte dazu, dass ein Verhaltensproblem als viel weniger gewichtig bewertet wurde als das vielleicht anderweitig der Fall gewesen wäre. Ich höre das ständig von Klienten. Wenn Hunde sich im Haus erleichtern oder bellen oder etwas zerstören, dann möchten die Menschen natürlich das Verhalten ändern – aber wenn die Beziehung liebevoll genug ist, sind Menschen auch in der Lage, zwischenzeitlich mit unglaublichen Problemen zu leben.

Keine Angst vor Fehlern

Positivität bedeutet mehr als nur positive Verstärkung und das Verzichten auf Bestrafung. Es ist zusätzlich wichtig, ein angstfreies Umfeld zu schaffen, in dem Fehler möglich sind. Wenn wir dieses Umfeld schaffen, können Fehler ein wertvoller Teil des Lernprozesses sein und es ist möglich, Risiken einzugehen, um schlussendlich Erfolg zu haben.

Wie minimiert man also die Angst vor Misserfolgen oder schaltet sie ganz aus? Bei Hunden ist das meistens leicht. Fehler haben im Training einfach keine Konsequenzen, abgesehen von einer verpassten Gelegenheit, bestärkt zu werden. Wenn Sie also einem Hund „Verbeugen" beibringen wollen und er sich stattdessen hinlegt, dann passiert einfach nichts. Er wird nicht bestärkt, weil er nicht das gewünschte Verhalten gezeigt hat, aber ansonsten muss er es einfach noch einmal probieren. Was Sie nicht wollen, ist ein Hund, der Angst davor hat, ein Verhalten zu zeigen, weil er die Konsequenzen fürchtet. Eine Fallgeschichte von negativen Konsequenzen kann zu einem Hund führen, der gar nichts mehr machen möchte. Aber wir wollen einen Hund, der bereit ist, Verhaltensweisen anzubieten, um herauszufinden, was wir von ihm möchten. (Übrigens sage ich oft, dass ein Hund oder eine Person bestärkt wurde, obwohl es eigentlich das *Verhalten* ist, das bestärkt wurde. Der Versuch, sich an diese Formsache zu halten, führt sowohl im

Schriftlichen als auch in der gesprochenen Sprache zu umständlichen Konstruktionen, weshalb ich mich nicht immer daran halte. Wenn ich sage, dass jemand bestärkt wurde, ist das eine Abkürzung zum Zwecke besserer Lesbarkeit – und diese ist mir wichtiger als terminologische Perfektion.)

Bei Menschen ist es manchmal schwieriger (aber nicht weniger wichtig!), ein Umfeld zu schaffen, in dem wenig oder keine Angst besteht, Fehler zu machen. Es ist deshalb eine Herausforderung, weil viele Menschen aufgrund von früheren Strafen, gesellschaftlichen Verurteilungen oder eigener perfektionistischer Tendenzen eine Abneigung gegen Fehler haben. Ich hätte vor Freude tanzen können (und ich habe wahrscheinlich getanzt, aber zählt es wirklich, wenn mich niemand dabei gesehen hat?), als mein Sohn in der vierten Klasse nach der ersten Mathe-Stunde bei Mr. Painter heimkam und mir erzählte, was dieser Lehrer gesagt hatte. Mr. Painter sagte zu den Kindern: „Es gibt einen Radiergummi am Ende unserer Bleistifte und wir sollten uns trauen, ihn zu verwenden!" Das ist nur ein Zitat, um die positive Stimmung zu verdeutlichen, die er in seinem Klassenzimmer schuf – bei ihm lag der Fokus nicht auf Bestrafungen. Wir alle machen Fehler, das ist keine große Sache. Es ist ein Teil des Lernprozesses. Wenn Fehler akzeptiert werden, sind Kinder viel eher bereit, Dinge auszuprobieren, selbst wenn nicht jeder Versuch von Erfolg gekrönt ist. Auf diese Weise lernen sie sehr viel mehr und sind sehr viel glücklicher dabei, weil die Angst vor Fehlern großteils eliminiert wurde.

Diese Bereitschaft, herumzuprobieren, innovativ zu sein und Vermutungen anzustellen, ist sehr häufig erfolgsbestimmend – aber sie wird von aversiven Methoden zerstört. Hunde, die anhand von Zwang und Gewalt trainiert wurden, zögern oft, irgendetwas auszuprobieren. Sie haben gelernt, dass das Anbieten einer Verhaltensweise – jeglicher Verhaltensweise – das Risiko einer unangenehmen oder sogar schmerzhaften Reaktion beinhaltet. Sie haben auch gelernt, dass sie unerwünschte Konsequenzen eher vermeiden können, wenn sie weniger Verhaltensweisen zeigen. Diese Hunde haben aus gutem Grund Angst davor, falsch zu liegen, weshalb ihre Grundreaktion darauf hinausläuft, nicht viel zu machen.

Dasselbe Muster lässt sich in vielen Bereichen des menschlichen Lebens beobachten. Kinder, die in der Küche herumexperimentieren dürfen, hinterlassen vielleicht ein Chaos, erfinden eigenartig schmeckende Kreationen und lassen gelegentlich alles kolossal anbrennen (Sie merken vielleicht, dass ich hier aus eigener Erfahrung spreche), aber sie lernen, zu kochen. Wenn Sie möchten, dass Menschen Eigeninitiative zeigen, dann müssen Sie ihnen die Freiheit zugestehen, etwas auszuprobieren – obwohl diese Freiheit auch so einige interessante, aufregende und möglicherweise kostspielige Fehler bedeutet. Echte Innovation passiert oft in Unternehmen, die Erfindungsreichtum wertschätzen und Versagen nicht bestrafen. Apple, Google und W.L. Gore and Associates sind berühmt dafür, eine Kultur der Innovation hervorzubringen.

Er braucht Hilfe, keine Korrektur

Im traditionellen Hundetraining wurde der Begriff „Korrektur“ verwendet, um die Anwendung einer aversiven Maßnahme zu bezeichnen – das konnte ein Ruck an einem Würgehalsband, ein Schnauzengriff, ein strenges „Nein!“ oder eine andere aversive Erfahrung sein. Die Korrektur war ein Euphemismus für Strafe, was nicht mit dem Umlenken auf ein Alternativverhalten verwechselt werden sollte. Dies bedeutet, dass man die Konzentration oder das Verhalten eines Hundes von einer Sache auf eine andere lenkt – wenn Ihr Hund zum Beispiel einen Schuh hat und Sie ihm stattdessen einen Kauartikel anbieten, mit dem er sich beschäftigen kann. Es stört mich, wenn ich sehe, dass Menschen ihre Hunde mit Negativität trainieren, egal wie mild die aversive Maßnahme auch sein mag. Wenn Menschen wütend oder frustriert werden, weil ein Hund nicht das gemacht hat, was sie wollten, dann ist das selten bis nie darauf zurückzuführen, dass der Hund einfach stur war und sich geweigert hat, das Richtige zu tun. Allzu oft war der Hund nicht in der Lage, zu folgen, weil er nicht wusste, was von ihm erwartet wird. In dem Fall erhöht eine Strafe nicht die Wahrscheinlichkeit, dass er es in der Zukunft richtig machen wird.

Es tut mir im Herzen weh, wenn ich sehe, wie jemand einen Hund bestraft, der ehrlich verwirrt ist, aber leider sieht man das nur allzu häufig. Mein Herz tut deshalb weh, weil es der besagten Person etwas zurufen möchte, weil es verzweifelt versucht, die folgende Botschaft von mir an den anderen Hundehalter zu übermitteln: „Ich weiß, dass Sie verärgert sind – aber könnten Sie bitte, bitte sehen, dass Ihr Hund keine Korrektur braucht? Ihr Hund braucht Hilfe.“ Es kann tragische Folgen haben, wenn man das beim Hundetraining nicht erkennt.

Versuchen Sie einmal, es aus der Sicht eines Hundes zu sehen. Hunde wissen oft, dass ein Verhalten von ihnen verlangt wird, aber sie wissen nicht, welches. Stellen Sie sich vor, jemand befiehlt Ihnen: „Rospotadspu, flubberall! Rospotadspu, flubberall!“ Und Sie merken, wie die Person immer frustrierter und sogar zornig wird. Das wäre für uns Menschen genauso unverständlich, wie viele Signale es für Hunde sind. Wenn der Hund versucht, zu raten und dabei falsch liegt (er hat ja auch nur geraten!), dann wird er mit strengen Worten, Empörung, Entrüstung und manchmal sogar mit einer körperlichen Strafe gezüchtigt. Es gibt Hunde, die so etwas ständig aushalten müssen und dabei ist die Strafe nicht nur nicht hilfreich, sondern möglicherweise schädlich. Ein bisschen Unterstützung könnte so viel bewirken, aber leider wird dieser Weg zu selten beschritten.

Das Ergebnis ist ein verängstigter, verwirrter und verunsicherter Hund, der sich zusätzlich davor fürchtet, Fehler zu machen. Manchmal wirken Hunde in dieser Situation „wohlerzogen", aber in Wirklichkeit machen sie gar nichts. Der Grund, warum sie nichts anstellen, ist, dass sie praktisch katatonisch sind, also angststarr. Es hat nichts damit zu tun, dass sie folgsam sind. Solche Hunde zeigen deshalb kein Fehlverhalten, weil sie genau genommen so gut wie überhaupt kein Verhalten zeigen – womit ich meine, dass sie gar nichts machen.

Meine Freundin (und Hundetrainer-Kollegin) Laura Monaco Torelli erzählte mir von einer Situation, in der sie „dicht machte", wobei sie der Gedanke beschlich: „So muss sich ein gestresstes Tier fühlen!" Sie wollte ihre Italienischkenntnisse verbessern und ihr Italienischlehrer korrigierte sie sofort nach jedem Wort, wobei er den Kopf schüttelte, mit seinem Finger direkt auf ihr Gesicht zeigte und Dinge sagte, wie: „Nein! Das ist die falsche Aussprache! Sagen Sie es so. SO!" Für sie fühlte sich das wie eine Bestrafung an, und zwar wie eine ziemlich effektive Strafe. Weshalb sie aufhörte, das Verhalten des Italienisch-Sprechens anzubieten. Bei ihrem nächsten Italienaufenthalt (um ein Seminar zum Thema Hundetraining zu unterrichten) wunderte sich ein Freund und Kollege darüber, dass sie beim Abendessen so still war – sie war normalerweise immer sehr lebhaft und gesprächig. Sie schilderte ihre Sorge, dass ihr holpriges Italienisch auf die anderen ohne die Hilfe eines Dolmetschers verwirrend klingen könnte. Woraufhin er lachte und etwas auf Italienisch zu den anderen Anwesenden sagte, die Laura darauf allesamt warm anlächelten. Wie man es von einem richtigen positiven Hundetrainer erwarten würde, sagte er zu ihr: „Der einzige Weg, um eine Sprache zu lernen, ist einfach zu sprechen. Du kannst dich bei uns sicher fühlen. Wir werden dir helfen." Anstatt ihr Verhalten unterdrücken zu müssen, konnte sie daraufhin am Tischgespräch auf Italienisch teilnehmen, wobei sie zahlreiche Wörter und Ausdrücke von ihren Kollegen lernte. Sie brauchte keine Korrektur, um ihr Italienisch zu verbessern. Sie brauchte Hilfe.

Auch wenn es um Kinder geht, denke ich oft an die Parole „Er braucht keine Korrektur. Er braucht Hilfe." Während der ersten Monate an einer neuen High-School hatte mein ältester Sohn Schwierigkeiten mit dem häufigen Wechsel der Klassenzimmer. Es fiel ihm schwer, es rechtzeitig in den Unterricht zu schaffen, weshalb er Probleme bekam. Lehrer und diverse Schulmitarbeiter hielten ihm mehrmals strenge Moralpredigten am Gang. Mir brach das fast das Herz, weil er sich so bemüht hatte, es pünktlich in den Unterricht zu schaffen. Eine Bestrafung wäre sinnlos gewesen, weil es nicht so war, als ob er sich nicht angestrengt hätte. Er wollte es so gerne schaffen, aber war einfach noch nicht in der Lage dazu. Sein Hauptproblem bestand darin, dass das Schloss an seinem Spind schwer zu öffnen war und er so gut wie immer mehrere Versuche benötigte. Er hetzte zu seinem Spind und hetzte weiter in den Klassenraum und bemühte sich so, nicht zu trödeln. Aber wenn drei oder vier Versuche nötig waren, um seinen Spind aufzubekommen, brauchte das fast seine fünfminütige Pausenzeit auf – und er war der Unpünktlichkeit einen Schritt nähergekommen. Viele Mitarbeiter der Schule waren verständnisvoll und taten ihr Bestes, um den neuen Fünftklässlern zu helfen, aber nicht alle. Mein Sohn kam einmal heim und erzählte mir, dass er schnellen Schrittes zu seinem Klassenzimmer geeilt war – gerade so, dass er nicht rennen musste – und schon wieder hatte der Schulleiter ihn angebrüllt: „Was machst du noch im Gang? Du solltest schon längst in deinem Klassenzimmer sein!" Er wurde in die Direktion geschickt, um sich einen Verweis wegen Zu-Spät-Kommens abzuholen und musste erklären, warum er noch nicht in seinem Klassenraum war. Ich kenne meinen Sohn und möchte wetten, dass er aufgrund der Verspätung schon einen panischen Ausdruck auf seinem Gesicht hatte, bevor er überhaupt angeschrien wurde. Ich kann beim besten Willen nicht verstehen, warum ein ausgebildeter Pädagoge nicht erkennen konnte, dass er hier keiner Korrektur bedurfte. Er brauchte Hilfe. Glücklicherweise gab es auch genügend Leute an der Schule, die das bemerkten und denen ich ewig dankbar bin – besonders Mr. Anderson, der begriff, dass mein Sohn einen Trick an dem Schloss nicht kannte: Man musste das Schloss mehrmals drehen, bevor es sich mit der Zahlenkombination öffnen ließ. Sobald ihm das erklärt wurde und er kompetenter darin wurde, seinen Spind zu öffnen (das heißt, sobald ihm *geholfen* wurde), schaffte er es, für die Dauer des restlichen Jahres pünktlich zu sein. Die Korrekturen waren in Bezug auf eine Verhaltensänderung völlig nutzlos und richteten sogar Schaden an, aber die Hilfestellung löste das Problem sofort. (Ich glaube, das ist das Ende meiner elterlichen Tirade! Ah, wie befreiend!)

Wenn ich sehe, wie eine Person für ihr Verhalten von jemandem getadelt wird, der es eigentlich besser wissen müsste – wie zum Beispiel von einem Elternteil, einem Lehrer oder einem Ehepartner – und ich auch sehen kann, dass diese Person das Gefühl hat, niemals etwas recht machen zu können, dann denke ich daran, wie Hunde früher mit aversiven und gewalttätigen Methoden trainiert wurden und wie sehr sich diese Branche weiterentwickelt hat. Wenn nur das Sicherheitspersonal am Flughafen eine ähnliche Entwicklung durchmachen würde! Wenn ich durch den Sicherheitscheck am Flughafen gehen muss und weiß, dass sich die Regeln seit Dienstag geändert haben, dann weiß ich auch, dass ich Fehler machen werde und deshalb eine strenge Rüge zu erwarten habe. Jedes Mal, wenn das geschieht, denke ich daran, dass dieses Gefühl den Lebensalltag für viele Hunde bedeutet – das Gefühl, keine Chance gehabt zu haben, herauszufinden, was *diesmal* von ihnen erwartet wird. *Was? Ich soll meine Schuhe nicht ausziehen? Das letzte Mal musste ich das machen. Was? Ich bekomme jetzt ein Problem, weil ich an dir hochspringe? Aber ich habe das gestern auch gemacht und da hast du mich hinter den Ohren gekrault und mich „braver Hund" genannt. Woher soll ich wissen, dass Anspringen in Ordnung ist, wenn du abgetragene Kleidung anhast, aber nicht, wenn du etwas Neues trägst und ganz sicher nicht, wenn dieses Neue weiß ist? Was? Mein iPad muss in eine Kiste gelegt werden? Das letzte Mal wurde mir gesagt, ich soll es in der Tasche lassen. Was meinst du, ich kann heute kein Essen vom Tisch bekommen und wenn ich es versuche, brüllst du mich an? Du hast dein Abendessen gestern mit mir geteilt.* Auf Individuen, die keine Chance haben, etwas dauerhaft richtig zu machen – weil die Welt so verwirrend ist – wartet sehr viel Bestrafung und Negativität. Einen Schutz gegen diese Art der Angst und des Unglücks bieten klare Vorgaben sowie eine Positivität, die starke Bindungen aufbaut.

Es scheint mir verrückt, Trainingstechniken anzuwenden, die emotionalen Stress verursachen und Beziehungen nicht nur nicht stärken, sondern sogar beschädigen. Ich bin überglücklich, der Kultur des positiven Hundetrainings anzugehören und ich hätte sehr gerne, dass die Leitlinien meiner Sparte zunehmend auf Mensch-zu-Mensch-Interaktionen angewandt werden. Zwei eng miteinander verbundene und überzeugende Gründe, warum wir alle dieses Ideal anstreben sollten, sind die Vorteile für die Beziehung und die Effektivität der Verhaltensbeeinflussung.

Positivität breitet sich in der Gesellschaft aus

In der heutigen Gesellschaft gibt es Inseln der Positivität, die sich ausbreiten. Ein Beispiel ist Pete Carroll, Coach der Super-Bowl-Siegermannschaft „Seattle Seahawks". Zu seinen Erfolgen als Head Coach an der University of Southern California zählte eine Landesmeisterschaft und zahlreiche Siege im College Football (der sogenannte Rose Bowl). Trotz seiner Erfolge auf der College-Ebene gab es einige Leute, die dachten, dass er keinen Erfolg im professionellen Football haben würde. Sein Coaching-Stil galt als zu freundlich, zu enthusiastisch und zu positiv, um für die Profispieler geeignet zu sein. Aber trotz des Vorwurfs, dass er zu weich oder zu spaßorientiert sei, blieb Pete Carroll seiner Persönlichkeit und seinen Methoden treu, was ihm große Erfolge auf beiden Ebenen einbrachte. Es freut mich sehr, dass er die Vorstellung ablehnte, der zufolge ein freundlicher, positiver Trainingsstil nur bei Menschen bis zum Alter von zirka 22 Jahren fruchten kann. Positivität ist für jedes Alter sinnvoll und ich bin immer froh, zu sehen, welchen Erfolg er damit hatte. („Immer" ist eigentlich eine Übertreibung, weil mich sein Erfolg tatsächlich ziemlich aufregte, als die Seahawks die Packers in den NFC Championship Games im Jahr 2015 schlugen – aber ich werde nicht zulassen, dass meine in Wisconsin gelegenen Wurzeln meinem professionellen Urteil im Weg stehen – ich habe den größten Respekt für die Art, wie Pete Carroll seine Spieler behandelt.) Sein Bestreben, ein förderndes Umfeld zu schaffen und gleichzeitig Erfolge zu feiern, mag im Rahmen der NFL (National Football League) etwas Neues sein, aber es passt zur Philosophie der Positivität, die im heutigen Hundetraining bereits weit verbreitet ist. Es führte außerdem dazu, dass Coach Carroll außergewöhnliche Leistungen von seinen Spielern erhielt.

Auch ein Vergleich zwischen den beiden US-amerikanischen Reality-Shows *American Idol* und *The Voice* zeigt sehr deutlich, wie positive Methoden andere zu ihrem besten Verhalten motivieren können. Beide Fernsehformate sind Talentwettbewerbe mit dem Ziel, Gesangstalente zu entdecken. Aber sie gehen dabei sehr unterschiedlich vor und die Experten, die in den Sendungen auftreten, haben unterschiedliche Bezeichnungen. In *American Idol* heißen sie „Judges", also „Richter". Der Name ist Programm: Die Judges richten. Nach dem Auftritt eines jeden Teilnehmers übt die Jury Kritik an dem Auftritt, wobei die Rückmeldungen nicht immer nett ausfallen. Der strengste Judge ist bekannt dafür, seine Kommentare mit der Phrase einzuleiten: „Ich möchte jetzt nicht fies sein, aber ..." Er sagt außerdem Dinge, wie: „Ich fand das schrecklich, einfach nur schrecklich. Für mich hat das geklungen wie eine scheußliche, miserable Schulaufführung." Zu Jennifer Hudson (spätere Oscar-, Golden Globe- und Grammy-Gewinnerin) sagte er: „Du bist in diesem Wettbewerb fehl am Platz." Hin und wieder kam es vor, dass die Jury-Mitglieder ein Kompliment machten, aber sehr oft waren sie streng oder sogar beleidigend.

Im Gegensatz dazu basiert *The Voice* auf einem Coaching-System, im Zuge dessen Gesangsstars gegeneinander antreten, indem sie versuchen, die Künstler in ihrem Team zum Erfolg zu führen. (Fairerweise muss ich sagen, dass *American Idol* in späteren Staffeln ebenfalls Mentoren eingeführt hat, was eine Verbesserung war. Zusätzlich gibt es inzwischen mehr Jury-Mitglieder, die selbst Sänger waren und die weniger harsche Kritik üben. Ganz im Zeichen der Zeit wurde die Sendung positiver.) Aufgrund ihrer gemeinsamen Ziele und Interessen bringen die Coaches in *The Voice* den Künstlern in ihrem Team verschiedene Fähigkeiten und Strategien in Bezug auf deren gesangliche Auftritte bei. Genau wie bei *American Idol* singen die Kandidaten jede Woche ein Lied und erhalten dafür Feedback von den Experten in der Sendung. Der Unterschied besteht darin, dass die Coaches hier jede Woche mit den Sängern und Sängerinnen zusammenarbeiten, um das Beste aus ihnen herauszuholen – sie sind auf deren Seite. Sie möchten, dass sie Erfolg haben und Selbstvertrauen aufbauen können – in dieser Sendung geht es nicht darum, die Kandidaten mit „geistreichen" (aber in Wirklichkeit gemeinen und harten) Kritikpunkten zu demontieren.

Für mich zeigt sich der Unterschied zwischen den Fernsehformaten am deutlichsten, wenn ich die Gesichtsausdrücke und Gefühlszustände der Kandidaten beobachte, während sie nach jedem Auftritt auf ihr Feedback warten. In *American Idol* sehe ich Angst und Nervosität, während die Mimik der Sänger in *The Voice* von freudiger Erwartung zeugt. Diese Menschen lernen etwas und werden nicht einfach dafür niedergemacht, dass sie es noch nicht können.

Ein ähnlicher Gegensatz zeigt sich darin, wie Sportkommentatoren über die Leistung von Athleten sprechen. Viele Jahre lang konnte ich es kaum ertragen, den Turn-Kommentatoren bei den Olympischen Spielen zuzuhören, weil sie so kritisch und negativ waren. (In den USA bringt die ehemalige Turnerin und olympische Multi-Medaillen-Gewinnerin Nastia Liukin seit Kurzem ein wunderbares Element der Positivität ein und ich hoffe sehr, dass ihr Einfluss zunehmen wird.) Kleine Unvollkommenheiten werden dauernd als „katastrophal" bezeichnet und Kommentare wie, „Kommt schon, vielleicht kann irgendjemand mal auf dem Schwebebalken bleiben", „Oh-oh, ein großer Schritt und fast daneben", oder „Diese Übung ist immer ein Problem für sie", bilden ein ständiges, negatives Hintergrundrauschen. Im Turnen herrscht eine Kultur der Fehler-Orientiertheit. Das gesamte Punktesystem – welches im Übrigen subjektiv ist – basiert auf Abzügen. Im Gegensatz dazu gibt es beim Kunstspringen – ebenfalls ein Sport mit subjektiver Punktevergabe – Kommentatoren, denen ich sehr viel lieber zuhöre. Sie sind optimistisch, freundlich und legen ihren Fokus viel stärker auf die Dinge, die gut funktionieren, und nicht auf die Dinge, die schieflaufen. Außerdem stellen sie die Sportler nicht bloß. Es herrscht in diesem Sport auch deshalb eine andere Kultur, weil das System Punkte für erfolgreiche Übungen auf einer Akkumulationsbasis vergibt, anstatt Punkte für Fehler und Unvollkommenheiten abzuziehen.

Die Anzeichen dafür, dass Positivität sich in der Gesellschaft ausbreitet, sind manchmal klein. Ein solches Beispiel sind Sprachverschiebungen. Ich habe neulich gehört, wie eine Freundin das Sprichwort „zwei Vögel mit einem Samen füttern“ verwendet hat, anstatt auf das bekanntere „zwei Fliegen mit einer Klappe schlagen“ zurückzugreifen. Als ich sie danach fragte, sagte sie einfach, dass ihr die optimistische Version besser gefiele. Mir auch, weshalb ich nun ebenfalls die geänderte Version verwende, wenn ich ausdrücken will, dass zwei Ziele mit einer einzigen Handlung erreicht wurden.

Kapitel 2
Positivität anwenden

Wie Sie andere dazu bringen, tun zu WOLLEN, was Sie wollen

Wenn ich Leuten erzähle, dass ich bei Menschen gerne dieselben Trainingstechniken anwende, die für mich bei Hunden sehr gut funktionieren, stellen sie sich wahrscheinlich meistens vor, dass ich den Menschen Leckerchen als Belohnung für gutes Verhalten verabreichen würde. Anders ausgedrückt, sie stellen sich vor, dass ich positive Verstärkung anwenden würde, um das Verhalten anderer zu beeinflussen – und sie hätten Recht damit. (Sie stellen sich vielleicht auch vor, dass meine Kinder zuhause Apportierspiele machen. Sie hätten auch damit Recht, aber mehr dazu später. Hoffentlich denken Sie bis dahin nicht mehr, dass ich verrückt bin. Ich traue mich zu wetten, dass meine Kinder eine gute Chance – wenn nicht gar eine hohe Wahrscheinlichkeit – haben, zu sozial gut angepassten Erwachsenen heranzuwachsen.)

Positive Verstärkung

Positive Verstärkung ist ein Teil der sogenannten operanten Konditionierung, was bedeutet, dass Konsequenzen eingesetzt werden, um Verhalten zu beeinflussen. Die anderen Teile der operanten Konditionierung heißen negative Verstärkung, positive Bestrafung und negative Bestrafung. Dies sind die vier grundlegenden Arten, in denen wir Konsequenzen einsetzen können, um die Wahrscheinlichkeit einer Verhaltensweise zu beeinflussen. Obwohl es sich dabei um sehr unterschiedliche Konzepte handelt, werden sie aufgrund der Fachbegriffe leicht verwechselt. Positive Verstärkung bedeutet, dass nach dem gezeigten Verhalten etwas Gutes passiert, was die Wahrscheinlichkeit erhöht, dass das Verhalten erneut auftritt. (Hund macht Rolle. Hund bekommt Belohnung. Es ist wahrscheinlicher, dass der Hund noch einmal eine Rolle macht.) Positive Bestrafung bedeutet, dass nach dem Verhalten etwas Negatives passiert, was die Wahrscheinlichkeit sinken lässt, dass dieses

Verhalten erneut auftritt. (Jemand stiehlt die Lebensmittel seines Mitbewohners aus dem Kühlschrank. Der Mitbewohner wird böse und brüllt. Es ist weniger wahrscheinlich, dass der Dieb noch einmal Essen stehlen wird.) Negative Verstärkung bedeutet, dass etwas Schlechtes als Konsequenz des Verhaltens weggenommen wird, wodurch das Verhalten mit höherer Wahrscheinlichkeit erneut auftritt. (Eine Person legt den Anschnallgurt an. Anschnallalarm hört auf. Es ist wahrscheinlicher, dass die Person sich in der Zukunft erneut anschnallen wird.) Negative Bestrafung bedeutet, dass als Reaktion auf ein Verhalten etwas Gutes weggenommen wird, was die Wahrscheinlichkeit senkt, dass dieses Verhalten noch einmal auftritt. (Hund springt an Ihnen hoch, wenn Sie heimkommen. Sie legen die Tüte mit den Leckerchen weg, ohne ihm eines zu geben. Es ist weniger wahrscheinlich, dass er Sie beim nächsten Mal anspringen wird.) Beachten Sie, dass beide Arten der Verstärkung das Verhalten wahrscheinlicher machen, während beide Arten der Bestrafung es weniger wahrscheinlich machen. Die beiden „positiven“ Methoden bedeuten außerdem, dass etwas als Konsequenz auf ein Verhalten zugefügt wird, während die beiden „negativen“ Arten bedeuten, dass etwas weggenommen wird. Obwohl alle vier Konsequenz-Arten im Hundetraining oft zum Einsatz kommen, konzentriere ich mich auf positive Verstärkung.

Ich bin für eine zielgerichtete positive Verstärkung, um Verhalten zu beeinflussen. Mit „zielgerichtet“ meine ich, dass ich Verhalten bewusst verstärken möchte. Einmal ganz abgesehen davon, dass es funktioniert, gefällt mir am besten daran, dass ich durch diese Methode meinen eigenen Willen mit dem eines anderen in Einklang bringen kann. In anderen Worten, es handelt sich um eine Methode, mittels derer ich andere dazu bringen kann, dasselbe machen zu *wollen*, was ich von ihnen will. Deshalb machen sie freiwillig, was sie „machen sollen“ und genau darum geht es im Training. Positive Verstärkung ist generell die beste Art, dies zu erreichen:

Sie basiert nämlich darauf, dass ich Verhaltensweisen verstärke, die mir gefallen, wodurch ich deren Wiederholung erreichen möchte. Dieses Kapitel stellt unter anderem einige Strategien vor, um das Verhalten anderer durch korrekte Verstärkung zu beeinflussen.

Es ist gut möglich, dass jemand, der dies liest, die allgemeine Technik als manipulativ empfindet. Ich gebe zu, dass man so argumentieren könnte, da Leute oft nicht merken, wie ihr Verhalten von anderen bestimmt wird. Und wenn sie es merken, könnten sie das Gefühl bekommen, ausgetrickst worden zu sein. Auf der anderen Seite geht es bei positiver Verstärkung darum, eine Verhaltensentscheidung basierend auf deren guten Konsequenzen zu treffen, es gibt also keine Verlierer. Die Person, deren Verhalten modifiziert wird (oder die etwas Neues lernt), wählt, was sie tun möchte und sollte dementsprechend mit dem Ergebnis zufrieden sein – da dieses Ergebnis per Definition aus ihrer Sicht positiv ist. Auch die Person, die das Verhalten verstärkt, bekommt, was sie will: erwünschtes Verhalten von jemand anderem. Ich möchte außerdem zu bedenken geben, dass Menschen oft sehr wohl merken, dass ihr Verhalten bestärkt wird, aber es macht ihnen nichts aus. Beispiele wären eine Schulklasse, die ein Pizzaessen spendiert bekommt, weil sie Spenden für einen guten Zweck gesammelt hat – oder jemand, der eine Bonuszahlung für eine erfolgreiche Kundenakquisition erhält. Im Allgemeinen akzeptieren wir positive Verstärkung in unserer Gesellschaft, solange das Kind nie beim Namen genannt wird. Die Leute haben meistens überhaupt kein Problem damit, von „Prämien" oder „Bonuszahlungen" zu sprechen oder darauf hinzuweisen, dass jemand etwas verdient. Aber sobald man es positive Verstärkung nennt, wird man der Manipulation beschuldigt. Traurig, aber wahr.

Trotzdem muss ich fairerweise auf die Möglichkeit hinweisen, dass die Leute in ihrem Leben sich manipuliert fühlen könnten (was sie nicht glücklich machen würde), wenn sie diese Techniken anwenden. Alles in allem hoffe ich aber, dass das Risiko es ihnen wert sein wird. Ich finde es eine bessere Lösung, als andere Menschen herumzukommandieren, zu nörgeln, zu brüllen, und so weiter – aber ich kann nicht garantieren, dass mir da alle zustimmen werden. Der beste Selbstschutz ist, freundlich zu sein – und unauffällig, wenn möglich. Es ist vielleicht nicht klug, jemandem zu erzählen, was Sie machen, wenn Sie schon das Gefühl haben, dass es bei dieser Person möglicherweise nicht gut ankommen würde. Ich hoffe, der Tag wird kommen, an dem positive Verstärkung und andere Instrumente aus der Welt des Hundetrainings als unproblematisch angesehen werden, aber momentan haben sie in unserer Gesellschaft diesen Nachteil. Was sehr schade ist, weil ich wir alle ständig versuchen, das Verhalten anderer zu beeinflussen. Positive Verstärkung ist einfach nur die nettere Art.

Komischerweise hat mir noch nie jemand gesagt, dass positive Bestrafung manipulativ sei, obwohl sie ständig eingesetzt wird, um Verhalten zu beeinflussen. Mir ist nicht ganz klar, warum der bewusste Einsatz positiver Verstärkung so anders beurteilt wird. Tatsache ist doch, dass Konsequenzen sich immer auf unser Verhalten auswirken und dass dies ständig passiert. Ich trete einfach dafür ein, positive Konsequenzen für das Verhalten anderer bewusst einzusetzen. Ich finde es außerdem sehr wichtig, dass diese absichtlichen Konsequenzen aufrichtig sein sollten. Wenn Sie eine Person für etwas loben, was sie gemacht hat, darf das nicht roboterhaft oder unaufrichtig klingen – das Lob könnte sonst nach hinten losgehen und Sie laufen Gefahr, so zu klingen, als ob Sie gerade ein Karriereseminar zu positiver Verstärkung absolviert hätten und die Techniken nun ausprobieren wollten. Genau das Richtige auf genau die richtige Art zu sagen, ist eine Kunst. Aber nur so bedeutet Ihre Reaktion auf die Handlung anderer auch etwas.

Positive Verstärkung ist ein mächtiges Instrument und in seiner grundlegenden Form unglaublich einfach anzuwenden. Eine Verstärkung ist eine Konsequenz für ein Verhalten, das die Häufigkeit dieses Verhaltens erhöht. Wenn die Konsequenz etwas Erstrebenswertes ist, dann sprechen wir von einem positiven Verstärker. Das beste Beispiel ist vielleicht ein Hund, der eine Belohnung für „Sitz" erhält und deshalb in der Zukunft eher Sitz machen wird. Es gibt einen Witz, über den ich immer lachen muss und der genau illustriert, was positive Verstärkung ist und wie sie eingesetzt werden kann, um das Verhalten anderer zu beeinflussen. In dem Witz geht es um einen Mann, der fischen will, aber dem schnell die Würmer ausgehen. Er möchte schon resigniert heimgehen, als er eine Schlange mit einem Frosch im Maul entdeckt. Ihm fällt ein, dass sich Frösche hervorragend als Köder eignen und dass eine Schlange ihn nicht gut beißen kann, wenn sie schon einen Frosch im Maul hat. Also packt er die Schlange hinter dem Kopf, schnappt ihr den Frosch weg und legt ihn in seinen Eimer. Aber dann merkt er, dass er ein Problem hat. Wie kann er die Schlange wieder loslassen, ohne von ihr gebissen zu werden? Praktischer Mensch, der er ist, findet er eine Lösung. Er holt eine Flasche Jack Daniels heraus und leert der Schlange ein wenig Whisky ins Maul. Sobald die Schlange sich entspannt und schlaff wird, lässt er sie frei und macht sich wieder ans Fischen. Ein wenig später spürt er plötzlich, wie ihm jemand unten ans Bein tippt. Es ist dieselbe Schlange, mit noch zwei Fröschen im Maul.

Es gibt endlos viele Möglichkeiten, um positive Verstärkungsstrategien anzuwenden und Hundetrainer nehmen an wochenlangen Konferenzen zu dem Thema teil, weil es so komplex ist. Aber Sie müssen kein Experte werden und wie ein Hundetrainer jedes kleinste Detail wissen, um die wichtigsten Strategien und Punkte zu verstehen. Die im folgenden Abschnitt besprochenen Techniken werden Ihnen helfen, diese Methode anzuwenden, um das Verhalten anderer zu beeinflussen.

Verstärken Sie das Verhalten, das Ihnen gefällt

Wenn Sie eine Verhaltensweise beobachten, die Ihnen gefällt und Sie dieses Verhalten wiedersehen wollen, dann verstärken Sie es. In der Welt des Hundetrainings sind wir sehr häufig auf der Suche nach Verhaltensweisen, die uns gefallen. Wir suchen deshalb so intensiv danach, weil wir sie verstärken wollen. Wenn ein Hund sich bei der Begrüßung hinsetzt, besteht die Verstärkung einfach darin, dass ich ihm ein Leckerchen gebe oder ihn streichle und ihm die Aufmerksamkeit schenke, die er sich wünscht. Ich möchte gerne, dass Hunde mich und alle anderen Menschen höflich begrüßen. Sitzen ist höflich, besonders wenn man es mit einem anderen, häufig vorkommenden Begrüßungsverhalten vergleicht, nämlich dem Anspringen. In dem ich das Sitzverhalten verstärke, *be*stärke ich es auch, was bedeutet, dass es in Zukunft mit höherer Wahrscheinlichkeit auftreten wird.

Bei Hunden gibt es so viele Verhaltensweisen, die mir gefallen. Die grundlegendsten sind: auf Zuruf kommen, locker an der Leine laufen und sanft mit Kindern umgehen. Als Trainerin gefallen mir auch viele andere Verhaltensweisen. Ich könnte zum Beispiel ein Verhalten verstärken, das das Potenzial zu einem süßen Trick hat, wie zum Beispiel: eine Pfote heben, den Kopf schief legen oder sich so strecken, dass es aussieht, als ob der Hund sich verbeugen würde. Jeder Trainer mag vielleicht etwas anderes. Eine meiner Lieblingstrainerinnen, Kathy Sdao, hat eine Vorliebe für niesende Hunde, weshalb sie dieses Verhalten verstärkt, wann immer sich eine Gelegenheit dazu ergibt. Ihr Hund Nick war besonders gut darin, dieses Verhalten auf Signal darzubieten. Egal, welches Verhalten Ihr Herz gewinnt, die allgemeine Regel lautet: Verstärken Sie es, damit es öfter vorkommt. Auch für Menschen gilt die Leitlinie, der zufolge es klug ist, Verhalten zu verstärken, das Ihnen gefällt. Es trifft sowohl auf Menschen als auch Hunde zu, dass verstärkte Verhaltensweisen mit höherer Wahrscheinlichkeit wieder auftreten.

Ein Verhalten zu verstärken könnte beispielsweise bedeuten, dass Sie Ihr Kind überschwänglich loben, wenn es von selbst daran denkt, sich die Zähne zu putzen. Es bedeutet, Ihrem Mann zu danken, wenn er Ihnen Ihr Lieblingsessen kocht. Es bedeutet, dem Chef einer Person zu sagen, wie zufrieden Sie mit deren Leistung waren und dass Sie deshalb Kunde seines Unternehmens bleiben möchten – im Idealfall machen Sie das, während der Mitarbeiter anwesend ist. (Ansonsten zählen Sie darauf, dass der Chef seinen Angestellten bestärken wird.) Verstärktes Verhalten tritt häufiger auf, weshalb es wichtig ist, jene Verhaltensweisen zu verstärken, die Sie öfter sehen möchten. Es muss nicht einmal übermäßig kompliziert sein. Ich saß einmal im Skilift neben einem mir unbekannten Mann. Es stellte sich heraus, dass es sich um einen Vater handelte, der bestimmte Verhaltensziele für seine Söhne hatte. Er fragte mich scherzhaft: „Sie haben nicht zufällig eine Idee, wie ich meine Kinder dazu bringen kann, auf der Skipiste Bogen zu fahren, anstatt einfach wild im Schuss runterzurasen? Ich biete Ihnen diese Tüte M&Ms, wenn Sie eine Idee haben, die auch tatsächlich funktioniert." Er hörte mit großem Interesse zu, als ich ernsthaft antwortete: „Wie wäre es, wenn Sie jeden Bogen laut abzählen und den Kindern am Ende der Piste genau so viele M&Ms geben, wie sie Bogen gemacht haben?" Er war sehr optimistisch, dass seine Chancen gut standen. Unten an der Piste überhörte ich, wie er seinen Söhnen sagte, dass er ihre Bogen bei dieser Abfahrt gezählt hätte, und dass jeder nun ein M&M für jeden gefahrenen Bogen bekäme. Sein jüngster Sohn rief laut: „Das nächste Mal schaff' ich noch mehr!"

Erwischen Sie andere dabei, wie sie etwas richtig machen! (Und suchen Sie nicht nach Dingen, die falsch laufen)

In der Welt des Hundetrainings ist es eine weitverbreitete Einstellung, auf Verhaltensweisen zu achten (*aktiv danach zu suchen!*), die einem gefallen und von denen man möchte, dass sie öfter auftreten. Dies ist auch ein philosophischer Lebensansatz, der sehr leicht zu einer Gewohnheit wird, weil er so effektiv darin ist, Verhalten zu beeinflussen – und zwar auf eine gütige Art, ohne schädliche oder schmerzhafte Nebenwirkungen. Ein zusätzlicher Vorteil ist, dass dadurch auch der Beobachter eine positivere Einstellung entwickelt.

Es ist einfach, auf gutes Verhalten zu achten, anstatt ständig danach zu suchen, was jemand falsch gemacht hat. Aber in manchen Berufen ist es eine so ungewöhnliche Einstellung, dass sie es in die landesweiten Nachrichten schafft – dies war bei der Polizeieinheit in Farmington in New Hampshire der Fall. In jener Stadt begannen die Polizeibeamten, aktiv nach Leuten Ausschau zu halten, die das Richtige taten – also zum Beispiel ihren Hund angeleint hatten, den Zebrastreifen benutzten oder beim Abbiegen den Blinker verwendeten. Sie verstärkten dieses Verhalten dann, indem sie Gutscheine für Pizza oder Pommes verteilten. Es begann damit, dass ein Polizist beobachtete, wie ein Mann keine Mühen scheute, um trotz dichten Schneefalls zum nächsten Zebrastreifen zu gelangen, anstatt die Straße einfach illegal zu überqueren. Der Beamte wollte etwas für den Mann tun, um seine Bemühungen zu belohnen. Diese Strategie der positiven Verstärkung führt nicht nur dazu, dass das Verhalten mit höherer Wahrscheinlichkeit wieder auftreten wird, sondern sie stellt auch eine Verbindung her und stärkt die Beziehung zwischen der Polizei und den Bürgern. Wenn ein Polizeibeamter auf einen zukommt, denken die meisten Leute: „Oje, meint er, dass ich etwas falsch gemacht habe?“ Wahrscheinlich haben sie dabei auch Angst. Zu hören, dass man etwas richtig gemacht hat, würde die meisten Menschen überraschen, und zwar auf eine gute Art. Normalerweise haben Polizeibeamte mit dem kleinen Prozentsatz der Bevölkerung zu tun, deren Verhalten nicht dem entspricht, was sie gerne sehen würden (oder mit Menschen, die zu Recht oder Unrecht unter dem Verdacht stehen, sich nicht richtig zu verhalten). Diese Strategie ist also hilfreich, um mit dem Rest der Bevölkerung in Kontakt zu treten. In dieser Branche bedeutet es eine echte Abkehr vom Standardprozedere, nach gutem anstatt nach falschem Verhalten zu suchen, um dieses zu verstärken. Im Rahmen der Polizeiarbeit stellt dies eine echte Revolution dar, obwohl es im Hundetraining Normalität ist.

Polizeibeamte sind nicht die einzigen, für die positive Verstärkung etwas Neues ist – in manchen Bereichen ist sie noch kaum in Erscheinung getreten. In unserer Gesellschaft ist es leider viel gängiger, zu kommentieren oder zu reagieren, wenn jemand etwas macht, was einem nicht gefällt oder was man ablehnt. Vom Standpunkt der Verhaltensbeeinflussung aus gesehen ist es allerdings nicht ideal, nur dann Rückmeldung zu geben, wenn etwas falsch läuft. Menschen neigen dazu, sich eher über Verkaufspersonal oder Flugbegleiter zu beschweren, wenn die Dienstleistung nicht so gut ist, wie erwartet – anstatt diesen Berufssparten ein Kompliment zu machen, wenn sie ihre Arbeit gut erledigen. Menschen neigen auch eher dazu, Dinge zu sagen wie: „Nein, nicht dahin.“, „Das war eine schlechte Idee.“, oder „Warum bist du so langsam?“, anstatt das entsprechende „Ich finde es gut, wo du das hingetan hast.“, „Tolle Idee!“, und „Danke, dass du das so schnell erledigt hast.“

Es ist, als ob die Leute annehmen würden, dass alle anderen das Gewünschte automatisch machen sollten und werden – und dass eine Unterweisung nur dann nötig ist, wenn sie vom offensichtlichen Weg abweichen. Dies hat zum Effekt, dass wir alle in ständiger

Erwartung eines grässlichen Alarmtons leben, oder damit rechnen, dass jemand sagt: „Nein! Falsch!" Es ist Standard, nicht auf die Dinge zu reagieren, die richtig gemacht werden, aber sehr wohl zu kritisieren, wenn etwas falsch gemacht wird.

Man rutscht sehr leicht in die Gewohnheit ab, nur die Fehler aufzuzeigen oder darüber zu reden, was falsch läuft. Es gibt genügend Menschen, die es anscheinend genießen, andere zu kritisieren und sogar nach Möglichkeiten suchen, dies zu tun. (Leider gibt es Leute, die Yelp! und andere öffentliche Feedback-Seiten als eine Chance betrachten, jede Person und jedes Unternehmen zu zerreißen, die oder das auch nur irgendwie von der absoluten Perfektion abweicht. Perfektion ist ein lächerlich hoher Standard.) Sowohl für Hunde als auch für Menschen kann es kränkend und frustrierend sein, wenn nur die Dinge Beachtung finden, die nicht gut sind.

Der Film *Arthur Weihnachtsmann* ist ein großartiges Beispiel für die Tendenz, nur aufzuzeigen, was schlecht ist. Als Steve, der älteste Sohn des Weihnachtsmannes, alle Weihnachtslieferungen übernimmt und dabei ein Geschenk für ein Kind vergisst, redet sein Vater zu seinem Ärger nur noch über dieses kleine Mädchen und „nicht über die zwei Milliarden Dinge, die ich heute Nacht richtig gemacht habe!" Steve hat recht – das ist keine Art, jemanden zu behandeln. Ein kleiner Perfektionsfehler heißt noch lange nicht, dass jemand keinen guten Job gemacht hat. Wenn der Fokus auf jedem nur möglichen Fehler liegt, dann leiden alle ständig unter dem drückenden Gefühl, niemals genügen zu können. Es ist sehr viel wirksamer (und sehr viel netter), auf die Dinge zu reagieren, die richtig gemacht wurden. Wenn wir uns auf dieses Verhalten konzentrieren, dann weiß der Akteur auch, dass er das Richtige getan hat. Eine Verbesserung ist so gut wie immer möglich, Perfektion ist nur sehr selten möglich. Und das ist auch in Ordnung so.

Ich habe selbst schon den Fehler gemacht, zu ignorieren, was gut gemacht wurde und nur darüber zu sprechen, was nicht richtig gemacht wurde. In einem Fall fühlte ich mich deshalb schrecklich und schuldig, weil ich es eigentlich besser weiß. Es gibt keine Entschuldigung für mein Verhalten, weil es für Hundetrainer zum Alltagsgeschäft gehört, dass wir bemerken und bestärken, was gut gemacht wurde. Im Jahr 2008 begann ich, eine wöchentliche Tierkolumne (*The London Zoo*) für meine Lokalzeitung zu schreiben und im Jahr 2009 kam eine zweite wöchentliche Kolumne zum Thema Laufen dazu (*High Country Running*). Jahrelang hatten die Redakteure der Lokalzeitung gute Arbeit geleistet, aber ich fand das nicht der Rede wert. Nach Hunderten von Kolumnen schrieb ich im Jahr 2012 dann eine Lauf-Kolumne über die vielen Variationen, in denen das Wort „laufen" in unserer Sprache vorkommt. Ich zählte so unterschiedliche Ausdrücke auf wie: Amok laufen, aus dem Ruder laufen, heiß laufen, Sturm laufen, die Dinge laufen lassen, Gefahr laufen, glatt laufen und jemanden laufen lassen. Ich beendete den Artikel mit dem folgenden Satz, der ein Zitat aus Shakespeares Theaterstück *Ein Sommernachtstraum* ist: „Der Kurs der wahren Liebe verlief nie reibungslos." (im englischen Original lautet der Satz: "*The course of true love never did run smooth.*"). Als ich die Zeitung las und sah, dass dieses Zitat zu „The course of true love never did run smooth*ly*" geändert worden war, war ich entsetzt. Das Zitat war nun zwar grammatisch korrekt, aber auch ein Fehlzitat des Originals. Ich kontaktierte den zuständigen Redakteur, erklärte das Problem und warum es mir peinlich war, und bat ihn, das Zitat in der Online-Ausgabe zu ändern. Er war extrem nett und entschuldigte sich, aber später fiel mir ein, dass ich kein einziges Mal Bestätigung oder Wertschätzung ausgedrückt hatte – ich hätte den Redakteuren zum Beispiel für ihre ausgezeichnete Arbeit danken können oder dafür, dass sie *mich* in den vorhergehenden Jahren unzählige Male gerettet hatten, weil sie den gelegentlichen Grammatik- oder Rechtschreibfehler korrigiert hatten. Nein, ich hatte alles ignoriert, was sie richtig gemacht hatten und sie stattdessen für eine einzige, komplett verständliche redaktionelle Änderung kritisiert, die einfach daher rührte, dass sie das Shakespeare-Zitat nicht erkannt hatten. Mein Fehler, umso mehr so, als mir bewusst ist, dass ich darauf achten sollte, was richtig läuft. Ich verschickte später aber eine E-Mail, in der ich mich für meine Beschwerde entschuldigte und meine Dankbarkeit für die vielen Male zum Ausdruck brachte, bei denen ihre Korrektur mich davor bewahrt hatte, Fehler in den Druck zu bringen. Ich merkte außerdem an, dass ich ihre ausgezeichnete Arbeit schon vor langer Zeit hätte anerkennen müssen, anstatt auf das eine Mal zu warten, an dem ich mit der redaktionellen Arbeit nicht einverstanden war, um dann darauf zu reagieren.

Die generelle Vorgehensweise im Hundetraining (die auch anderweitig angewandt werden kann) ist, ständig nach Verhaltensweisen Ausschau zu halten, die einem gefallen, damit man diese verstärken kann. Man nimmt nicht von vornherein an, dass irgendjemand weiß, was man erreichen möchte, was man mag oder was man wertschätzt. Es ist mein Job als Trainerin, den Hund dabei zu erwischen, wie er etwas richtig macht. Wenn ich das Verhalten positiv bestärke, wird es mit höherer Wahrscheinlichkeit wieder auftreten. Was bedeutet, dass die eigene Reaktion auf gutes Verhalten dieses stärkt. Ich bin immer auf der Suche nach Dingen, die mir gefallen und die ich verstärken könnte. Bei Hunden kann das etwas so Einfaches sein, wie ihnen einen Kauknochen zu geben, wenn sie auf ihr Hundebett gehen – damit bestärke ich dieses Verhalten. Oder ich könnte einem Hund ein Leckerchen geben, wenn er sich hinsetzt, während das Baby an ihm vorbeikrabbelt. Beides sind Beispiele für vorbildhaftes Hundeverhalten, das zur Gewohnheit werden soll – und ich habe beide Hunde dabei "erwischt", wie sie es machen.

Bei Menschen ist es mindestens genauso wichtig, gutes Verhalten zu bemerken und darauf zu reagieren. Ich habe einmal eine Auszeichnungsfeier für die Fünftklässler an der Schule meines Sohnes besucht. Es wurden Auszeichnungen für gute Noten in verschiedenen Leistungsklassen verliehen sowie für Leistungsverbesserungen, Zivilcourage und Ehrenamtliches. Für den Direktor war es eine schwierige Aufgabe, weil er sowohl die Fünftklässler als auch deren Eltern ansprechen musste. Falls Sie kein 10- oder 11-jähriges Kind zuhause haben: Ich kann Ihnen versichern, dass Kinder nicht unbedingt dasselbe unterhaltsam oder witzig finden wie Erwachsene. Es kommt zwar manchmal vor, aber im Großen und Ganzen sind Fünftklässler und deren Eltern zwei verschiedene Zielgruppen. Der Direktor schaffte es ganz wunderbar, seine Kommentare und Witze so auszutarieren, dass beide Gruppen im Publikum auf ihre Kosten kamen – und mir war es ein Bedürfnis, ihn wissen zu lassen, dass ich das bemerkt hatte, indem ich ihm ein kleines Dankesschreiben schickte.

Die Philosophie, darauf zu achten, was richtig gemacht wurde, wirkt sich auch darauf aus, wie ich die Arbeiten und Prüfungen meiner Universitätsstudenten beurteile. Die Vorgehensweise, bei der man anspricht, was falsch ist, während man davon ausgeht, dass alles richtig sein *sollte*, entspricht einer Benotungstechnik, die annimmt, dass ein Student hundert Prozent bei einer Prüfung erzielt – bis der Professor mit der Bewertung beginnt und Fehler findet. Bei dieser Vorgehensweise werden Prüfungsfragen mit -1 bis -8 bewertet und es gibt eine Gesamtsumme an verlorenen Punkten. Dem liegt eine Negativität zugrunde, die den Studenten meiner Meinung nach nicht beim Lernen hilft – und ich bin mir ganz sicher, dass die meisten sich nicht sehr gut dabei fühlen.

Ich bevorzuge es, bei der Benotung von Prüfungen so vorzugehen, dass ich versuche, Punkte für gut gemachte Arbeit zu vergeben. Jeder Prüfungsbogen ist erst einmal leer und deshalb eine Null, bis der Student ihn durch die Beantwortung von Fragen aufwertet. Es ist meine Aufgabe, nach den Dingen zu suchen, die richtig sind, und die Punkte zu vergeben, die die Studenten für richtige Antworten verdienen. Ich versuche aktiv, den Studenten so viele Punkte wie möglich zu geben, indem ich herausfinde, was sie richtig gemacht haben. Ich vergebe auch immer Teilpunkte für relevante Ideen oder Antworten, die etwas wert sind – selbst, wenn sie unvollständig oder nicht völlig richtig sind. Auf diese Weise kann ich zu jeder Frage, die ein Student irgendwie sinnvoll beantwortet hat, +3 oder +6 oder etwas Ähnliches schreiben. Das scheint vielleicht nur ein kleines Detail zu sein, aber es ist mir wichtig, meinen Studenten mitzuteilen, dass ihre harte Arbeit, ihr Pauken und ihr Mitdenken ihnen bei der Prüfung zum Beispiel 87 Punkte verdient haben, anstatt sie darauf aufmerksam zu machen, dass sie auf unterschiedlichste Weise versagt und deshalb 13 Punkte verloren haben. Ich möchte sie dabei erwischen, wie sie etwas richtig machen und es interessiert mich nicht, im Grunde zu sagen: „Ha! Da hast du etwas vergessen!“ oder „Oje, das hast du falsch gemacht.“ Es fühlt sich für mich so viel besser an, wenn ich das Äquivalent von „Ja, absolut!“ oder „Gut gemacht!“ sagen kann.

Ich bin Mitglied einer Laufgruppe mit dem Namen „Team Run Flagstaff“. Es handelt sich dabei um eine örtliche Laufgruppe für alle Könnensstufen, und damit meine ich wirklich alle. Es gibt Anfänger-Programme für Leute, die noch nie gelaufen sind, eine Spitzensportlergruppe, zu der sogar Olympiateilnehmer zählen, und sehr viel dazwischen. Vor Jahren begann die gesamte Profi-Truppe dem Chefcoach beim wöchentlichen Laufbahn-Training unter die Arme zu greifen, an dem die meisten unserer Mitglieder teilnehmen. Für viele dieser Profiläufer war es nicht leicht, die normalen, durchschnittlichen Amateur-Läufer zu unterstützen, die das Gros der Clubmitglieder ausmachen. Es war nicht so, dass sie nicht helfen wollten. Aber für die meisten von ihnen fühlte es sich wahrscheinlich komisch an, Läufer anzuspornen, die im Vergleich zu ihnen ziemlich langsam waren – da sie selbst es ja gewöhnt waren, von anderen Blitzläufern umgeben zu sein. Ich kann mir gut vorstellen, dass sie ihren Laufkollegen während eines harten Trainings kein unaufrichtiges Feedback zumuten wollten – schon gar nicht, da wir so weit unter ihrem Niveau waren. Sie waren wahrscheinlich nicht einmal immer imstande, zu sagen, wer sich wirklich sehr anstrengte, wer sich nur ein bisschen bemühte und wer das Training auf die leichte Schulter nahm. Die meisten Profi-Läufer hatten erst kürzlich das College abgeschlossen und ihre Erfahrung mit Amateuren, deren Begeisterung für den Sport weit größer ist als ihr Talent, hielt sich in Grenzen. Die Profis brauchten eine Weile, bis sie uns entspannt unterstützen konnten und auch in der Lage waren, uns beim Laufen anzufeuern und zu loben. In einer frühen Trainingseinheit standen sie hauptsächlich verlegen herum und redeten miteinander, anstatt sich übermäßig ins Training einzubringen. Eine derartige Verlegenheit sieht schnell wie Desinteresse aus, selbst wenn sie gar nicht so gemeint ist – einfach, weil diese Profiläufer die Stars unseres Sports waren und in unseren Augen Superhelden ähnelten, während wir selbst auf weit niedrigerer Ebene herumdümpelten. Amateurläufer wie ich bekommen schnell das Gefühl, Verurteilung anstatt Unterstützung zu erfahren, wenn wir Spitzenläufer sehen, die in Grüppchen zusammenstehen. Dabei war es egal, dass die Profis nur deshalb Grüppchen bildeten und sich unterhielten, weil sie sich unwohl fühlten und nicht, weil sie auf uns herabsahen. Ich wollte gerne zur Lösung dieses Problems beitragen, anstatt mich einfach nur zu beschweren, wie es einige unserer Clubmitglieder verständlicherweise getan hatten.

Eines Tages hatten einige der Profiläufer während des Lauftrainings Zuspruch für uns parat, den sie in der Form von leisen Bemerkungen wie „Gut gemacht, weiter so", „Das sieht gut aus, Tempo halten", oder „Genau so, stark bleiben" ausdrückten. Ich wollte dieses Verhalten gerne bestärken, da es gegenüber den früheren Trainingseinheiten ein echter Fortschritt war. Also lobte ich ein paar der neuen Hilfstrainer, die an der hinteren Seite der Laufbahn standen und sich wirklich sehr bemühten, indem sie einen steten

Fluss an optimistischen Kommentaren abgaben. Ich sagte einfach im Vorbeilaufen: „Wie schön, in diesem Abschnitt hier werden wir unterstützt." Das klingt jetzt vielleicht weniger bestärkend als Leckerchen oder schnödes Bargeld wären, aber Bestätigung kann sehr verstärkend wirken – besonders, wenn etwas neu ist oder wenn die Menschen sich ihrer Leistung noch unsicher sind. In den folgenden Runden feuerten die Spitzensportler uns noch begeisterter an und ermutigten mich dabei ganz konkret, indem sie meinen Namen und die Namen anderer Leute verwendeten. Beim Training in der nächsten Woche lief ich an einem neuen Coach vorbei, der die Läufer bei jeder absolvierten Runde einer harten Trainingseinheit anfeuerte. Ich sagte zu ihm: „Du bist immer so motivierend, das finde ich gut." Auch er steigerte seinen Zuspruch daraufhin noch mehr. Die meisten Profiläufer, die sich als Trainer versuchen, bekommen den Dreh am Ende heraus. Wir wissen ihre zusätzliche Energie wirklich sehr zu schätzen, aber mit ein wenig positiver Verstärkung machen sie noch viel schneller Fortschritte.

Ich wandte einfach das Grundprinzip der positiven Verstärkung an – man erhält immer das Verhalten, welches man verstärkt –, um die Häufigkeit des "guten" Verhaltens im Falle unserer neuen Hilfscoaches zu steigern.

Verstärkung ist nicht jedes Mal notwendig!

Wenn man einem Hund (oder irgendjemand anderem) etwas Neues beibringt, ist es wichtig, das korrekte Verhalten jedes Mal zu verstärken, damit es erlernt werden kann. Wenn jemand für ein Verhalten regelmäßig bestärkt wird, fällt es demjenigen leichter, die Verbindung herzustellen. Es gibt jedoch keinen Grund, mit dieser Verstärkungsfrequenz bis in alle Ewigkeit weiterzumachen. Viele Menschen, die den Einsatz von Futter im Hundetraining ablehnen, geben als Hauptgrund dafür an, dass sie nicht ständig Leckerchen geben wollen. Bei einem guten Hundetraining ist das auch nicht nötig. Profis wissen, wie sie die Futterbelohnung, die in der frühen Trainingsphase für ein neues Verhalten jedes Mal verwendet wurde, langsam ausschleichen können. Zum einen ist es praktisch, wenn man die Belohnungsfrequenz für ein Verhalten verringern kann. Unsere Hunde sollten nicht nur dann reagieren, wenn es Leckerchen gibt. Und wenn ein Hund ein Verhalten sehr gut verinnerlicht hat, muss auch nicht mehr jede Reaktion verstärkt werden. Dasselbe gilt für Menschen. Als meine Kinder klein waren, bestärkte ich sie regelmäßig dafür, dass sie sich selbst anzogen, ihren Teller aufaßen oder sich die Zähne putzten. Jetzt, da diese Verhaltensweisen gut etabliert sind, muss ich sie nicht mehr dafür bestärken. (Diese Verhaltensweisen werden auf andere Weise verstärkt, wenn die Kinder älter werden. Das schlechte Gefühl von ungeputzten Zähnen fungiert als negativer Verstärker beim Zähneputzen. Verhaltensweisen wie Aufessen und Sich-vor dem-Verlassen-des Hauses-angemessen-Kleiden werden durch eine soziale Anerkennung bestärkt, die nicht unbedingt von mir kommen muss.) Das Tatsache, dass wir im Training dadurch eine verlässlichere Reaktion erhalten, ist ein zweiter Grund, warum wir weg von andauerndem Verstärken und hin zu gelegentlichem Verstärken wollen. Es gibt nämlich einige Hinweise darauf, dass sporadisches Verstärken im Vergleich zu konstantem Verstärken eine stärkere Wirkung bei Tieren erzielt.

Wissenschaftler haben die biochemischen Vorgänge im Gehirn während eines Signal-Verhaltens-Zyklus untersucht. Sie haben den freigesetzten Dopaminspiegel gemessen und sich dann angesehen, welches Aktivitätsniveau die Dopamin-Signalwege zu unterschiedlichen Zeitpunkten aufwiesen. Das Ziel dabei war, herauszufinden, wann die Lustzentren des Tieres am stärksten aktiviert wurden.

(Dopamin ist ein Neurotransmitter, der vermehrt ausgeschüttet wird, wenn man etwas als lohnend empfindet. Einer der Dopamin-Hauptsignalwege spielt eine wichtige Rolle für die Verhaltensverstärkung.) Sobald ein Tier lernt, dass ein Signal ihm die Gelegenheit bietet, ein Verhalten zu zeigen und dafür etwas von Wert zu erhalten, bereitet ihm nicht nur der Verstärker Freude. In einer eleganten Studie hörten die Tiere ein Signal (eine Glocke) und erhielten daraufhin die Gelegenheit, einen Schalter mehrmals umzulegen. Nach einer Zeitverzögerung von wenigen Sekunden erhielten sie dann eine Futterbelohnung. Man würde denken, dass bei Erhalt der Belohnung am meisten Dopamin ausgeschüttet wurde und dass auch die Signalwege in diesem Moment am aktivsten waren, aber das war nicht der Fall.

Die stärkste Reaktion trat nicht auf, als das Tier den Verstärker erhielt, sondern in dem Augenblick, in dem die Glocke läutete und das Tier begann, den Schalter zu betätigen. Das Wissen um die Bedeutung des Signals und die richtige Reaktion darauf sowie die Vorfreude auf den Erhalt des Verstärkers erzeugten ein stärkeres Glücksgefühl als der Verstärker selbst. Noch faszinierender ist, dass der Dopaminspiegel und die Aktivität in den Dopamin-Signalwegen noch höher sind, wenn das Tier weiß, dass es wahrscheinlich einen Verstärker erhalten wird, aber sich nicht ganz sicher ist. Anders ausgedrückt, wenn ein Tier gespannt wartet und gleichzeitig auf eine Verstärkung hofft, zeigt das Gehirn Anzeichen größerer Glücksgefühle, als wenn sich das Tier der Verstärkung komplett sicher ist. (Was in einem Labor passiert, lässt sich nicht direkt auf das echte Leben übertragen, weil in einem Umfeld, das der Trainer nicht kontrolliert, immer die Möglichkeit miteinander konkurrierender Verstärker besteht. Leider kenne ich keine Studien, die diese Möglichkeit untersucht haben.) Für Hundetrainer und alle anderen, die positive Verstärkung zur Beeinflussung von Verhalten anwenden, bedeutet dies, dass gelegentliches Verstärken mehr als ein langsames Leckerchen-Entwöhnen der Hunde (oder anderweitiger Schüler) ist. Es ist ein potenzieller Weg, um die innere Reaktion ihres Lernobjekts noch stärker und wirkungsvoller auszulösen. Allerdings bestärke ich Hunde (und Menschen) trotzdem sehr viel und lehne es ab, mit Belohnungen zu geizen, nur weil es möglich ist. Eine hohe Verstärkungsfrequenz ist wichtig, wenn jemand etwas Neues lernt, aber nicht nur dann ist es klug, großzügig mit den Belohnungen umzugehen. Zahlreiche Verstärker sind angesichts von Herausforderungen jeglicher Art (Ablenkungen, eine neue Umgebung, unheimliches Wetter, das Tier ist aus irgendeinem Grund zögerlich oder fühlt sich unwohl) hilfreich, um eine lustige und positive Erfahrung zu schaffen. Wenn Sie mit Ihren Verstärkern großzügig umgehen, stellen Sie sicher, dass Sie das gewünschte Verhalten oft sehen werden – *und* dass es *eifrig* gezeigt werden wird. Und ist das nicht eigentlich das Ziel? Ich bin gerne die Quelle guter und lustiger Sachen für meine Hunde und alle anderen in meinem Leben.

Der Schüler bestimmt, was verstärkend wirkt

Die richtige Auswahl der „Belohnung“ ist wichtig. Wenn ich einen Hund trainiere, dann entscheidet der Hund, was für ihn verstärkend wirkt. Wenn ein Hund lieber Zerrspiele spielt anstatt Hähnchen zu fressen, dann setze ich Spiel als meine Reaktion auf einen guten Abruf (das heißt, der Hund kommt, wenn er gerufen wird) ein. Ein anderer Hund straft ein Spielzeug vielleicht mit Nichtachtung, wenn echtes Fleisch eine Option ist, und ich respektiere dessen Meinung genauso.

Alles, was Freude macht, kann ein Verstärker sein – aber die besten Dinge wirken immer am stärksten. Für die meisten Hunde gibt es eine Abstufung der Belohnungsqualität: Echtes Fleisch ist besser als ein trockener Hundekeks, aber der ist besser als Trockenfutter. Um das auf Menschen umzulegen – es gilt zumindest für die meisten Menschen: Ein Keks ist besser als ein Cracker, und der ist besser als Salat. Wenn wir kreativ denken wollen, ist es wichtig, auch andere Verstärker außer Futter in Betracht zu ziehen. Was ein Hund in einem bestimmten Augenblick am meisten will, ist vielleicht eine Chance, rauszugehen, ein Apportierspiel zu spielen, den Bauch gekrault zu bekommen oder ein neues Spielzeug. Gleichermaßen wünscht sich ein Mensch vielleicht eine Rückenmassage, das Recht, den nächsten Film aussuchen zu dürfen oder das Angebot eines Familienmitglieds, das Geschirr abzuwaschen oder die Wäsche zu falten.

Auch Arbeitgeber täten gut daran, wenn sie ihre Angestellten mit den Dingen bestärken würden, die für diese auch am verstärkendsten wirken. Für manche Menschen ist das vielleicht mehr Geld, aber für andere wäre vielleicht mehr Freizeit besser und für wieder andere könnte der beste Verstärker zusätzlicher Büroraum für die Arbeit sein. Ebenso sollte ich das Lieblingsessen einer Person verwenden, wenn ich Essen als Verstärker einsetzen will. Für meinen Vater ist zum Beispiel zweifellos Vanilleeis der beste Verstärker, während es für meinen Mann und meinen jüngeren Sohn Karamellbonbons sind und für meinen älteren Sohn Kartoffelchips.

Wenn Sie jemandem einen Verstärker anbieten, den diese Person oder dieses Tier gar nicht mag, dann kann sich der Verstärker sogar in eine Strafe verwandeln, die die Häufigkeit des Verhaltens *verringert* und nicht steigert. Im Hundetraining ist das bekannt. Das häufigste Beispiel ist, wenn Menschen ihre Hunde zu sich rufen und ihnen dann als Belohnung den Kopf tätscheln. Die meisten Hunde hassen das und viele Trainer setzen diese Aversion sogar ein, um aufdringliche Hunde davon abzuhalten, den Leuten in den Schoß zu springen. Für mich ist das Kopftätscheln bei Hunden in etwa so, als ob Großtanten und andere Verwandte einen in die Wange kneifen würden. Vielleicht bin ich in dieser Beziehung übersensibel, weil mir als Kind sehr viel in die Wange gekniffen wurde und einige meiner Verwandten wirklich grob dabei waren. Sie meinten es liebevoll und es bereitete ihnen anscheinend Freude, aber für mich war es abschreckend und unangenehm. Auch die meisten Hunde wollen nicht noch einmal kommen, wenn sie dafür ein Kopftätscheln ernten. Im Gegenteil, es bringt ihnen bei, dass etwas Abschreckendes passiert, wenn sie kommen und es verringert die Wahrscheinlichkeit, dass sie dies in Zukunft wieder tun werden. Es ist auch insofern schade, als jeder gelungene Abruf eine Gelegenheit ist, dieses Verhalten in der Zukunft wahrscheinlicher zu machen, indem wir dem Hund für sein Kommen Freude bereiten – und nicht Ärger. Wenn ein Hund kommt und als Folge Hähnchen, einen Kauknochen oder ein neues Spielzeug erhält, wird dieser Hund sehr viel wahrscheinlicher auch in Zukunft kommen.

Wenn Sie einem Hund den Kopf tätscheln, der auf Ihr „Komm" reagiert hat, ist das so, als ob Sie Ihr Kind am Spielplatz von der Schaukel wegrufen, um ihm dann – wenn es von der Schaukel springt und zu Ihnen kommt – in die Wange zu kneifen. Das wird die Bereitschaft des Kindes nicht erhöhen, auch in Zukunft von der Schaukel zu springen und zu kommen. Ganz im Gegensatz zu einer besonderen Süßigkeit oder der Chance, ins Kino zu gehen.

Wenn Sie Ihrem Hund eine Belohnung anbieten, die die meisten Hunde mögen, aber Ihr Hund nicht, wirkt dies ebenfalls *nicht* verstärkend. Wenn Sie also einen ungewöhnlichen Hund haben, der vielleicht gerne Steak frisst, aber keine Würstchen mag, dann werden bei diesem Hund Würstchen nicht als Verstärker funktionieren. Dasselbe gilt für Menschen. Ich zum Beispiel hasse alles, was nach Pfefferminz schmeckt. Ich ertrage den Geschmack in der Zahnpasta, um gesellschaftsfähig zu sein, aber ansonsten vermeide ich ihn. Minzbonbons oder Minzschokolade stellen für mich keine Belohnung dar und jeder Versuch, mich damit zu bestärken, wird großteils erfolglos sein. (Ich sage „großteils", weil ich eine gedankenvolle Geste zu schätzen weiß, selbst wenn mir das Geschenk nicht gefällt.) Es ist dermaßen wichtig, Verhalten mit etwas zu bestärken, das auch wirklich verstärkend wirkt, dass ich noch mehr dazu sagen muss. (Ich rede sehr viel, wenn ich eine Leidenschaft für etwas habe und es sieht so aus, als ob das auch beim Schreiben zutrifft. Wer hätte das gedacht?) Wenn man Blumen für jemanden kauft, der stark allergisch auf Blumen reagiert oder einfach so praktisch veranlagt ist, dass er nicht einsieht, warum man Geld für Blumen ausgeben würde, wenn Bargeld doch viel willkommener wäre – dann gilt auch hier, dass die Blumen nicht sehr verstärkend wirken werden. Wenn Sie jemandem eine Reise schenken, der arbeitsbedingt so viel reisen muss, dass er sich über jede Chance freut, zuhause zu bleiben, dann könnte es gut sein, dass die Reise als Strafe angesehen wird und somit ganz sicher kein Verstärker ist.

Gleichermaßen gilt: Wenn Sie Ihren Hund im Park mit „Komm!" rufen und ihn dann, nachdem er genau das gemacht hat, was Sie von ihm verlangt haben, anleinen und mit ihm nach Hause gehen, dann bestrafen Sie damit den Hund für einen wundervollen Abruf. Das ist unklug, obwohl es vielleicht keinen Schaden anrichtet, wenn der Abruf Ihres Hundes sehr gut verankert ist und es eine lange Geschichte positiver Verstärkung gibt. Rufen Sie Ihren Hund stattdessen zu sich und geben Sie ihm eine Futterbelohnung oder ein Spielzeug, wenn er kommt. Lassen Sie ihn danach noch ein bisschen spielen. *Das* ist eine Verstärkung! Die Situation ist identisch mit jener, die Eltern allzu gut kennen, wenn ihre Kinder am Spielplatz spielen. Kommen die Kinder bereitwillig auf Ihren Zuruf, dann können Sie dieses Verhalten verstärken, indem Sie sie noch länger spielen lassen. Sagen Sie Ihren Kindern, es sei Zeit zu gehen, und wenn diese sich kooperativ zeigen und abmarschbereit zu ihnen kommen, lassen Sie sie noch ein wenig bleiben. Ich erhielt immer sehr viele Komplimente (und auch den gelegentlichen schockierten Ausdruck) von Eltern, die von der Reaktion meiner Kinder und deren Bereitschaft, den Spielplatz mit mir zu verlassen, beeindruckt waren. Dieses Verhalten hatte ich zum Teil so etabliert.

Manchmal denken wir auch zu viel darüber nach, was der beste Verstärker wäre. Hin und wieder befinde ich mich in Frauengruppen, in denen das Gespräch sich darum dreht, was ihre Männer wollen. Die Frauen reden von mehr Romantik oder davon, mehr Zeit mit ihren Männern zu verbringen, oder dass sie ihnen ihr Lieblingsessen kochen wollen. Sie reden davon, Liebesbriefe schreiben zu wollen oder etwas anderes zu tun, um ihre Ehemänner glücklich zu machen. Ich muss dann immer dem Drang widerstehen, zu rufen, was eine meiner Freundinnen einmal zu dem Thema gesagt hat: „Es ist nicht so kompliziert! Ich glaube, die meisten von euch würden keinen Fehler machen, wenn ihr mehr Sex hättet!"

Vermasseln Sie nicht die Chance auf eine Verstärkung, indem Sie Strafe anwenden – nur weil Sie so lange auf das erwünschte Verhalten warten mussten

Wenn Ihr Mann Ihnen Blumen bringt und Sie sich daraufhin beschweren, dass er das nicht oft genug macht, was tun Sie dann? Sie bestrafen ihn. (Das ist eine häufige Klage, die fast schon aus einem Witz stammen könnte: „Meine Frau hat mich angeschrien, als ich ihr Blumen gebracht habe, weil ich es angeblich nicht oft genug mache. Ein tolles Dankeschön.") Szenarien dieser Art finden wir in unserer Gesellschaft nur allzu häufig vor: Eltern, die sich während eines Besuchs ihrer Kinder darüber beschwerden, dass diese sie so lange nicht besucht hätten. Ein Freund, der sich bei seiner Freundin beklagt, dass sie schon ewig nicht mehr angerufen habe. Ein Geistlicher, der seiner Gemeinde (denen, die im Gottesdienst anwesend sind!) predigt, wie schlecht die Gottesdienste besucht seien und wie schlecht es sei, nicht regelmäßig in die Kirche zu gehen. Vom Standpunkt der Verstärkung aus ist das alles kontraproduktiv. Tatsächlich ist es so: Etwas passiert, was Ihnen gefällt, woraufhin Sie die Person bestrafen, die etwas Nettes gemacht hat, indem Sie nörgeln oder aggressiv sind. Dadurch machen Sie die wünschenswerten Handlungen in der Zukunft *weniger* wahrscheinlich. Zusätzlich ist es eine völlig verpasste Chance, weil Bestrafung in solchen Situationen immer auch eine verpasste Gelegenheit ist, das Verhalten zu bestärken, das man *sehr wohl* haben will.

Es ist wirklich wichtig, keine Chance auf positive Verstärkung zu vermasseln, nur weil etwas zu lange gedauert hat oder weil es zu selten vorkommt. Die Leute wollen häufig wissen, wie sie die Frequenz bestimmter, seltener Vorkommnisse erhöhen können: Wie kann ich meinen Partner dazu bringen, sich aus der Arbeit öfter zu melden? Wie kann ich meine Kinder dazu bringen, zu kommen, um mir bei der Hausarbeit zu helfen? Wenn Sie sich beschweren, wenn die Person Ihnen dann *endlich* schreibt oder vorbeikommt, um Feuerholz zu spalten und zu schlichten, dann verringert das die Wahrscheinlichkeit, dass sie so etwas Nettes noch einmal tun wird. Aber eigentlich möchten Sie ja genau das Gegenteil – Sie wollen die Wahrscheinlichkeit für die Zukunft erhöhen.

Hundetrainer predigen ihren Klienten immer, dass man einen Hund nie bestrafen darf, wenn er auf Abruf kommt – selbst wenn er dafür sehr viel länger gebraucht hat, als Sie das wollten, weil er noch ein totes Eichhörnchen beschnüffeln musste, bevor er sich zu Ihnen umgedreht hat. Das ist ein guter Ratschlag, weil Sie zwar versuchen, jemanden dafür zu bestrafen, dass er oder sie zu lange für etwas gebraucht hat – aber in Wirklichkeit bestrafen Sie das gewünschte Verhalten. Sie sollten das Verhalten im Gegenteil verstärken, damit es mit größerer Wahrscheinlichkeit wieder auftritt. Betrachten Sie es einmal aus dem Blickwinkel Ihres Hundes. Sie hören das Signal „Komm!", aber Sie reagieren nicht gleich, weil Sie so vom toten Eichhörnchen und diesen herrlichen Maden in seinem Inneren abgelenkt sind, dass das Signal nur in einer sehr entfernten Ecke Ihres Hirns ankommt. Ihre Sinne sind vollkommen mit diesem besonderen Schatz vor Ihnen beschäftigt. Aber dank des vielen tollen Trainings und der Übungseinheiten, die Sie erhalten haben, erkennt Ihr Hirn schließlich, dass Sie gerufen werden und obwohl Sie sich eigentlich nicht von Ihrer derzeitigen Beschäftigung losreißen möchten, drehen Sie sich um und laufen zu Ihrer Besitzerin. Sie machen das, weil Sie wissen, dass es erwartet wird und weil normalerweise etwas Gutes passiert, wenn Sie machen, was sie sagt. Sie sind nicht sofort gekommen, aber Sie haben das Eichhörnchen Eichhörnchen sein gelassen und sind zu Ihrer Besitzerin gerannt. Und was passiert? Nicht nur erhalten Sie nichts Gutes dafür, dass Sie gemacht haben, was von Ihnen erwartet wurde (nicht einmal eine fröhliche Begrüßung oder irgendein Zeichen der Anerkennung), nein, Sie werden angebrüllt. Mist, sich von diesem Eichhörnchen loszureißen war es absolut nicht wert! Da kommen Sie also zu ihr, obwohl Sie eigentlich Besseres zu tun gehabt hätten, und dann fühlen Sie sich schrecklich.

Dasselbe gilt, wenn Sie Ihren Freund dafür bestrafen, dass er Sie aus der Arbeit anruft (was Sie ja eigentlich wollen, oder?), indem Sie sich über seine zu seltenen Anrufe beschweren. Er wird nur bereuen, dass er sich das überhaupt angetan hat. Es ist so viel besser, wenn Sie glücklich, leichtherzig und fröhlich klingen – und voller Lob für ihn sind. Denn das wird er hoffentlich als bestärkend empfinden. Außerdem sollten Sie sich klarmachen, dass es auch eine Strafe für ihn sein kann, wenn Sie ihn zu lange an der Strippe halten, obwohl er sehr viel Druck in der Arbeit hat. In dem Fall wird es ihm leidtun, dass er jemals angerufen hat, weil er in seiner Arbeit zurückfällt beziehungsweise Schwierigkeiten am Arbeitsplatz bekommt. Halten Sie das Gespräch kurz, damit Sie ihn nicht bestrafen, indem Sie seine Arbeitszeit mehr beschneiden, als er es sich gewünscht hätte.

Noch besser wäre es, wenn Sie Ihren Freund für seinen Anruf bestärken würden, anstatt einfach davon abzusehen, ihn zu bestrafen. Sie können hier alles in Betracht ziehen, was ihn glücklich macht – das kann die Erwähnung sein, dass Sie unbedingt bald wieder Lasertag mit ihm spielen wollen oder dass Sie ihm heute Abend sein Lieblingsessen kochen wollen, oder es kann auch einfach eine flirtende Bemerkung sein, über die er sich freut. Was zählt, ist nur, dass er am Ende froh sein soll, angerufen zu haben – und nicht voller Reue. Denken Sie immer daran, dass Sie keine Chance auf eine Verstärkung vertun dürfen, nur weil Sie so lange auf das erwünschte Verhalten warten mussten – Sie wollen ja schließlich, dass er öfter anruft. Selbst wenn es für Ihren Geschmack nicht oft genug passiert, sollten Sie sich ins Gedächtnis rufen, dass positive Verstärkung die Frequenz des Verhaltens erhöhen kann. Im Gegensatz dazu bringt es gar nichts, sich in dem Moment über die Seltenheit des Verhaltens zu beschweren, in dem es auftritt. (Gott sei Dank gibt es heutzutage Textnachrichten Streitereien über die Häufigkeit und Dauer von Anrufen sind dadurch fast ausgestorben!)

Eine gute Entscheidung immer markieren

Ein „Markersignal" ist ein technischer Trainingsbegriff, der bedeutet, dem Individuum – in meiner Welt ist das oft ein Hund – eine Information in der Form einer Rückmeldung zukommen zu lassen, die so viel bedeutet, wie: „Ja! Das war richtig." Clicker gehören zu den häufigsten Markersignalen, aber sie sind nicht die einzige Möglichkeit. Die Trainer von Meeressäugetieren verwenden zum Beispiel Pfeifen, um Verhalten zu markieren.

Markersignale sind eine Möglichkeit, um das korrekte Verhalten anzuerkennen, aber man kann sie sich auch als einen Weg denken, um eine Entscheidung zu markieren. Es besteht so gut wie immer die Wahl, sich zwischen der Ausführung eines Verhaltens und dessen *Nicht*-Ausführung zu entscheiden. Weil es Wahlmöglichkeiten gibt, ist das Markersignal eine Art, zu sagen: „Ich weiß, dass du eine Wahl hattest und du hast eine gute Wahl getroffen." Das kann auch bedeuten, dass Sie manchmal die Entscheidung markieren, etwas *nicht* zu tun – zum Beispiel, *nicht* an Ihnen hochzuspringen oder *nicht* Autos zu jagen. Bei Menschen könnten Sie die Entscheidung markieren, nicht über jemanden zu klatschen oder etwas Bösartiges zu sagen oder sich nicht zu überessen. Uns gefällt Verhalten oft eher deshalb, weil es kein schlechtes Verhalten war, als deshalb, weil es ein gutes Verhalten war. Anders ausgedrückt, es gefällt uns oft, wenn jemand sich dazu entscheidet, etwas nicht zu tun. Und diese Entscheidung ist es wert, verstärkt zu werden, damit sie wieder getroffen wird. Zum Beispiel ist es großartig, wenn ein Hund sich entscheidet, einen Gast nicht anzuspringen – aber nicht so sehr aufgrund dessen, was der Hund tatsächlich macht (sitzen, ein Spielzeug bringen, sich im Kreis drehen, was auch immer), sondern aufgrund der Entscheidung, das schlechte Verhalten des Anspringens *nicht* auszuüben. Bei Hunden stellen wir sicher, dass wir diese Verhaltensweise des Nicht-Anspringens markieren und verstärken – egal, wie genau sie aussieht. Bei Menschen können wir die Entscheidung selbst sofort mit Lob markieren und verstärken. Es braucht ein bisschen Übung, um daran zu denken, dass die Entscheidung selbst ein Verhalten ist, das markiert und verstärkt werden kann.

Primäre vs. bedingte Verstärker

Ich habe erwähnt, dass Hundetrainer oft Clicker verwenden, um gutes Verhalten zu markieren und dass Delfintrainer oft Pfeifen für denselben Zweck verwenden. Viele Hunde und Delfine haben aus Erfahrung gelernt, Clicker und Pfeifen als Verstärker anzusehen. Clicker und Pfeifen sind Beispiele für bedingte Verstärker, was nur bedeutet, dass die Tiere gelernt haben (dazu konditioniert wurden), diese als Verstärker anzusehen. Um wirklich zu verstehen, was sie sind, müssen wir zuerst verstehen, was primäre Verstärker sind. Primäre Verstärker sind alles, was für ein Tier von Natur aus verstärkend wirkt. Beispiele für primäre Verstärker sind Futter, Spielzeug und Wasser. Hunde müssen nicht erst lernen, dass sich diese Dinge gut anfühlen. Sie tun es einfach von Natur aus. Bedingte Verstärker sind Dinge, die so dauerhaft mit einem primären Verstärker assoziert wurden, dass sie selbst verstärkend wirken. Wenn Hundetrainer einen Clicker einsetzen, dann bringen sie dem Hund als Erstes bei, den Clicker mit einer Belohnung zu verknüpfen. Durch die Kombination dieser zwei Dinge – zuerst kommt ein Click, woraufhin sofort eine Belohnung folgt – bringt der Hundetrainer dem Hund bei, sich genauso über den Clicker zu freuen wie über die Belohnung, die immer danach kommt. Sobald der Hund dieselbe emotionale Reaktion auf den Clicker wie auf die Belohnung zeigt, kann der Trainer den Clicker einsetzen, um das gewünschte Verhalten durch das Markersignal eines Clicks zu verstärken – und nach dem Click folgt eine Belohnung. (Genau derselbe Ablauf findet statt, wenn ich einem Delfin beibringen will, einen Pfeifton mit einem Fisch zu verknüpfen.) Es ist viel einfacher, ein Verhalten mit einem Clicker zu markieren, anstatt zu versuchen, dem Hund eine Belohnung in genau dem Augenblick zu verabreichen, in dem ich ihm sagen will: „Ja! Das wollte ich!“ Stellen Sie sich nur vor, Sie wollten einem Delfin beibringen, höher zu springen und müssten ihm dafür dann einen Fisch genau auf der Höhe des Sprungs zukommen lassen. Wieviel einfacher ist es, eine Pfeife zu verwenden!

Die Anwendung von bedingten Verstärkern kommt bei Menschen nicht allzu häufig zum Einsatz, weil wir uns in den meisten Umständen ziemlich akkurat darüber verständigen können, welches konkrete Verhalten nun das gewünschte war. Das trifft selbst dann zu, wenn wir das Verhalten ein bisschen später markieren, als wir das bei Hunden oder Delfinen tun können. Wenn es um unsere Mitmenschen geht, ist es zwar weniger schwierig, ein Verhalten klar zu markieren, aber das bedeutet nicht, dass bedingte Verstärker bei Menschen gar keine Rolle spielen. Sie haben auch im menschlichen Lernverhalten ihren Platz. Eltern verwenden manchmal Phrasen wie „Gut gemacht“ oder „Super, was du da gemacht hast“ als Markersignal. (Ich bin mir sicher, manche in der Lerntheorie sehr bewanderte Trainer haben beim letzten Satz Krampfzustände bekommen. Es stimmt natürlich, dass derartige Phrasen für Kinder auch eine Form der sozialen Bestätigung darstellen können, was sie eher zu primären als zu bedingten Verstärkern macht. Es ist richtig, dass primäre Verstärker normalerweise nicht Markersignale genannt werden und es ist sehr aufmerksam von Ihnen, zu bemerken, dass nicht jedes Beispiel perfekt in eine Kategorie passt!) In der menschlichen Gesellschaft ist Geld wahrscheinlich der häufigste bedingte Verstärker. Geld wirkt nicht von sich aus positiv oder verstärkend, aber Menschen lernen, dass es damit möglich ist, alle möglichen primären Verstärker zu erwerben. Tatsächlich ist die Assoziation zwischen Geld und dem Erwerb von begehrenswerten Dingen so stark, dass viele Leute überzeugt sind, es handle sich dabei um einen primären, und nicht um einen bedingten, Verstärker.

Vermeiden Sie es, Verhalten zu bestärken, das Ihnen nicht gefällt

Ich habe vor kurzem einen Verstärkungsfehler bei meiner Nachbarin begangen. Es handelt sich um eine ältere Witwe, die mir gegenüber wohnt. Sie befindet sich in einem Lebensabschnitt, in dem es gefährlich sein kann, alleine zu leben. Wir sorgen uns um sie und geben ganz besonders auf ihr Wohlergehen acht, da sie im Falle eines Sturzes nicht mehr in der Lage wäre, aufzustehen. Vor zirka einem Jahr gewöhnte ich mir an, bei ihr vorbeizuschauen und nach dem Rechten zu sehen, wenn sie ihre Zeitung am späten Vormittag noch nicht hereingeholt hatte. Ich brachte ihr dann die Zeitung und blieb eine Weile bei ihr. Sie genoss meine Besuche sehr und äußerte sich öfters dahingehend, dass ich doch öfter kommen solle. Deshalb hätte es keine Überraschung für mich sein sollen, dass sie begann, im Haus zu bleiben und darauf zu warten, dass ich ihr die Zeitung bringen würde, anstatt diese selbst zu holen. Ich hatte ihr das anhand positiver Verstärkung beigebracht, aber dennoch wurde ich davon überrumpelt – weil ich selbst meine Handlungen nicht als verstärkend angesehen hatte. Ich wollte einfach nachbarschaftlich sein und nach ihr sehen – für den Fall, dass sie gestürzt wäre oder es ihr anderweitig zu schlecht ginge, um die Zeitung in der Früh selbst zu holen. Aber völlig unabhängig von meinen Absichten wurde sie positiv dafür bestärkt, im Haus zu bleiben und die Zeitung draußen liegen zu lassen. Das mag wie ein trivialer Fehler klingen, da es wirklich angenehm ist, Zeit mit meiner Nachbarin zu verbringen. Das echte Problem lag eher darin, dass ich unabsichtlich das Warnsystem zerstört hatte, das uns auf ein echtes Problem hätte hinweisen können. (Wenn sie ihre Zeitung nicht bis zehn Uhr am Vormittag hereingeholt hat, könnte das bedeuten, dass sie gestürzt ist oder aus einem anderen Grund dringend Hilfe benötigt. Dumm nur, dass ich ihr beigebracht hatte, die Zeitung liegen zu lassen.)

Selbst wenn Ihnen ein Verhalten nicht gefällt, besteht die Gefahr, dass Ihre Reaktion darauf verstärkend wirkt – egal, ob Sie das beabsichtigen oder nicht. Manchmal verstärken wir Dinge zufällig oder unabsichtlich, und das kann zu Problemen führen. Deshalb ist es besonders wichtig, sorgfältig abzuwägen, was wir verstärken.

In der Hundewelt ist die Gefahr, unerwünschtes Verhalten unabsichtlich zu verstärken, nur allzu gut bekannt. Eines der besten Beispiele dafür ist das Anspringen. Viele Leute wollen ihren Hunden beibringen, nicht an ihnen oder an Gästen hochzuspringen, aber sie haben ihre Hunde im Welpenalter unabsichtlich dafür bestärkt. Wenn junge Hunde am Bein hochspringen, kann das extrem süß und liebenswert wirken. Und natürlich sind Welpen auch noch nicht groß genug, um uns umzuwerfen oder ernsthaft zu schubsen. Deshalb streicheln und loben viele Leute ihre Hunde, wenn sie das machen: „Oh, was bist du für ein süßes kleines Ding! Du bist so niedlich, du Süße!“ Sie sprechen die ganze Zeit in Babysprache mit dem Hund, streicheln ihn, kraulen seine Ohren und vermitteln ihm allgemein das Gefühl, dass es gut war, am Menschen hochzuspringen und dass dies mit hoher Wahrscheinlichkeit wieder geschehen sollte, da es doch so gut funktioniert hat. Selbst bei älteren Hunden wird das Anspringen oft durch eine für sie positive Reaktion bestärkt, was die Wahrscheinlichkeit einer Wiederholung erhöht. Dadurch wird die Reaktion auf das Anspringen quasi zur Definition einer positiven Verstärkung. Es ist besonders schwierig, eine positive Verstärkung für das Anspringen zu vermeiden, weil viele Hunde es machen, um unsere Aufmerksamkeit zu erhalten und in Kontakt mit uns zu treten. Und selbst die Aufmerksamkeit, die wir schenken, weil wir verärgert sind (wenn wir den Hund von uns loslösen und mit ihm schimpfen), ist Aufmerksamkeit und deshalb ein potenziell positiver Verstärker für den Hund – auch wenn sie nie als positive Reaktion gedacht war. Oder, einfacher ausgedrückt, in der Sprache vieler Eltern: „Negative Aufmerksamkeit ist auch Aufmerksamkeit!"

Ebenso müssen wir bei unseren Interaktionen mit Menschen aufpassen, was wir verstärken, da wir hier genauso oft unbewusst Fehler machen. In einem Fall brach sich der Bruder einer Freundin den Arm, weil er von der Veranda gestürzt war. Er bekam eine Eistüte, die wahrscheinlich als Trost und Belohnung für seine „Tapferkeit" gedacht war. Leider sah er die Dinge etwas anders – für ihn stellte der Sturz von der Veranda und die sich daraus ergebende Verletzung eine Gelegenheit dar, Eis zu essen. Oje, Sie ahnen schon, wo das hinführt? Richtig, er stürzte sich kurz danach ein zweites Mal von der Veranda, mit der Absicht, sich auch noch den zweiten Arm zu brechen und wieder Eis zu bekommen. Er wurde unabsichtlich für seinen Sprung von der Veranda bestärkt, was das Verhalten wahrscheinlicher machte – in dem Fall sogar so wahrscheinlich, dass er die Aktion tatsächlich wiederholte und sich auch noch den anderen Arm brach.

Falls Sie nun denken, dass dies einfach ein Beispiel aus dem Leben eines ungewöhnlichen Kindes war, kann ich Ihnen versichern, dass dies nicht die einzige Person in meinem sozialen Umfeld ist, die eine Geschichte von einem Kind hat, das absichtlich eine schwere Verletzung riskierte, weil danach gute Dinge passierten. Eine andere Freundin erzählte mir, dass ihre Zwillingsschwester sich als Kind ihre Schneidezähne ausgeschlagen hatte, als sie auf dem Kaminsims balanciert war. Als meine Freundin sah, wieviel Aufmerksamkeit und Süßigkeiten ihre Schwester daraufhin bekam, versuchte sie absichtlich, dasselbe zu tun, indem sie auf leichtsinnige und riskante Weise auf den Kaminsteinen balancierte – dort, wo der Unfall ihrer Schwester passiert war. Glücklicherweise tat sie sich dabei nicht weh, aber man kann nicht behaupten, dass sie es nicht versucht hätte.

Unabsichtliche Verstärkung kann auch zu viel geringeren Problemen führen, wobei manche davon offensichtliche Fallstricke sind, während uns andere überraschen. Zum Beispiel ist den meisten Leuten klar, dass es keine Dauerlösung ist, den Kindern zur Ruhigstellung Süßigkeiten zu geben, wenn sie während eines Telefonats im Hintergrund Lärm machen. Und es ist wirklich keine gute Idee. Warum? Es ist deshalb unklug, weil Sie die Kinder auf die Weise dafür bestärken, Lärm zu machen, während Sie telefonieren. Wenn Sie aber das Gegenteil erreichen wollen – also, dass die Kinder in dieser Situation still sind – dann ist es kontraproduktiv, ihnen Süßigkeiten zu geben, wenn sie laut sind. Es ist sehr viel wirksamer, sie dabei zu erwischen, wie sie das machen, was Sie wollen und sie erst dann zu bestärken – also, *wenn* sie während eines Telefonats still sind. Der Unterschied für ihr zukünftiges Verhalten ist in dem Fall das genaue Gegenteil: Im ersten Szenario wurden die Kinder dafür bestärkt, laut zu sein (ob nun mit Absicht oder nicht), während sie im zweiten Szenario dafür bestärkt wurden, leise zu sein.

Ich bin froh, berichten zu können, dass mir bewusst war, was ich mache. Ich habe Verstärker passend eingesetzt, um meinen Kindern während meinen Telefonaten das gewünschte Verhalten beizubringen – anstatt wie im Falle meiner Nachbarin das falsche Verhalten unabsichtlich zu bestärken.

Unabsichtliche Verstärkung kann aber auch ein ernsthaftes Problem darstellen, wie das Beispiel von Stalking-Fällen zeigt. Wenn Stalker ihre Opfer verfolgen, rufen sie manchmal an und bitten beispielsweise ihre Ex-Freundin oder ihren Ex-Freund, sich mit ihnen zu treffen oder sie anzurufen. Wenn das Opfer dann zurückruft, wirkt das auf den Stalker verstärkend. Deshalb wäre die richtige Reaktion, nicht zu reagieren. Trotzdem haben viele Leute irgendwann genug und rufen zurück, nachdem der Stalker zwanzig-, dreißig- oder fünfzigmal angerufen hat. Das einzige, was Stalker dadurch lernen, ist dass sie erst bestärkt werden, wenn sie zwanzig-, dreißig- oder fünfzigmal – oder manchmal noch häufiger – angerufen haben. Sie werden für ihre Hartnäckigkeit bestärkt, was nicht gut ist, wenn das Verhalten eigentlich in die entgegengesetzte Richtung verstärkt werden soll – sie sollen aufgeben und ihr Opfer in Ruhe lassen. Wenn Hartnäckigkeit bereits verstärkt wurde, ist es sehr schwierig, dies zu ändern und den Stalkern beizubringen, dass sie keine Reaktion mehr erhalten werden. Sie glauben einfach, sie müssten nur unzählige Male anrufen – vielleicht sogar öfter als das letzte Mal! – um zu bekommen, was sie wollen, nämlich einen Rückruf. Es ist viel besser, niemals zurückzurufen, damit ein Stalker nicht unbeabsichtigt lernt, dass sich Hartnäckigkeit auszahlt.

Löschung und spontane Erholung

Manchmal können wir ein unerwünschtes Verhalten zum Erliegen bringen, indem wir sicherstellen, dass wir es nicht verstärken – beziehungsweise indem wir aufhören, es zu verstärken, falls wir das bislang taten. Wenn wir uns entscheiden, ein Verhalten nicht mehr zu verstärken (das wir bis dahin verstärkt haben), damit es aufhört, sprechen wir von einer Löschung (oder Extinktion) des Verhaltens. Das Schwierige daran ist, dass ein Individuum, welches für ein Verhalten bestärkt wurde, eine Zeit lang braucht, um zu merken, dass es nun nicht mehr bestärkt wird – und damit aufhört. Dies gilt besonders, wenn das Verhalten nur manchmal verstärkt wurde. In anderen Worten, periodisch verstärktes Verhalten kann sich als besonders löschungsresistent erweisen, weil das Individuum an verstärkungsfreie Zeiträume gewöhnt ist und deshalb sehr lange braucht, um zu merken, dass es *niemals* mehr eine Verstärkung geben wird. Wenn jemand daran gewöhnt ist, dass ein Verhalten jedes Mal verstärkt wird, dann fallen ihm wahrscheinlich schon ein paar Wiederholungen ohne den Erhalt eines Verstärkers auf. Eine bekannte Analogie wäre, dass Menschen einen Spielautomaten sehr lange weiter mit Münzen füttern, selbst wenn sie keinen Gewinn (Verstärker) erzielen, während sie bei einem Getränkeautomaten schon nach ein oder zwei erfolglosen Versuchen aufgeben und kein Geld mehr einwerfen.

Es gibt zwei besonders häufige Verhaltensweisen bei Hunden, die Menschen oft löschen wollen: bei Tisch um Futter betteln und bellen, um aus der Hundebox gelassen zu werden. In beiden Situationen ist das größte Hindernis der konsequente Verzicht auf jegliche Verstärkung. Wenn der Hund sehr lange bellt und schlussendlich herausgelassen wird, dann wurde das Bellen verstärkt – ebenso wie die Hartnäckigkeit des Hundes. Die periodische (gelegentliche) Verstärkung bedeutet, dass der Hund beim nächsten langen Aufenthalt in seiner Hundebox erwarten wird, dass ausdauerndes Bellen zu seiner schlussendlichen Befreiung führen wird. Ebenso wird das Betteln eines Hundes periodisch verstärkt, wenn dieser viele Mahlzeiten hindurch unter dem Tisch warten muss, ohne dass irgendwelche Essensstücke herunterfallen, aber für den hin und wieder dann doch ein Stückchen Steak abfällt. Dies verstärkt das Verhalten eher, als dass es dieses verringern oder gar zum Erliegen bringen würde.

Gleichermaßen schafft es Probleme, wenn Kinder darum betteln, aufbleiben zu dürfen und sie dies manchmal dürfen, während ihnen das Privileg meistens verwehrt bleibt. Das erwünschte Verhalten aus der Sicht der Eltern (ins Bett gehen, ohne um mehr Zeit zu betteln) wird weniger wahrscheinlich, während das Bettelverhalten wahrscheinlicher wird. Deshalb machen Eltern es ihren Kindern besonders schwer, wenn sie zwar wollen, dass diese ohne Murren ins Bett gehen, aber dabei selbst inkonsequent sind. Nicht nur verstärken sie das Verhalten, das sie nicht wollen (betteln, noch länger aufbleiben zu dürfen), sie verstärken es auf eine unvorhersehbare

Art, was dieses Verhalten potenziell weiter festigt. Der Grund ist, dass periodische Verstärkung ein Verhalten löschungsresistenter werden lassen kann, was bedeutet, dass es schwieriger ist, dieses Verhalten zum Erliegen zu bringen.

Es gibt einen praktischen Hinweis darauf, dass der Prozess der Löschung fast abgeschlossen ist. Ganz kurz, bevor ein Verhalten zum Erliegen kommt, gibt es ein Phänomen, das spontane Erholung oder Löschungstrotz genannt wird. Dies bedeutet, dass sich die Frequenz eines Verhaltens zeitweilig wieder erhöht, obwohl die Verstärkung dafür aufgehört hat. Wenn man aufhört, ein Verhalten zu verstärken, kann der Hund sich frustriert fühlen. („Warum funktioniert das nicht mehr?!") Das Ergebnis ist ein Versuch, sich noch mehr anzustrengen, was übersetzt bedeutet, dass ein Verhalten noch öfter oder noch stärker gezeigt wird. Stellen Sie sich ein Kind mit einem Tobsuchtsanfall vor, dessen Eltern früher darauf reagiert hatten, indem sie dem Kind Aufmerksamkeit schenkten, aber die den Tobsuchtsanfall nun bewusst ignorieren. Bei solch einem Kind würde die Häufigkeit oder Intensität der Tobsuchtsanfälle nicht gleichmäßig abnehmen, um dann aufzuhören. Stattdessen sollte man sich auf eine Häufung von Tobsuchtsanfällen kurz vor deren Ende einstellen – und manche davon hätten es wahrscheinlich in sich. Die hohe Intensität und Frequenz der Tobsuchtsanfälle sind ein letzter, verzweifelter – und wahrscheinlich frustrationsbedingter – Versuch, die Verstärkung durch ein Mehr an Anstrengung zu erhalten. Danach folgt die Einsicht, dass das Verhalten der Tobsuchtsanfälle nicht mehr funktioniert.

Es ist sehr verlockend, einem extremen Tobsuchtsanfall nachzugeben, damit das Elend ein Ende findet. Aber aus einer Trainings- und Verhaltensperpektive wäre das ein schrecklicher Fehler. Nicht nur würden Sie damit ein Verhalten verstärken, das schon nah am Verschwinden war, Sie würden es noch dazu schwieriger machen, das Verhalten in der Zukunft zum Erliegen zu bringen.

Wenn man ein Verhalten während einer spontanten Erholung verstärkt, verstärkt man damit nicht nur das unerwünschte Verhalten, sondern auch dessen Intensität und potenziell die Hartnäckigkeit des ausführenden Individuums. Wenn Sie ein Verhalten verstärken, das so nah an seiner Löschung ist, erhöhen Sie die Wahrscheinlichkeit, dass es immer schwieriger werden wird, dieses Verhalten permanent abzustellen. Es wird schwieriger werden und mehr Anstrengung benötigen, weil das Verhalten nun stärker und löschungsresistenter geworden ist. So ein Mist aber auch.

Ein klassisches Beispiel für eine spontane Erholung ist die Situation, in der Sie vergeblich auf einen Lift warten und dann den Liftschalter wiederholt fest und schnell drücken – bevor Sie aufgeben und die Treppe nehmen. Ebenso ist es eine spontane Erholung, wenn Sie bei einem kaputten Snackautomaten wütend immer wieder auf den Knopf eindreschen. Wir sind daran gewöhnt, unseren Snack zu erhalten, wenn wir auf den Knopf drücken. Passiert dies (die Verstärkung) nicht, erhöhen wir die Intensität und Frequenz des Knopf-Drückens – kurz, bevor wir aufgeben.

Jackpot für besondere Leistung

Nicht alle Verstärker sind gleichwertig. Hunde wissen das und Menschen auch. Hunde reagieren unterschiedlich, je nachdem, ob sie einen einzigen Hundekeks bekommen oder ob der Trainer einen ganzen Sack öffnet und sie sich frei bedienen dürfen. Gleichermaßen reagieren Menschen anders, je nachdem, ob ihr Arbeitgeber ihnen eine Tankkarte für eine gut gemachte Arbeit schenkt oder ob sie ein neues Auto für eine korrekte Leistung bekommen. Solche Super-Verstärker haben eine große Bedeutung und das Verhalten, das sie verstärken, wird in der Zukunft wahrscheinlich noch öfter auftreten.

Im Hundetraining nennen wir derartige Riesenverstärker „Jackpots“ und wir sagen, dass wir überragende Leistungen mit einem „Jackpot belohnen“. Hier ist ein Beispiel dafür, wie ich einen Jackpot im Hundetraining eingesetzt habe: Ich war einmal mit meinem Hund Bugsy auf der Farm in Wisconsin unterwegs, wo ich damals wohnte. Die sechzig Hektar Farmland bestanden aus Haus und Hof, Wiesen und Wald. Ich arbeitete an Bugsys Abruf und er war in seinem Training schon ziemlich weit fortgeschritten. Er kam immer, wenn er drinnen und im Hofgelände war. Er war auch komplett zuverlässig, wenn er sich draußen innerhalb eines 10-Meter-Radiuses von mir befand oder innerhalb eines 15-Meter-Radiuses, wenn er nicht besonders abgelenkt war. Seine größte Herausforderung war, zu kommen, wenn er ein Reh gesichtet hatte – von denen es viele auf dem Gelände gab. Er schaffte es, wenn er noch nicht zu jagen begonnen hatte, aber ich hatte Zweifel, dass er umdrehen und zu mir zurückkommen würde, wenn er einmal mit der Hatz begonnen hatte. Das war unser Endziel, aber davon waren wir in unserem Trainingsablauf noch einige Schritte entfernt. Eines Tages, als wir spazieren waren, sah er ein Reh, das ich nicht bemerkt hatte – was bedeutete, dass ich ihn nicht rufen konnte, bevor er sich in Bewegung gesetzt hatte. Er hatte seine Hetzjagd bereits begonnen, als ich mich endlich soweit gesammelt hatte, um mit meiner freudigsten, lockendsten Stimme zu rufen: „Bugsy, komm!“

Er drehte so schnell um, dass er in der Zehntelsekunde zwischen Umdrehen und Zu-Mir-Rennen selbst einen überraschten Gesichtsausdruck hatte. Ich könnte schwören, wenn er eine Comic-Sprechblase über seinem Kopf gehabt hätte, um seine Gedanken zu beschreiben, dann hätte dort gestanden: „Warum habe ich das gerade gemacht?! Da waren Rehe und ich habe sie gejagt, aber jetzt renne ich plötzlich in die andere Richtung. Was ist da los?“ Es war eine wirklich überragende Leistung, weil er noch nicht komplett darauf trainiert war, eine Rehhatz abzubrechen – obwohl sein Abruf in den meisten anderen Situationen ziemlich perfekt wirkte. Ich wollte ihm einen Jackpot für dieses wundervolle Verhalten gönnen, weshalb ich die Futtertasche abnahm, die ich um meine Taille trug, sie weit aufmachte und ihm erlaubte, seine Schnauze hineinzustecken und jedes einzelne Leckerli zu fressen. So ein Jackpot macht einen riesigen Eindruck auf einen Hund. Ich stelle mir gerne vor, wie er denkt: „Was habe ich gemacht, um das zu verdienen? O ja, richtig, ich habe das Reh in Ruhe gelassen. Das war es total wert!"

Als meine Kinder noch kleiner waren, fand eine der Jackpot-trächtigsten Situationen im Auto statt. Manchmal fuhr ich schon los, obwohl die Kinder noch nicht in ihren Sitzen angeschnallt waren. Wenn eines von ihnen dann sagte, „Warte! Ich bin noch nicht angeschnallt!", fand ich dieses Verhalten immer wundervoll (da es potenziell lebensrettend war!) und bot dafür auch immer einen Jackpot an. Manchmal war das ein riesiger Jackpot, wie in den Park zu gehen, anstatt die geplanten Besorgungen zu machen, und manchmal etwas Einfacheres, wie in einen Laden zu gehen und die Kinder jeweils eine Süßigkeit aussuchen zu lassen. Mein Ziel war, sie dazu zu bringen, es mir zu sagen, wenn sie nicht angeschnallt waren – denn obwohl ich mich bemühte, sehr darauf zu achten, traten hin und wieder Probleme auf. Vielleicht hatte ich sie angeschnallt, aber die Schnalle hatte sich versehentlich wieder gelöst. Als sie älter waren, konnte es auch vorkommen, dass sie einfach noch nicht fertig waren und ich es ein bisschen zu eilig gehabt hatte, loszukommen.

Ich möchte gerne noch zwei Dinge zu dem Anschnall-Jackpot sagen, damit Sie mich nicht für eine Idiotin halten. Erstens kam es ziemlich selten vor, dass ich sie nicht angeschnallt hatte – in den Dutzenden Jahren der Elternschaft, in denen ich Kindersitze in Gebrauch hatte, vielleicht vier- bis fünfmal. Ich bin ein bisschen zwanghaft veranlagt und überprüfte die Sicherheitsgurte ständig doppelt und dreifach, aber Schlafmangel und andere schlechte Augenblicke bedeuteten gelegentliche Fehlleistungen. Deshalb wollte ich meine Kinder miteinbeziehen, um zusätzliche Kontrolle und Sicherheit zu haben. Nur einmal, als mein Ältester noch ein Baby war, vermasselte ich es vollständig und fuhr mit ihm, obwohl er nicht komplett angeschnallt war. Diese Erinnerung verursacht mir heute noch Alpträume. (Wenn jemand mit mir über Babys und Schlafentzug reden will, ich bin immer dafür zu haben. Mein erster Sohn weinte jede Nacht von 22 Uhr bis 2 Uhr morgens, und das monatelang. Sagen wir einfach, mein Mann und ich waren während dieser Zeit nicht in Bestform.). Bei allen anderen Anschnall-Zwischenfällen bemerkte jemand (einer meiner Söhne oder ich) das Problem, während wir noch in unserer Einfahrt oder am Parkplatz waren – weshalb ich das Gefühl habe, dass unser System ziemlich gut funktioniert.

Wenn Sie über Verstärkung im Allgemeinen nachgedacht haben, fragen Sie sich nun vielleicht, ob eine derart starke positive Verstärkung die Frequenz des Sich-Nicht-Anschnallens vor der Fahrt erhöht hat. Die Antwort lautet „Nein", aber es ist ein berechtigter Einwand. Mir selbst bereitete das von Anfang an Sorgen, aber als die Kinder noch sehr klein waren, war es meine Verantwortung, sie anzuschnallen, weshalb es nicht anders möglich war. Als sie dann alt genug waren, um sich selbst anzuschnallen, hatten sie sich bereits zu sehr daran gewöhnt, bei Autofahrten angeschnallt zu sein und hatten große Angst davor, nicht richtig gesichert zu sein. Obwohl die Möglichkeit also durchaus bestanden hätte, glaube ich nicht, dass es eintrat, weil meine Kinder sich angeschnallt immer am wohlsten fühlten. Sie wollen angeschnallt sein und haben Angst davor, keine Sicherheitsgurte zu tragen. Folglich verstärkten meine Jackpots das Verhalten des Mich-wissen-lassens,-wenn-sie-nicht-angeschnallt-waren und nicht das Verhalten des Nicht-angeschnallt-seins während der Fahrt. Ein Hinauszögern des Anschnallens war für meine Kinder überhaupt nicht verlockend, weshalb sie es auch nicht taten. Wenn andere Eltern diese Strategie ausprobieren möchten, sollten sie sich dieser Möglichkeit aber definitiv bewusst sein, da sie nicht immer auszuschließen ist.

Keine Bestechungen!

Menschen lehnen positive Verstärkung (meistens Futterbelohnungen) bei Hunden oder anderen Lebewesen oft ab, weil sie keine Bestechung verwenden möchten. Ich möchte auch keine Bestechung verwenden, weshalb ich dieses Gefühl der Verstärkungs-Gegner löblich finde. Es ist allerdings wichtig zu verstehen, dass Verstärkung nicht dasselbe wie Bestechung ist. Positive Verstärkung ist die Konsequenz eines Verhaltens, wodurch dieses Verhalten in der Zukunft mit höherer Wahrscheinlichkeit wieder auftreten wird. Bestechung ist das Versprechen, dass etwas Gutes passieren wird, wenn das Verhalten ausgeführt wird. Wenn man eine Futterbelohnung oder ein anderes begehrtes Objekt anbietet, bevor ein Verhalten gezeigt wurde, damit der Hund (oder die Person) macht, was man will, dann ist das Bestechung. Bestechungen sollten im Training generell vermieden werden, weil sie normalerweise zu einem Schüler führen, der die erwünschte Handlung nur dann zeigt, wenn er die Ware schon vorher sieht. Wenn Sie ein Leckerli hochhalten müssen, bevor Ihr Hund macht, wozu Sie ihn auffordern, dann ist das ein Hinweis darauf, dass Sie im Training Bestechung statt Verstärkern eingesetzt haben. Trotz allem habe ich gelegentliche Ausnahmen zu meiner „Keine Bestechung"-Regel gemacht, und zwar in Situationen, die ich als Notfälle eingestuft habe – obwohl ich weiß, dass es eigentlich schlecht für das Training ist.

Wenn ein Hund ausbüxt und sich in Gefahr befindet, dann kann es hilfreich sein, mit einem Futtersack zu rascheln oder dem Hund ein besonderes Kauspielzeug zu zeigen und erst dann „Komm!"

zu rufen, damit er zurückkommt. Denn sein Abruf ist möglicherweise noch nicht gut genug, um zu funktionieren, wenn das Signal ohne Bestechung gegeben würde. Dies kann natürlich einen Rückschritt im Training bedeuten, weil der Hund beim nächsten Mal wahrscheinlich auch nur kommt, wenn wieder eine Bestechung angeboten wird. Andererseits kann das Training nach so einem „Ach-du-Sch…"-Moment nur weitergehen, wenn der Hund überhaupt überlebt, um weiter ausgebildet zu werden. Wenn das Leben eines Hundes aufgrund von Autos, Zügen, Wild oder anderen hochriskanten Situationen in Gefahr ist, kann eine Bestechung der richtige Weg sein, um den Hund zu retten und so sicherzustellen, dass er noch weitere Trainingseinheiten erlebt. Sollte dies nötig sein, müssen Sie wissen, dass Ihr Hund in der Zukunft möglicherweise nicht mehr richtig auf das Signal reagieren wird und Sie zu leichteren Situationen und Verstärkern zurückkehren müssen, um Ihr Training wieder auf Spur zu bringen. Ein Trainingsrückschritt ist kein zu hoher Preis für die Sicherheit eines Hundes, aber dies gilt nur in seltenen Ausnahmesituationen, die Sie für die Zukunft hoffentlich vermeiden können.

Ich kann mich an eine konkrete Situation erinnern, in der ich Bestechung bei meinen Kindern angewandt habe, obwohl ich genau wusste, dass dies einen Rückschritt für meine Bestrebungen bedeutete, wohlerzogene Kinder in verschiedenen Situationen zu haben. Die Kinder waren viereinhalb und sechs Jahre alt und wir waren während der Ferien gemeinsam mit der gesamten Restfamilie bei meinen Schwiegereltern zu Besuch. Immer, wenn wir alle zusammen sind (Schwiegereltern und ihre drei Söhne mit deren Frauen plus sechs Enkelkindern), machen wir ein Familienfoto. Obwohl meine Schwiegermutter heute noch unter uns weilt, war sie zu jener Zeit schwerkrank und wir mussten uns fragen, ob dies vielleicht unser letztes gemeinsames Zusammensein war. Natürlich dachten wir alle daran, als wir uns für das Foto versammelten. Meine Kinder wollten aber nicht mit auf das Bild, lächelten nicht freiwillig und waren insgesamt nicht wahnsinnig kooperativ. Zu viele Urlaubssüßigkeiten und bedeutender Schlafmangel hatten sie quengelig werden lassen und sie waren zu dem Zeitpunkt einfach nicht in der Lage, ihr bestes Benehmen vorzukehren. In Anbetracht der Sorge, dass es sich um das letzte Familienfoto von uns allen handeln könnte, wollte ich keinerlei Risiko eingehen, dass unsere Kinder auf dem Foto missmutig aussehen oder Grimassen schneiden würden. Ich nahm sie beiseite und flüsterte ihnen zu, dass jeder von ihnen eine Süßigkeit bekommen würde, wenn sie sich während dieser fünf Minuten für das Foto benehmen würden (nett lächeln, still sitzen und in die Kamera blicken). War das Bestechung? Ja, natürlich! Ist das eine gute Art, um Kindern beizubringen, gute Mitbürger zu sein? Natürlich nicht! Trotzdem denke ich, dass es in diesem Augenblick eine gute Entscheidung war. Ein Augenblick suboptimaler Pädagogik ist in meinen Augen kein zu hoher Preis für ein Familienfoto, von dem wir befürchteten, dass es das letzte sein könnte. Ich bereue nichts, aber ich hätte es ganz sicher bereut, wenn wir meine Schwiegermutter verloren hätten, bevor wir noch einmal für ein Foto zusammenkommen konnten – und meine Kinder hätten das letzte Familienfoto ruiniert.

Kapitel 3

Grundlegende Trainingsstrategien

Erste Trainingsschritte

Die Grundlage jeder Verhaltensänderung ist ein Lernprozess – egal, ob man nun lernt, etwas Neues zu machen oder etwas Altes nicht mehr zu machen. Während es im letzten Kapitel um die Verstärkung von Verhaltensweisen ging, geht es in diesem Kapitel darum, wie Hunde und Menschen neue Verhaltensweisen lernen – wozu auch gehört, dass sie lernen, etwas *nicht* zu tun. Hundetrainer kennen sich mit Lernprozessen aus, weil sie täglich unterrichten und andere – sowohl Hunde als auch deren Besitzer – dazu anleiten, zu lernen. Es gibt eine Vielzahl an Techniken, um Lernprozesse zu verbessern – um leichter zu lernen, schneller zu lernen oder einfach besser zu lernen – und diese werden von wissenschaftlicher Forschung zu dem Thema gestützt. Neben der wissenschaftlichen Seite ist Hundetraining auch eine Kunst, basierend auf einem Verständnis, das sich aus Erfahrung speist. Die besten Hundetrainer kombinieren die gängigsten wissenschaftlichen Strategien mit der Kunst der richtigen Anwendung (etwas, das man nur durch Erfahrung lernt!). Als wirkliche Experten gehen Menschen durch, die wissen, wie sie im Rahmen des Hundetrainings Lernprinzipien mit dem Fingerspitzengefühl der Erfahrung anwenden können, um dem Hund den größtmöglichen Erfolg zu bescheren. Hinter einer erfolgreichen Vermittlung von Lerninhalten bei Menschen steckt oft dieselbe Liebe zum Detail, die es auch Hunden ermöglicht, zu lernen.

In diesem Kapitel werde ich die grundsätzlichen Lernthematiken besprechen: Wie man ein neues Verhalten lehren kann und wie man einem Individuum beibringen kann, ein Verhalten auf Aufforderung zu zeigen. Im nächsten Kapitel befasse ich mich dann mit fortgeschritteneren Lernstrategien sowie Tipps zur Leistungsverbesserung, wenn die Grundlagen bereits erlernt wurden.

Ein neues Verhalten beibringen: Capturing, Freies Formen, Locken und Nachahmung

Es gibt viele Möglichkeiten, um ein neues Verhalten zu lehren. Es ist klug, diejenige Strategie auszuwählen, die sich am besten für die zu erlernende Fähigkeit, die Situation sowie das betreffende Individuum eignet.

Capturing (Einfangen)

Das sogenannte Capturing oder „Einfangen" von Verhalten stellt eine der besten Möglichkeiten dar, um einem Hund beizubringen, etwas auf Signal zu machen (mehr zur Verknüpfung zwischen Signal und Verhalten später in diesem Kapitel). Besonders gut eignet sich dies für Tricks. Der Begriff des „Einfangens von Verhalten" (Capturing) kommt daher, dass Sie Ihren Hund für das Zeigen eines Verhaltens bestärken, das er von sich aus darbietet – damit er es in der Zukunft mit höherer Wahrscheinlichkeit wieder zeigt. „Capturing" bedeutet, dass Sie Ihren Hund dabei erwischen, wie er etwas „richtig" macht. Mit „richtig" meine ich einfach, dass der Hund etwas macht, was dem Trainer gefällt und was dieser gerne noch einmal oder öfter sehen würde. Eines der Geheimnisse, um Hunden Tricks beizubringen, ist zu sehen, was sie von sich aus machen – anstatt zu versuchen, ihnen Dinge beizubringen, die nicht bereits Teil ihres Repertoires sind.

Ein Hund, der von Natur aus seine Pfoten viel einsetzt, ist zum Beispiel ein wunderbarer Kandidat für Tricks wie „Abklatschen", „Winken" oder „Pfote geben". Hunde, die dazu neigen, im Liegen vorwärts zu kriechen, obwohl sie liegen bleiben sollten, erlernen das Kriechen leicht als Trick. Hunde, die auf ihrem Rücken liegen, wobei sie die Pfoten in die Luft strecken, zeigen bereits ein Verhalten, das viele Trainer „Bauch hoch“ oder „Totspielen“ nennen, aber das bei mir, „Was passiert, wenn man raucht?“, heißt.

„Dreh dich“ auf Signal lässt sich am leichtesten mit Hunden trainieren, die sowieso dazu neigen, sich im Kreis zu drehen, wenn sie aufgeregt sind. Wobei ich diesen Trick nicht gerne mit Hunden übe, die sich bei Aufregung ständig um die eigene Achse drehen – ich hätte Sorge, dass dies zu einer Gewohnheit werden könnte, die sich dann nicht mehr abstellen lässt. Viele Hunde werden zu zwanghaften „Kreiseln“ oder Schwanzjägern, weil diese natürliche Tendenz zum Drehen auch noch positiv verstärkt wurde. Der Grund, warum das bei so vielen Hunden geschieht, ist teilweise, weil das Kreiseln bei Hunden mit dieser natürlichen Neigung so leicht ermutigt werden kann.

Kürzlich habe ich einem Hund beigebracht, sich auf Signal zu „verbeugen“. Ich begann damit, das Verhalten einzufangen und ihn jedes Mal zu bestärken, wenn er in der richtigen Haltung war. Mein Glück, dass er sich immer in dieser „Diener“-Haltung streckte, wenn er gerade von einem Schläfchen aufgewacht war oder vom Sofa sprang. Ich musste also nur sicherstellen, dass ich immer mit Leckerchen bewaffnet war, um ihn in diesen vorhersehbaren Situationen verstärken zu können.

Wenn wir menschliches Verhalten einfangen, kann das einen starken Einfluss darauf haben, wie Menschen sich in der Zukunft verhalten. Nehmen wir eine Professorin, die gerne möchte, dass die Studenten zu ihrer Vorlesung pünktlich um acht Uhr früh erscheinen. Sie könnte dieses Verhalten einfangen, um es in der Zukunft wahrscheinlicher zu machen. Verstärker wie zusätzliche Punkte oder die Option, einen wöchentlichen Test ausfallen zu lassen, würden auf die meisten Studenten bestärkend wirken und Pünktlichkeit wahrscheinlicher machen. Ich wünschte, mehr Professoren würden eher Pünktlichkeit belohnen als Verspätung bestrafen. Eine meiner Freundinnen ist Professorin, und wie viele Leute in ihrer

Position hat sie ein Problem mit der Idee, Studenten für etwas zu belohnen, was sie eigentlich von sich aus machen sollten. Ich kann ihre Argumente voll und ganz verstehen:

Universitätsstudenten sind Erwachsene, die frei entscheiden können, ob sie pünktlich oder zu spät erscheinen wollen (oder gar nicht) und sie haben die Konsequenzen dafür zu tragen, wenn sie Informationen oder Lerninhalte verpassen, weil sie nicht der gesamten Vorlesung beiwohnen. Es ist nicht Aufgabe von Universitätsprofessoren, den Studierenden Pünktlichkeit beizubringen.

Andererseits könnte das Einfangen von Pünktlichkeit eine wertvolle Lektion für jene Studenten sein, die – warum auch immer – den Wert von Pünktlichkeit noch nicht gelernt haben. Es könnte für manche Studenten den Beginn einer neuen, guten Gewohnheit markieren. Ich als Lehrperson würde die Chance nur ungern verpassen, den Studenten etwas beizubringen oder eine Lektion zu verstärken, selbst wenn es eigentlich nicht das Thema meiner Seminare ist.

Jeder, der das Verhalten von anderen Menschen beobachtet, kann Capturing anwenden. Wenn Sie ein Arbeitgeber sind und einen Mitarbeiter bemerken, der ein Verhalten zeigt, das Ihnen gefällt – vielleicht geht er über seine normale Pflichterfüllung hinaus, um einem Kunden zu helfen, oder er meldet sich freiwillig für eine unliebsame Aufgabe im Rahmen eines Gruppenprojekts, oder er löst ein Problem auf kreative Weise – dann konnen Sie dieses Verhalten einfangen, indem Sie es verstärken. Wenn Sie eine Lehrperson sind und Ihnen auffällt, wie ein Kind dabei hilft, etwas aufzuwischen, was es nicht verschüttet hat oder wenn ein Kind sich mit einem anderen Kind zusammentut, das wenige Freunde hat, dann können Sie dieses Verhalten einfangen, indem Sie es verstärken. Wenn Ihr Mitbewohner zum allerersten Mal den Kühlschrank putzt, dann können Sie das verstärken, indem Sie das Bad putzen oder Ihr Eis mit ihm teilen. Um Verhalten einzufangen, muss das Verhalten zuerst von selbst auftreten, dann müssen Sie es bemerken und mögen, und schließlich müssen Sie es verstärken.

Während des Präsidentschaftswahlkampfes im Jahr 2016 bereiteten mehrere Lehrer an der Schule meiner Kinder Unterrichtsstunden vor, die sich mit den Auswirkungen von Angst auf menschliches Verhalten, mit den Ursachen für Sündenbock-Denken, Fremdenfeindlichkeit und Mobbing befassten. (Übrigens erwähnten sie passenderweise niemals den Wahlkampf, konkrete Wahlkampfkandidaten oder warum diese Themen im derzeitigen politischen Klima angebracht wären. Aber ich gehe davon aus, dass der Zeitpunkt dieser Themenwahl kein Zufall war.) Das Verhalten einiger Präsidentschaftskandidaten bereitete meinem Mann und mir (zusammen mit einem großen Teil der Weltbevölkerung) Sorgen, da es allem zuwiderlief, was wir unseren Söhnen beizubringen versuchen. Deshalb war ich dankbar, dass die Themen, über die wir zuhause sprachen, offen in der Schule diskutiert wurden. Ich ließ jede der Lehrkräfte wissen, wie sehr ich zu schätzen wusste, was sie da taten. Ich bilde mir ein, dass ich ihr Verhalten damit eingefangen habe. (Wenn Sie meinen, dass positive Kommentare von Eltern nicht verstärkend wirken, dann sollten Sie die Lehrer in Ihrem Bekanntenkreis wirklich einmal fragen, wie viele anerkennende Kommentare sie im Vergleich zu Beschwerden von Eltern erhalten. Ich glaube fest daran, dass positive Reaktionen Lehrern sehr viel bedeuten, was wiederum bedeutet, dass sie verstärkend wirken.)

Wenn Sie Verhalten einfangen wollen, damit es häufiger vorkommt, müssen Sie sich geistig darauf einstellen, eine positive Verstärkung anzubieten, wenn Sie ein bestimmtes Verhalten noch einmal sehen wollen. Das kann ein Verhalten sein, das Sie erwarten – wie beispielsweise die Tatsache, dass zumindest einige der Studenten in einem College-Kurs pünktlich sind. Es könnte aber auch ein unerwartetes Verhalten sein. Wenn Ihr wundervoller und sehr praktisch veranlagter Ehepartner beispielsweise plötzlich ein unerwartetes Verhalten zeigt – sagen wir, eine große romantische Geste – und Ihnen gefällt das, dann zahlt sich eine Anstrengung aus, um das Auftreten dieses Verhaltens in der Zukunft wahrscheinlicher zu machen. Sie könnten reagieren, indem Sie der Person einfach sagen, wie glücklich diese Geste Sie gemacht hat oder indem Sie anbieten, gemeinsam einen Kinofilm anzuschauen, von dem Sie eigentlich nur so halb begeistert waren, oder indem Sie sich sofort mit einer ebenso romantischen Geste revanchieren. Egal, was Sie machen: Wenn Ihre Reaktion auf Ihren Partner verstärkend wirkt, wurde das Verhalten eingefangen und wird mit höherer Wahrscheinlichkeit wieder auftreten.

Wenn kleine Kinder spontan mit anderen teilen, ist das ein gutes Verhalten für Capturing. Wenn ein Kind zum Beispiel einem anderen Kind in der Spielgruppe anbietet, auch mal mit dem Ball zu spielen – ohne, dass es dazu aufgefordert wurde – dann ist das eine großartige Gelegenheit, um dem großzügigen Kind einen Verstärker anzubieten. Egal, ob Sie dem Kind ein anderes tolles Spielzeug als Verstärker anbieten oder ob Sie es überschwänglich loben – wenn ein Kind teilt und mit den Konsequenzen glücklich ist, wird es in Zukunft mit höherer Wahrscheinlichkeit wieder teilen. Nun gibt es bestimmt Leute, die es ablehnen, ein Kind dafür zu bestärken, dass es teilt, weil Kinder teilen „sollten". Ich bin jedoch der Meinung, dass Kinder dieses Verhalten erst lernen müssen, weshalb ich es gerne verstärke. *Natürlich* sollten Kinder teilen, aber es ist besser, Kinder zu diesem wünschenswerten Verhalten zu ermutigen, indem wir es mit Verstärkern einfangen anstatt es ihnen einfach anzuordnen. Es ist eine unrealistische Erwartung, dass irgendjemand – und schon gar kein kleines Kind – das Richtige tun werde, nur weil es erwartet wird. Das mag ausreichen, um das erwünschte Verhalten hin und wieder hervorzurufen. Um aber ein Verhalten im Laufe der Zeit zu festigen, ist es sinnvoller und effektiver, dieses Verhalten einzufangen und zu verstärken.

Ich sehe oft Gelegenheiten verstreichen, bei denen Verhalten eingefangen werden könnte, und das enttäuscht mich. Zum Beispiel erwarten die Lehrer und Schulleiter an der Schule meiner Söhne, dass die Schüler die für die Hausaufgabe am Abend benötigten Hefte, Bücher und anderen Schulutensilien schnell zusammensuchen. Dann sollen sie hinausgehen und darauf warten, von ihren Eltern abgeholt zu werden. Das hauptsächliche Kriterium für die Mitarbeiter ist hier Geschwindigkeit, weil die Schule vermeiden möchte, dass Autoschlangen von wartenden Eltern zu einem Verkehrshindernis in der Nachbarschaft werden. Würden die Mitarbeiter dieses Verhalten mit irgendeinem Verstärker einfangen – Süßigkeiten, gratis Pizza, Karten für die Eltern, auf denen steht: „Ihr Schüler hat heute etwas Großartiges gemacht!", oder irgendeine andere Geste der Wertschätzung – dann würde dieses Verhalten (schnell fertig werden) auch verbreiteter werden.

Leider ist die in dieser Hinsicht angewandte Technik des Schulpersonals alles andere als positiv. Im Allgemeinen versuchen sie, das gewünschte Verhalten zu erzeugen, indem sie schnellen Schrittes durch die Flure gehen – während die Kinder bei ihren Spinden sind – und rufen: „Schneller, schneller! Kommt schon, eure Eltern warten auf euch! Beeilt euch ein bisschen! Ihr müsst euch beeilen! Hört auf, Blödsinn zu machen! Schneller! Ihr müsst euch beeilen! Sie warten schon draußen!" Es gibt wohl keine weniger wirksame Art, um Schüler dazu zu bewegen, ihre Spinde am Ende des Tages schneller und effizienter zu räumen. Denken Sie einmal darüber nach, was die Schüler machen müssen, um diese Aufgabe zu bewältigen. Sie müssen einen komplexen Denkvorgang aktivieren, um jedes der sieben Fächer zu berücksichtigen, die sie an jenem Tag hatten, plus vielleicht noch zwei Fächer, die sie an dem Tag nicht hatten. Sie müssen überlegen, welche Hausaufgabe für jede Klasse anfällt und welche Materialien sie mit nach Hause nehmen müssen, um diese zu bewerkstelligen. Brauche ich meine Literaturmappe?

Soll ich den Biologie-Arbeitszettel mit nach Hause nehmen? Was ist mit meinem Geschichtsbuch? Meinem Mathe-Lehrbuch? Wann muss ich diese Flash Cards für Englisch abgeben? Habe ich heute abend überhaupt dafür Zeit? Brauche ich mein Wörterbuch für die Latein-Hausaufgabe?

Die Schüler brauchen Ruhe, damit sie sich konzentrieren können. Ich finde, dass dieses ganze Herumgebrülle sie eigentlich bei ihrer Aufgabe behindert, wodurch es im Grunde zu einer Form von Belästigung wird. Sie zu dieser Zeit herumzuscheuchen ist kontraproduktiv und stresst die Kinder – abgesehen davon, dass sie mit höherer Wahrscheinlichkeit einen Fehler machen und etwas Notwendiges vergessen werden. (Kurze Randnotiz: Ich habe meinen Kindern gesagt, – obwohl es ein Fehler wäre, das laut zu sagen – sie sollten jemandem, der sie mit der Begründung antreibt, ich würde warten, im Geiste antworten: „Oh, kein Sorge, mein Mutter hat es nicht eilig! Sie sitzt da draußen, hört sich ihre Lieblingsplaylist an und genießt ihren letzten friedlichen Augenblick des Tages!")

Ich frage mich, wie effizient die Mitarbeiter der Schule in ihrer Arbeit wären, wenn ich hereinkäme und sie so behandeln würde, wie sie meine und alle anderen Kinder an der Schule behandeln. Stellen Sie sich vor, Sie wären in Ihrem Büro und ich käme genau am Ende des Tages herein und riefe: „Kommt schon, Leute. Los, los! Es gibt Eltern, die schon im Besprechungszimmer auf euch warten! E-Mails fertigschreiben! To-Do-Liste erstellen! Packt die Hefte zusammen, die ihr für morgen benoten müsst! Checkt eure E-Mail, vielleicht braucht jemand noch dringend eine Antwort. Schneller, schneller!" Können Sie sich ein weniger geeignetes Umfeld denken, um in Ruhe zu überlegen, was Sie mit nach Hause nehmen müssen und was Sie noch machen müssen? Wie sollen Sie diese notwendigen Aufgaben auf diese Weise akkurat und vollständig erledigen?

Meine Kinder haben begonnen, so gut wie alles jeden Tag mitzunehmen, um dieser Situation zu entkommen, in der sie überlegen müssen, was sie brauchen und was nicht. Diese Lösung funktioniert zwar für sie, aber eine Folge ist, dass ihre Rucksäcke unglaublich – und unnötig – schwer sind. Dabei könnte es so effektiv sein, das erwünschte Verhalten – welches sehr wohl oft genug auftritt – einzufangen. Im nächsten Kapitel (in dem es um die Bedeutung des Übens geht) werde ich ein menschliches Verhalten besprechen, das ich eingefangen habe und das meine Kinder üben sollten.

Shaping (Freies Formen)

„Shaping" oder Freies Formen wird im Hundetraining oft eingesetzt, um einem Hund etwas Neues beizubringen. Shaping bedeutet, dass wir einem Individuum ein neues Verhalten beibringen, indem wir schrittweise Annäherungen an das Verhalten verstärken. Der Hund macht Fortschritte, indem Sie die Latte für eine Verstärkung immer höher legen. Stellen wir uns zum Beispiel vor, wir möchten einem Hund beibringen, eine Glocke zu läuten, die am Türgriff hängt. Sie könnten beginnen, indem Sie den Hund dafür bestärken, in denselben Raum wie die Glocke zu gehen. Der nächste Schritt könnte sein, immer näher an die Glocke heranzukommen, bevor es eine Verstärkung gibt. Dann müsste der Hund sich zur Glocke hinorientieren (sie ansehen), dann sie berühren, dann sie fester berühren, dann sie ganz leise zum Klingeln bringen, und am Ende würden Sie das Verhalten, welches das eigentliche Ziel war, nur noch selektiv verstärken: Nämlich, die Glocke zu läuten.

Beim Freien Formen muss der Hund Verhalten anbieten, sodass der Trainer verstärken kann, was gefällt. Aus diesem Grund funktioniert diese Technik am besten bei Hunden, die sich mit der Situation und in ihrer Umgebung wohlfühlen und die Verhalten bereitwillig anbieten. Hunde, die in einem früheren Training bestraft oder anderweitig schlecht behandelt wurden, zögern oft, irgendein Verhalten anzubieten. Diese Hunde warten lieber darauf, dass ihnen gezeigt oder gesagt wird, was sie tun sollen. Viele positive Erfahrungen können dazu führen, dass die Hunde diese Angst überwinden, aber es ist unrealistisch, von einem Hund mit einer traurigen Geschichte zu erwarten, dass er diese Methode sofort annimmt. Sich nicht zu rühren hat für diese Hunde in der Vergangenheit gut funktioniert, weil frühere Ansätze von Kreativität oder Verhaltenangebote zu einem aversiven Ausgang geführt hatten.

In der Umgangssprache wird der Begriff „Clickertraining“ oft als Synonym für Freies Formen verwendet, aber die Verwendung eines Clickers alleine macht das Training noch nicht zu Shaping. Das Training unter Einsatz eines Clickers gilt nur dann als Shaping, wenn der Clicker verwendet wird, um schrittweise Annäherungen an das erwünschte Verhalten zu markieren.

Bei Kindern setzen wir ständig Shaping-Techniken ein, obwohl wir es normalerweise nicht so nennen. Wenn Kinder zum Beispiel lernen, in Schreibschrift zu schreiben, dann loben wir sie für jeden Versuch, bei dem der Stift in Kontakt mit dem Papier bleibt – im Gegensatz zum Schreiben in Blockbuchstaben, bei dem der Stift immer wieder vom Papier abgehoben wird. Dann beginnen wir langsam, nur noch eine hohere Erfolgsquote zu loben (zu verstärken!), wie beispielsweise eine schönere Schrift, mehrere miteinander verbundene Buchstaben, Buchstaben, die sich auf einer Zeile befinden und alle die richtige Größe haben, bis schlussendlich nur noch Buchstaben Lob erhalten, die sauber und ordentlich ausgeschrieben sind. Würden wir während dieses ganzen Ablaufs nur Schönschrift loben und verstärken, würden die Kinder sehr lange überhaupt keine positive Rückmeldung erhalten und das wahrscheinliche Resultat wäre Entmutigung und Hoffnungslosigkeit. Dies ist mit einem Hund vergleichbar, der keine positive Verstärkung erhält, weil er die Glocke am Griff der Haustür noch nicht in voller Lautstärke geläutet hat. Es ist schwer, Fortschritte zu erzielen, wenn es nie eine Rückmeldung gibt, die einem sagt, dass man sich auf dem richtigen Weg befindet. Stellen Sie sich vor, sich würden nach etwas in einem Haus suchen und jemand würde Ihnen wie bei dem alten Kinderspiel dazu „wärmer", „kälter", „kalt" und „heiß" sagen – und nun stellen Sie sich vor, Sie müssten den Gegenstand ohne eine derartige Hilfestellung finden. Shaping ähnelt diesem Spiel, mit dem Unterschied, dass alle Rückmeldungen hier von der positiven Art sind: Es gibt „wärmer", „heiß" und „brandheiß". Das ganze „Kalt"-Feedback besteht aus Schweigen – keine Clicks bedeuten, dass das Ziel in weiter Ferne liegt.

Shaping funktioniert sehr gut bei Erwachsenen, die eine neue Fähigkeit erlernen wollen – ob es sich nun um Quilten, Yoga, Tennis oder Klavierspielen handelt. Dieser Trainingsstil berücksichtigt die Tatsache, dass Perfektion ein hoch gestecktes Ziel ist, aber dass es viele kleinere Ziele gibt, die auf dem Weg dorthin erreicht werden können. Einer der wichtigsten Grundsätze beim Shaping lautet, dass die Kriterien in ausreichend kleinen Schritten erhöht werden müssen. Auf diese Weise hat der Lernende auf jeder Stufe eine realistische Chance, Erfolg und Verstärkung zu erfahren. Shaping hat viele Vorteile, unter anderem, dass der Schüler (oft ein Hund, aber es könnte durchaus auch ein Mensch sein) schon beim Erlernen eines Verhaltens positive Verstärkung erfahren kann. Ein weiterer Vorteil besteht darin, dass der Trainer die Kriterien für eine konkrete Trainingseinheit jederzeit anpassen kann (an die Geschwindigkeit, mit welcher der Schüler Fortschritte erzielt sowie die optimale Schrittanzahl für die jeweilige Aufgabe und den Lernenden). Die Methode vermag außerdem den Lernprozess zu beschleunigen und verhindert, dass sich sowohl Trainer als auch Auszubildender (Lehrer und Schüler) wie komplette Versager fühlen.

Ich habe bei meinem Sohn im Vorschulalter ein Shaping-Modell angewendet, um ihm beizubringen, bei Tisch zu essen. An ihm war nie ein Gramm Fett und es war immer eine Herausforderung, ihm genügend nahrhafte Kalorien zuzuführen. (Als er ein Baby war, brach ich einmal in Tränen aus, als er eine Magengrippe bekam – weil es so ein Rückschlag für die ewige Herausforderung seiner Gewichtszunahme war.) Eines der Hauptprobleme bestand darin, dass er eine große Anzahl an wunden Stellen im Mund zu entwickeln begann und infolgedessen in eine Art Hungerstreik ging. Er ist energiegeladen und sehr aktiv und war nie ein Kind, das wirklich gerne isst – aber die Schmerzen von diesen Geschwüren verschlimmerten das Problem sicherlich. Obendrein sitzt und redet er nicht gerne für längere Zeiträume, wie wir das bei uns zuhause während der Mahlzeiten zu tun pflegen. Das Endergebnis war, dass er begann, nicht nur das Essen abzulehnen, sondern dass er während der Mahlzeiten auch nicht mehr bei Tisch sitzen wollte. Wir wollten es gerne einfacher für ihn machen und ihm eine angenehmere Erfahrung verschaffen. Das Ziel war, dass er seine gesamte Mahlzeit bei Tisch einnehmen sollte, aber wir arbeiteten auf dieses Endziel schrittweise hin. Um es ihm zu erleichtern, konzentrierten wir uns auf Lebensmittel, die er gerne aß, aber die seinem Mund nicht wehtun würden, wie das zum Beispiel bei Ananas oder sehr salzigen Speisen der Fall war.

Sobald ich mein Endziel festgelegt hatte, fing ich mit dem wichtigsten Bestandteil an: mein Sohn musste essen. Demzufolge wurde er bestärkt (gelobt), wenn er aß, und er erhielt einen großen Verstärker, wenn er genug aß – für ihn war das die Erlaubnis, mit etwas Besonderem spielen zu dürfen. Mir war es ziemlich egal, was er sonst während den Mahlzeiten machte, solange er aß und nichts Gefährliches aufführte. Solange er sich Essen nahm, es in seinen Mund steckte und herunterschluckte, wertete ich das als Erfolg. Deshalb kam es oft vor, dass er nach jedem Bissen vom Tisch aufstand und herumging oder sich auf den Boden setzte und sich im Kreis drehte. Und das war in Ordnung für mich, weil er aß. Ich griff nur dann ein, wenn er versuchte, ein Salto zu machen oder sich während des

Essens außer Sichtweite begab, weil ich Sorge hatte, dass er sich verschlucken könnte.

Sobald er wieder regelmäßiger aß, ging ich zur nächste Stufe über, die darin bestand, in der Nähe des Tischs zu bleiben. Dann erhöhte ich die Anforderungen insofern, als er beim Tisch stehen und dort bleiben musste. Wir nahmen ihm sogar den Stuhl weg, weil es für ihn leichter war, zu stehen als zu sitzen. Ironischerweise blieb er eher an seinem Platz, wenn er stehen durfte, als wenn er sitzen musste. (Ein Hundetrainer und guter Freund reagierte auf diese Situation mit folgendem Kommentar: „Was für ein tolles Beispiel für den Einsatz eines vorausschauenden Managements! Du hast den Stuhl weggenommen, um die Wahrscheinlichkeit zu erhöhen, dass dein Sohn ohne Unterbrechung isst!" In unserer Branche haben wir vielleicht einen kleinen Hang zu Fachausdrücken, aber ich versuche, dem hier nicht nachzugeben!) Danach musste er während der gesamten Mahlzeit bei Tisch sitzen bleiben und weiteressen.

Der nächste Schritt wäre gewesen, ihn dazu zu bringen, konsequent mit Besteck zu essen. Aber um ehrlich zu sein, ging mir genau zu dieser Zeit die Puste aus und ich machte nicht mehr wirklich weiter. Er konnte noch lange nicht richtig mit Besteck umgehen, weil weil wir eigentlich nicht sehr viel Wert darauf legten, aber das spiegelt nur unser fehlendes Engagement bezüglich dieses Aspekts seiner Tischmanieren wider. Wenn wir auswärts aßen oder Gäste bei uns hatten, war er in der Lage, Besteck manierlich zu verwenden, und das genügte mir. Ich war überglücklich, dass er bei Tisch nahrhaftes Essen zu sich nahm, aber wie er das bewerkstelligte, war mir ziemlich gleichgültig. Trotzdem war es mir wichtig, dass er höflichere Manieren vorzeigen konnte, wenn wir woanders zu Gast waren, selbst Gäste hatten oder in einem Lokal aßen. Ich übte das Essen mit Besteck gerade so viel, dass es für diese Zwecke ausreichte, aber ich machte ihm keinen großen Druck – weil es mir nicht so wichtig war und weil ich wusste, dass er die meisten Dinge lieber mit den Fingern aß. Zirka ein Jahr später begann er sich für Tischmanieren und den richtigen Umgang mit Besteck zu interessieren und lernte alles, was er können musste – fast ohne irgendeine Anstrengung von meiner Seite aus.

Eine wichtige Fähigkeit in Bezug auf Shaping ist, anderen beizbringen, den so wichtigen ersten Schritt in der Serie der Annäherungen zu erkennen. Hundetrainer sind versiert darin, eine Verhaltensweise als guten Ausgangspunkt für eine Shaping-Folge zu erkennen, an deren Ende ein wünschenswertes Verhalten steht. Zum Beispiel betrachten viele Klienten das Betteln bei Tisch als ein unerwünschtes Verhalten, während viele Trainer das als wundervollen Ausgangspunkt für Shaping sehen. Der Grund ist, dass wir einen Hund sehen, der ein perfektes „Bleib“ am Tisch ausführt, was zu einem wunderbaren „Bleib“ an einem passenderen Ort ausgebaut werden könnte. Ein Hund, der hartnäckig genug ist, um in der Hoffnung auf Futter sehr lange an einem Ort zu verharren, führt eigentlich gerade ein wunderschönes „Bleib“ aus, nur der Ort stimmt noch nicht. Als Trainer kann ich mir also vorstellen, dass dasselbe Verhalten während der Mahlzeiten auch weit weg vom Tisch stattfinden könnte. Es ist wunderbar, wenn man einen Hund hat, der während der gesamten Mahlzeit auf der anderen Seite des Zimmers (oder sogar in einem anderen Zimmer) bleibt – und ein Hund, der während der gesamten Mahlzeit direkt neben Ihnen beim Tisch sitzt, hat eine großartige Ausgangsbasis, um dieses Ziel zu erreichen. Als Trainer muss man das Verhalten nur formen, indem man die Entfernung schrittweise vergrößert, die der Hund vom Tisch einnehmen muss, damit er eine Verstärkung erhält. Der nächste Schritt könnte nur wenige Zentimeter von der Ausgangsposition entfernt sein, aber danach lässt sich die Verstärkungsanforderung anhand langsamer Distanzvergrößerung schrittweise erhöhen. Bei einer konsequenten Umsetzung können Sie das Verhalten des Hundes so zu einem wunderschönen „Bleib“ an genau dem Ort formen, an dem Sie ihn haben wollen. In diesem Fall besteht das Shaping einfach darin, dass Sie das „Bleib"-Verhalten auf die andere Seite des Zimmers verlagern, um daraus ein wunderschönes, erwünschtes Verhalten zu machen.

TAGteach, um menschliches Verhalten zu formen: Clickertraining ist nicht nur etwas für Hunde

Obwohl Clickertraining – und dessen Einsatz beim Shaping-Prozess – als Technik für Hunde sehr bekannt ist, kann dieselbe Technik auch bei Menschen angewandt werden, hier unter dem Namen TAGteach. Bei dieser Methode wird ein konkretes Lernziel oder eine Anforderung „Tag-Punkt" (engl. Tagpoint) genannt. Wenn der Lernende einen Tag-Punkt erfolgreich meistert, markiert der Lehrer das genau so, wie ein Hundetrainer den Erfolg eines Hundes mit einem Click oder einem verbalen Markersignal markiert. Ein Tag-Punkt kann bedeuten, dass jemand im Turnsport eine konkrete Höhe in der Luft erreicht, beim Fußballkicken die Seite vom Fuß verwendet, zwei Punkte miteinander verbindet (ein Kind, das Schreibübungen macht) oder beim Erlernen einer Fremdsprache einen Vokal richtig ausspricht. Genau wie bei Hunden ist Klarheit wichtig, weshalb Tag-Punkte niemals miteinander kombiniert werden. Wenn eine Person einen korrekt ausgesprochenen Satz auf Französisch sagen soll, der außerdem noch grammatikalisch korrekt ist und zwei Adjektive erhält – und dann keinen Click erhält, dann weiß sie nicht, warum. War die Aussprache das Problem? Die Grammatik? Die Adjektive? Bei jedem Versuch sollte nur einer dieser Aspekte als Kriterium für den Erfolg festgelegt werden. Nicht zu wissen, wo das Problem liegt, ist kontraproduktiv für den Lernerfolg und führt sowohl zu Stress als auch zu potenziellen Korrekturen der Lehrperson.

Ein interessanter Aspekt an TAGteach ist, dass es viele Menschen gibt, die beobachten, wie jemand für Tag-Punkte viele Clicks hintereinander erhält – was Erfolg bedeutet – und dann fragen: „Aber muss man nicht Fehler machen, um zu lernen?" Die Antwort lautet: „Nein, Fehler sind nicht notwendig, um zu lernen." Das soll nicht heißen, dass alle Fehler unbedingt vermieden werden müssen. Es bedeutet einfach, dass sie nicht unbedingt notwendig sind, um Fortschritte zu machen. Im Gegenteil, zu viele Fehler können frustrierend wirken und zu einem Lernenden führen, der nicht mehr weitermachen will. Die allgemeine Regel bei TAGteach lautet, dass ein Lernender nie mehr als drei Versuche benötigen sollte, um einen Tag-Punkt zu erreichen. Wenn er dreimal hintereinander erfolglos war, ist es Zeit, zu einem früheren erfolgreich gemeisterten Ziel zurückzukehren und dann in kleineren Schritten weiterzumachen. Das heißt, wenn jemand nicht in der Lage ist, innerhalb von drei Versuchen erfolgreich zu sein, dann war das Ziel zu ehrgeizig gesteckt und sollte geändert werden, um eine höhere Erfolgschance zu bieten.

Auch die Abwesenheit eines Clicks liefert der lernenden Person wichtige Informationen. Sie bedeutet: „Noch einmal versuchen". Daraus folgt wiederum, dass es einen Wert hat, wenn wir im Hundetraining Clicks vorenthalten. Solange der Hund in der Trainingseinheit aktiv bei der Sache und nicht frustriert ist, kann die Abwesenheit eines Clicks wertvoll sein. Denn sie kommuniziert dem Hund deutlich, dass er so lange weiter Verhalten anbieten soll, bis ein Click erfolgt.

TAGteach wird oft eingesetzt, um Menschen mit besonderen Bedürfnissen zu unterrichten, aber es wurde erstmalig im Turnsport von einer Trainerin namens Theresa McKeon eingesetzt. McKeon lernte Clickertraining kennen, als sie ein Pferd mit einigen Verhaltensproblemen kaufte und merkte, was für einen Unterschied diese Technik machte. (Vielleicht finden Sie es lustig, zu hören, dass das

Pferd Prozac hieß.) Es dauerte nicht lang, bis sie erkannte, dass ein Clicker nützlich war, um ihren Athleten sofortiges Feedback zu ihrer Körperhaltung geben zu können. Sie wollte, dass ihre Turnerinnen einen Handstand mit durchgestreckten und geschlossenen Beinen sowie gestreckten Füßen ausführten. Also bestimmte sie diese Dinge als Kriterien, um sich Clicks zu verdienen. Wenn man einen Handstand macht, aber diesen noch nicht sehr gut kann, ist es schwer, zu wissen, wie sich „gerade“ anfühlt. Wenn man aber in dem genauen Moment, in dem man sich in der richtigen Haltung befindet, einen Click hört, dann bleibt das genaue Gefühl dieser Körperhaltung im Kopf hängen und lässt sich deshalb auch leichter wiedererlangen. Ich weiß das aus persönlicher Erfahrung, weil ich meinen Mann und meine Kinder kürzlich gebeten habe, mich für einen senkrechten Handstand zu clickern – und meine Handstände haben sich dadurch verbessert. Sobald ich dieses Gefühl kannte, arbeiteten wir an anderen Tag-Punkten für einen guten Handstand, und genau wie bei McKeons Schülern verbesserten sich meine Handstände durch diesen Shaping-Prozess. Die Technik funktioniert deshalb so gut, weil sie eine wichtige Information übermittelt. Ein weiterer Vorteil besteht außerdem in der stressfreien Art der Rückmeldung. (Übrigens lerne ich den Handstand deshalb, weil so viele meiner Familienmitglieder auf ihren Händen gehen können und ich auch an dem Spaß teilhaben will – *nicht*, weil TAGteach in der Welt des Turnens begann.)

Als Theresa McKeon erstmalig begann, bei ihren Turnerinnen Clicker einzusetzen, protestierten manche Eltern. Sie empfanden es als beleidigend, dass Clickertraining für Tiere bei ihren Kindern zum Einsatz kam. Sie meinten, es wäre doch allgemein bekannt, dass Clickertraining etwas für Hunde sei und sie wollten nicht, dass ihre Kinder wie Tiere behandelt würden. Also benannte Theresa das Konzept in TAG um, was für „Teaching with Acoustical Guidance“ („mit akustischer Hilfestellung unterrichten“) steht. Den Click nannte sie ab da „Tag". Natürlich handelt es sich dabei immer noch um Clickertraining, aber das Konzept wurde neu vermarktet, um es für die Menschen akzeptabler aufzubereiten. Da TAGteach immer häufiger bei autistischen Kindern eingesetzt wird, denken viele Leute, dass der Mittelbuchstabe des Kürzels für „Autismus" steht, aber das ist nicht der Fall. Der Einsatz der TAGteach-Methode bei autistischen Kindern hat den Vorteil, dass sie nicht von Sprache abhängt. Deshalb funktioniert die Methode auch bei Kindern, die nicht auf Sprache reagieren oder die mit Sprache Schwierigkeiten unterschiedlichen Grades haben. TAGteach ist oft sehr effektiv, um autistischen Kindern Verhaltensweisen beizubringen, wie zum Beispiel: Augenkontakt mit einer anderen Person aufnehmen, auf ein Objekt fokussieren, ähnliche Objekte verpaaren, ein neues Wort sagen oder sich hinsetzen, wenn jemand darum bittet.

Erwünschtes menschliches Verhalten per Clickertraining zu markieren kann für eine Vielzahl von Aufgaben nützlich sein und ist absolut nicht auf autistische Kinder begrenzt, auch wenn die Methode oft mit ihnen assoziert wird. Es wurden bereits Mathe-Kenntnisse dadurch verbessert und die Technik eignet sich auch, um das Binden von Schuhbändern beizubringen. Eines der bekanntesten Einsatzgebiete von TAGteach ist der sogenannte Fosbury-Flop beim Hochsprung. Der Fosbury-Flop ist mittlerweile die Standardsprungtechnik, bei der man mit dem Kopf zuerst und mit nach oben gewandtem Gesicht über die Latte springt – im Gegensatz zum Scherensprung oder Bauchwälzer. Weil der Fosbury-Flop komplex ist und nicht zum Bewegungsrepertoire der meisten Menschen gehört, stellt er eine Herausforderung für diejenigen dar, die ihn erlernen möchten. TAGteach ist hier eine sehr erfolgreiche Trainingsmethode, weil die Menschen sich immer nur auf einen Aspekt (oder Tag-Punkt) gleichzeitig konzentrieren müssen. Anhand einer Serie von Tag-Punkten (Rücken durchdrücken, Arme hochwerfen, auf Schulter landen, rechten Fuß in die Luft werfen, rechtes Bein angewinkelt in die Luft werfen, beide Beine in die Luft werfen) können Kinder diese Fähigkeit innerhalb einer einzigen Trainingseinheit erlernen – im Gegensatz zu einer sonstigen Trainingszeit von mehreren Wochen.

TAGteach lässt sich für sehr viele Fähigkeiten erfolgreich einsetzen: für Sprünge und Drehungen im Eiskunstlauf, für das Erlernen von Snowboard-Tricks, für die komplexen Fähigkeiten eines Konditors, fürs Golfspielen, für Bowling, für einen Korbleger im Basketball und so ziemlich alle andere Fähigkeiten, die einem in den Kopf kommen. Wie bei jeder erfolgreichen Technik für das Beibringen oder Verbessern einer Fähigkeit ist es auch hier essenziell, immer nur an einem Aspekt gleichzeitig zu arbeiten und die Anforderungen schrittweise zu erhöhen. Einer der größten Vorteile von TAGteach besteht darin, dass viele der negativen Emotionen wegfallen, die das Feedback eines Trainers oder Lehrers an die lernende Person sonst oft enthält. Menschen, die Tag-Punkte verwenden, um anderen etwas beizubringen, brüllen oder kritisieren nicht, und sie werden auch nicht frustriert. Sie markieren (taggen) einfach das erwünschte Verhalten, wenn es stattfindet, sodass die lernende Person nützliches Feedback dazu erhält, was sie tun soll.

Interessanterweise hat TAGteach den Bogen zurück in die Welt des Hundetrainings gespannt. Viele professionelle Trainer integrieren TAGteach-Techniken erfolgreich in ihren Unterricht, um ihren menschlichen Klienten zu helfen, ihre neuen Hundetrainingsfähigkeiten zu erlernen und zu perfektionieren.

Locken

Locken wird im Englischen oft auch „lure and reward“, also „Locken und Belohnen“ genannt, was schon eine sehr gute Beschreibung des Vorgangs ist. Bei dieser Methode hält der Trainer ein

Leckerchen direkt vor die Schnauze des Hundes und bewegt die Belohnung dann, um den Hund in die erwünschte Haltung oder zur erwünschten Verhaltensweise zu führen. Sobald der Hund das Gewünschte macht, bekommt er die Belohnung. Das funktioniert deshalb, weil die meisten Hunde anhaltendes Interesse an einem Leckerchen haben, das sie riechen können – deshalb folgen sie ihm auch. Sie können einen Hund zum Beispiel in eine Sitzposition locken, indem Sie ihm ein Leckerchen vor die Nase halten und dieses dann langsam über den Kopf des Hundes hinweg in Richtung Hinterseite seines Körpers führen. Die meisten Hunde reagieren darauf, indem sie die Schnauze anheben und ihr Hinterteil auf den Boden setzen – also Sitz machen. Der Trainer verstärkt das Verhalten, indem er dem Hund das Leckerli just in dem Augenblick ins Maul steckt, in dem sich dieser hinsetzt. Bei dieser Methode muss das Futterlocken im Laufe der Zeit langsam ausgeschlichen werden („ausschleichen" bedeutet hier einfach, dass man aufhört, es zu verwenden) und das Sitz muss stattdessen mit einem verbalen Signal oder einen Handzeichen verknüpft werden. Das Locken ist nur ein Weg, um das erwünschte Verhalten hervorzurufen und kann durchaus eine nützliche Methode sein. Sie kann zum Beispiel verwendet werden, um die gängigsten Tricks beizubringen, wie Kriechen, Dreh dich, Rolle, Männchen, Verbeugung oder den Kopf in Verlegenheit oder zum Beten zur Seite legen. Der Einsatz eines Lockmittels kann mit einem Shaping-Prozess verbunden werden, sodass die Anforderungen immer schwerer werden, wenn der Hund Fortschritte macht. Wenn Sie beispielsweise Locken einsetzen, um einem Hund die Rolle beizubringen, könnten Sie den Hund anfangs so locken, dass er seinen Kopf in die richtige Richtung legt. Dann könnten Sie eine Schrittfolge durchlaufen, bei der der Hund zuerst die Schulter dreht, dann die Hüfte abrollt, dann auf der Seite liegt, dann auf dem Rücken liegt, und schließlich die Rolle ganz ausführt.

Bei jeder Trainingseinheit kann ein Lockmittel das Verhalten in Gang bringen, aber die Fortschritte mit immer höheren Anforderungen sind ein Beispiel für Shaping.

Locken kann bei Hunden hilfreich sein, die Verhalten nur sehr zögerlich anbieten. Manche Hunde sind einfach von Natur aus so, aber es gibt auch Hunde, die deshalb zögern, weil sie zuvor mit Zwang und Gewalt trainiert wurden. Sie haben gelernt, dass jedes Verhalten das Risiko birgt, korrigiert zu werden und warten deshalb darauf, dass ihnen jemand sagt, was sie tun sollen. Diese Zurückhaltung erlaubt es ihnen, Fehler zu minimieren und Strafe zu vermeiden.

Locken ist auch eine praktische Methode für Hunde, die eine konkrete Fähigkeit schnell erlernen müssen – wie das oft bei Hunden der Fall ist, die in Werbefilmen mitspielen. Fast alle Trainer von Filmhunden erzählen viele Geschichten davon, wie sie zu einem Drehort mit einem Hund kamen, der das in den Vorgaben verlangte Verhalten perfekt beherrschte – nur um zu erfahren, dass es abgeändert werden müsse. Regisseure verlangen vom Hundebetreuer oft, ein neues Verhalten während der Drehpause einzuüben und in so einer Situation kann Locken ein Geschenk des Himmels sein. Es erzielt oft sehr schnell Ergebnisse, weil der Hund zum erwünschten Verhalten geführt wird beziehungsweise weil der Shaping-Prozess schneller in Gang kommt. Die Methode kann auch bei Hunden sinnvoll sein, die mehr als willens sind, das Gewünschte zu machen, aber die nicht sicher sind, was verlangt wird.

Obwohl Locken durchaus seine Berechtigung in der Welt des Hundetrainings hat, gibt es auch viel Kritik daran und es hat in den vergangenen Jahren an Beliebtheit eingebüßt. Es stimmt, dass zu viel Lock-Training zu einem passiven Hund führen kann, der in den Trainingseinheiten wenig Eigeninitiative zeigt. Dadurch sinkt die Wahrscheinlichkeit, dass der Hund originelle und charmante Verhaltensweisen anbietet, an die man vielleicht nicht gedacht hätte, aber die der Hund während einer Trainingseinheit von selbst ausprobiert. Außerdem kann die Präsenz des Futters dazu führen, dass das Tier sich mehr auf das Futter als auf die verlangte Aufgabe konzentriert. (Im Gegensatz dazu kann es sinnvoll sein, dem Hund zuerst beizubringen, einen Targetstick mit der Nase oder der Pfote zu berühren. Dadurch lässt sich der Hund in die erwünschte Position bringen, ohne dass man direkt Futter einsetzen muss. Das kann hilfreich sein, um seine Konzentration eher auf das Verhalten als auf das Futter zu lenken.) Trotzdem kann Locken in bestimmten Situationen ein wundervoller Bestandteil des Hundetrainings sein. Das gilt besonders für scheue oder schüchterne Tiere, weil die Präsenz von Futter die Erfahrung für sie zu einer positiven macht. Um die Nachteile des Lockens zu vermeiden, ist es klug, das Lockmittel bereits sehr früh im Lernprozess auszuschleichen. Manche Trainer schlagen vor, es bereits nach maximal zwei Wiederholungen auszuschleichen. Ich habe es aber auch schon ein wenig länger eingesetzt, vor allem bei Hunden, die nicht zu begreifen schienen, was ich von ihnen wollte.

Im Allgemeinen ist Locken beim Menschen weniger praktikabel als bei Hunden. Trotzdem setzen wir eine ähnliche Taktik ein, wenn wir eine Person, die etwas lernt, anhand von Suggestivfragen zur richtigen Antwort führen. Stellen Sie sich zum Beispiel vor, eine Freundin würde für Biologie pauken, könnte sich aber nicht mehr an die Bestandteile einer Zelle und deren Funktion erinnern. Wenn Sie dann sagen: „Pflanzenzellen besitzen Organellen, um etwas zu machen, das die Zellen von Tieren und Pilzen nicht können," dann regen Sie die Person dazu an, darüber nachzudenken, was es ist, das nur Pflanzen können: nämlich Photosynthese betreiben (ihre eigene Nahrung herstellen). Dadurch erinnert sich die Person leichter daran, dass Pflanzen Chloroplaste besitzen – der Ort, an dem die Photosynthese stattfindet. Obwohl es vielleicht ein bisschen weit hergeholt ist, sehe ich Suggestivfragen als eine Art Analogie zum

Locken im Hundentraining an. Beides sind Techniken, bei denen wir soufflieren. Manche Leute stimmen mir hierbei vielleicht nicht zu, was ich nachvollziehen kann. Aber mein Hauptpunkt ist, dass ich Locken nicht sehr oft bei Menschen einsetze.

Eine Ausnahme ist, dass ich gesehen habe, wie Leute Locktechniken bei uneinsichtigen Kleinkindern einsetzen, besonders, wenn deren Sicherheit auf dem Spiel steht. Locken ist eine legitime Technik für den unwahrscheinlichen Fall, dass ein kleines Kind sich in Gefahr befinden und nicht hören sollte. Eine Freundin erzählte mir von einer Familie am Grand Canyon, die sie dabei beobachtete, wie sie ihre kleine Tochter mehr oder weniger auf sicheres Terrain lockten. Das zirka vierjährige kleine Mädchen lief in Richtung der Felskante, obwohl ihre Eltern ihr sagten, sie solle zurückkommen. Sie war noch mindestens drei bis fünf Meter von der Kante entfernt, aber ein Kind in dem Alter kann diese Entfernung in Blitzesschnelle überwinden. Die Mutter schien sich dessen sehr bewusst zu sein, und wahrscheinlich setzte ihr Herz kurz aus. Das Mädchen war in Gefahr, in die entgegengesetzte Richtung zu laufen, was tragisch hätte enden können. Also nahm die reaktionsschnelle Mutter ein Bonbon aus ihrer Tasche und forderte das kleine Mädchen auf, sich das Bonbon bei ihr abzuholen. Als das kleine Mädchen begann, in ihre Richtung zu laufen, bewegte sich die Mutter noch weiter von der Kante weg, wobei sie das Bonbon gut sichtbar in ihrer Hand hielt. Das kleine Mädchen folgte ihr weiter, bis der Vater in der Lage war, einzugreifen und sie gefahrlos hochzunehmen. In dem Fall handelte es sich nicht um ein Locken mit Geruch, sondern um ein optisches Locken, was sich besonders gut für unsere Spezies eignet. Sowohl die Mutter als auch der Vater brachen in Tränen aus, als sie das Kind sicher von der Kante weggeholt hatten. Es war sehr klug von ihnen, nicht auf das Mädchen zuzugehen, da die Gefahr bestanden hätte, dass es weggelaufen und tragisch verunglückt wäre.

Aber mein Lieblingsbeispiel für den Einsatz von Locken außerhalb der Hundewelt war der Einsatz von sehr viel Futter, um eine große Anzahl von Pavianen in einem japanischen Zoo so anzuordnen, dass sie „Frohes Neues Jahr“ buchstabierten. Die Paviane waren nicht abgerichtet, sondern wurden mit Futter an den Platz gelockt, das die Pfleger an den richtigen Stellen ausgelegt hatten. Theoretisch könnte dies ein erster Schritt sein, um den Tieren beizubringen, sich an den richtigen Platz zu begeben. Aber in diesem Fall glaube ich, dass es sich um ein einmaliges Locken handelte, weil das Endziel einfach war, die Botschaft auszubuchstabieren.

Nachahmung

Im vergangenen Jahrzehnt haben Forschungsergebnisse gezeigt, dass Hunde lernen können, indem sie uns nachahmen. In anderen Worten, sie sind zu höheren Arten des sozialen Lernens fähig, wozu auch Nachahmung gehört. Nachahmung bedeutet, dass die Tiere uns beobachten und dann machen, was wir machen. Die zunehmend beliebte „Do as I do – Mach's mir nach“-Methode wird in dem gleichnamigen Buch von Claudia Fugazza beschrieben. Dabei handelt es sich um eine Technik, die auf sozialem Lernen basiert. Studien haben ergeben, dass sie besonders effektiv ist, um Hunden Verhaltensweisen beizubringen, die Objekte involvieren – wie zum Beispiel an einem Spielzeug zu ziehen, eine Schublade zu öffnen oder ein Hindernis zu umgehen. Bei objekt-gerichteten Aufgaben ist es also absolut sinnvoll, soziales Lernen als Trainingsmethode in Betracht zu ziehen.

Bei uns Menschen stellt soziales Lernen – wozu Nachahmung gehört – einen so offensichtlichen Teil unserer Lernerfahrungen dar, dass die meisten von uns nie auch nur darüber nachdenken. Es kann jedoch unglaublich nützlich sein, wenn man den zusätzlichen Aufwand betreibt, um jemandem zu zeigen, wie etwas gemacht wird, anstatt es nur zu erklären zu versuchen, wie das oft der Fall ist. Stellen Sie sich zum Beispiel vor, jemand würde versuchen, einen Kuchen vom Blech zu lösen. Es ist sehr viel effektiver, wenn Sie sagen: „Lass mich dir das zeigen. Es funktioniert wirklich gut, wenn du es so machst“, und die Technik dann vorzeigen, damit die Person es danach selbst versuchen kann. Wenn Sie im Gegensatz dazu einfach sagen: „Nimm ein Messer, um den Kuchen abzulösen und dreh das Blech dann vorsichtig um, während du den Kuchen mit deiner anderen Hand an der Oberseite festhältst, und kippe ihn dann auf den Teller.“ Denken Sie daran, wie sehr es Menschen hilft, zu sehen, wie jemand anderes eine für sie neue Aufgabe ausführt, die sie kopieren können – selbst wenn das Vorzeigen für Sie einen extra Aufwand bedeutet. Es ist ironisch, dass ich diese Lektion vom Hundetraining gelernt habe, da man ja lange Zeit gedacht hatte, nur Menschen seien der Nachahmung fähig – in anderen Worten, fähig, eine Aufgabe zu lernen, indem man andere dabei beobachtet. Nun sind auch Hunde definitiv Mitglieder dieses Lernclubs, dank intensiver Forschungsbemühungen im Bereich der Tierkognition.

Hundeverhalten auf Aufforderung erhalten: Signalkontrolle einführen

Üblicherweise besteht der eine Teil des Hundetrainings darin, einem Hund ein bestimmtes Verhalten zu lehren, während es im anderen Teil darum geht, dem Hund beizubringen, dieses Verhalten auf Signal zu zeigen. Wenn Ihr Hund dieses Verhalten bereits als Teil seines natürlichen Repertoires zeigt, dann ist der Ablauf so, dass Sie das Verhalten zuerst einfangen, um es dann mit einem Signal zu verknüpfen. Das bedeutet, dass Ihre Arbeit eigentlich schon vor dem offiziellen Trainingsstart teilweise erledigt ist. Um ein Beispiel anzuführen: Wenn Ihr Hund von Natur aus im Sitzen eine Pfote hebt, um Ihre Aufmerksamkeit zu erhalten, dann winkt er schon. Sie müssen ihm nur noch beibringen, es immer dann zu machen, wenn Sie „Winke“ sagen. Wenn Ihr Hund das Winkverhalten aber niemals von selbst zeigt, dann wäre Ihr erster Schritt, ihm dieses Verhalten beizubringen. Die Verknüpfung mit einem Signal würde erst danach folgen.

Um das Verhalten eines Hundes „unter Signalkontrolle“ zu erhalten, wie wir in der Welt des Hundetrainings sagen, müssen Sie das Signal mit dem Verhalten verknüpfen. Das bedeutet einfach, dass Sie dem Hund die Verbindung zwischen Verhalten und Signal beibringen müssen. Das Signal kann eine Handbewegung oder eine andere Körperbewegung sein oder auch ein Wort, wie „Sitz“ oder „High Five“. In der altmodischen Hundedressur war das Signal von Anfang an ein Bestandteil des Trainingsprozesses. Der Trainer sagte „Sitz“ und wenn der Hund sich nicht hinsetzte, wurde er körperlich in diese Stellung gedrückt oder für seine Weigerung bestraft. Nach genügend Wiederholungen setzte der Hund sein Hinterteil dann auf den Boden, wenn er „Sitz“ hörte, um die aversive Alternative zu vermeiden – nämlich in Position gedrückt oder anderweitig bestraft zu werden. Heute machen es die meisten Trainer nicht mehr so, sondern wenden eine komplett andere Strategie an, um Hunden ein neues Signal beizubringen. Dabei wird das Signal erst eingeführt, wenn der Hund das Verhalten bereits verlässlich ausführt. Wenn wir das Signal schon sagen, während der Hund das Verhalten noch lernt und es noch nicht kann, kann das für viele Hunde schnell verwirrend wirken. Möglicherweise ignorieren sie unsere Worte, weil sie daran gewöhnt sind, dass Menschen ständig etwas plappern, ohne dass es für sie relevant ist. Oder sie glauben, dass das Signal sich auf eine unvollständige Version des Verhaltens bezieht, für die sie derzeit verstärkt werden – wie zum Beispiel eine halbe Drehung, obwohl das erwünschte Verhalten eigentlich eine komplette Umdrehung wäre.

Hier sind die Grundlagen, um ein Verhalten unter Signalkontrolle zu bringen: Sobald Ihr Hund gelernt hat, dass ein bestimmtes Verhalten – zum Beispiel, mit der Pfote winken – dasjenige ist, welches Sie markieren und belohnen *und* sobald Sie in der Lage sind, dieses Verhalten verlässlich vorauszusagen, ist es an der Zeit, ein Signal dafür einzuführen. Dieses Signal wird daraufhin eingesetzt, um dem Hund mitzuteilen, dass er ein konkretes Verhalten ausführen soll. Wenn Sie Ihr Haus darauf verwetten würden, dass der Hund innerhalb der nächsten paar Sekunden winken wird, sagen Sie „Winke", und verstärken Sie den Hund, wenn er das Verhalten in der Folge zeigt. Machen Sie dies wiederholt, aber geben Sie das Signal nur, wenn Sie sicher sind, dass ein Winken mit sehr hoher Wahrscheinlichkeit auftreten wird. Abhängig von dem Hund, dem Verhalten sowie dem Umfeld, in dem das Verhalten wahrscheinlich auftreten wird, können einige Trainingseinheiten nötig sein, um das Signal oft genug mit dem Verhalten verknüpfen zu können. Der Hund muss merken, dass das Signal etwas mit dem Verhalten zu tun hat. Wenn der Hund etwa zehn- bis zwanzigmal sofort nach Ihrem „Winke"-Signal gewunken hat, ist es an der Zeit, ihm beizubringen, dass er für das Verhalten nur verstärkt wird, wenn Sie ihm das dazugehörige Signal gegeben haben.

Wenn der Hund so wirkt, als ob er winken wolle, geben Sie ihm das Signal nicht. Er wird es vielleicht mehrmals in der Hoffnung auf ein Leckerli versuchen. Geben Sie ihm das Signal erst, wenn der Hund in seinen Versuchen pausiert, gefolgt von einer Belohnung für das darauffolgende Winken. Dadurch lernt er, dass Winken nur manchmal belohnt wird. Das Ziel ist, ihm beizubringen, dass er nur dann eine Belohnung erhält, wenn er auf Ihr Signal „Winke" hin winkt. In der Welt des Hundetrainings drücken wir es oft so aus, dass das Wort „Winke“ grünes Licht für das Winkeverhalten gibt. Das bedeutet, wenn der Hund das Signal hört, weiß er, dass er nun die Chance hat, gegen Bezahlung zu winken. Einem Hund beizubringen, dass er nur dann für ein bestimmtes Verhalten verstärkt wird, wenn das Signal dazu gegeben wurde, ist ein wichtiger Teil der sogenannten Signalkontrolle. „Signalkontrolle“ ist ein Fachbegriff, der aus dem Feld der Lerntheorie stammt und von Trainern oft verwendet wird. Für Trainer befindet sich ein Verhalten unter Signalkontrolle, wenn vier Voraussetzungen zutreffen: Das Verhalten tritt sofort auf, nachdem der Stimulus (das Signal) gegeben wurde, das Verhalten tritt niemals ohne dieses Signal auf, das Verhalten tritt niemals als Reaktion auf ein anderes Signal auf und kein anderes Verhalten tritt in Reaktion auf dieses Signal auf.

Auch menschliches Verhalten zeigt sich auf Signal

Menschliches Verhalten tritt vielleicht sehr viel öfter auf Signal auf, als viele von uns wahrhaben wollen. Verbale Signale sind natürlich etwas, das wir alle gut verstehen können. Eltern sagen ihren Kindern oft, was sie tun sollen (geben ihnen ein Signal): „Geh Zähne putzen“, „Geh ins Bett“, „Mach deine Hausaufgaben“, „Deck den Tisch“. Auch Erwachsene machen einiges, wenn sie auf Signal darum gebeten werden: „Die Kartoffeln bitte“, „Gib mir bitte einen Kuli“, „Würdest du mir bitte die Tür aufmachen“, „Der Flug steht nun am Gate 3 für Sie zum Einsteigen bereit“. Gleichermaßen reagieren wir in den meisten Fällen angemessen, indem wir durch die Tür gehen, wenn unser Name beim Zahnarzt aufgerufen wird, tief einatmen, wenn der Arzt uns darum bittet, weil er die Lunge abhören möchte oder unseren Führerschein vorzeigen, wenn ein Kellner oder Ladeninhaber sagt: „Ich müsste einen Ausweis sehen". Aber Menschen machen auch viele Dinge als Reaktion auf nonverbale Signale: Beim Ertönen der Glocke gehen wir in den Klassenraum; wir reagieren auf Telefonläuten, indem wir den Anruf beantworten; wir fahren an den Straßenrand, wenn wir die Sirene eines Notfallwagens hinter uns hören; wir öffnen die Tür, wenn jemand klingelt; wir nehmen die Kekse aus dem Ofen, wenn der Alarm losgeht; wir stehen auf (oder drücken den Snooze-Knopf!), wenn der Wecker klingelt; wir steigen aufs Gas, wenn die Ampel grün wird und auf die Bremse, wenn sie rot wird. All das sind Signale, auf die Menschen ziemlich verlässlich reagieren.

Der Vorteil von Signalen ist, dass man anderen Individuen damit genau mitteilen kann, was sie tun sollen. Das ist sehr viel besser, als ihnen zu sagen, was sie *nicht* tun sollen – oder zu hoffen, dass sie selbst durch einen Ausleseprozess von vielfachen Fehlern darauf kommen. Wenn Feedback sich nur darauf bezieht, was *nicht* gestimmt hat, tappen Menschen (und Hunde!) im Dunkeln. Sie wissen dann nicht, was sie tun sollen, weil sie nur wissen, was sie *nicht* tun sollen.

Stellen Sie sich vor, Ihr Partner würde Sie bitten, einkaufen zu gehen, aber er würde sagen: „Kauf bitte keine Milch und keine Eier. Wir brauchen weder Äpfel noch Karotten." Wie wahrscheinlich ist es, dass Sie das Richtige kaufen würden? Eine Liste, auf der konkret Käse, Bananen, Joghurt, Cashew-Nüsse, Haferflocken und Salat stehen, führt sehr viel wahrscheinlicher zum Erfolg und ermöglicht es Ihnen, das zu kaufen, was Ihr Partner möchte. Eine Einkaufsliste ist insofern ein Signal, als Sie Ihrem Partner damit konkrete Informationen darüber vermitteln, was er oder sie kaufen soll. Es ist dasselbe, wenn Sie zu Ihrem Hund als Signal für eine Verbeugung „Bow" sagen, anstatt ihm Feedback mit dem folgenden Inhalt zu geben: „Ich möchte nicht, dass du dich hinlegst. Du sollst mich nicht abklatschen. Keine Rolle, bitte." Wie soll Ihr Hund wissen, dass Sie eine Verbeugung von ihm erwarten, wenn Sie ihm nicht sagen, dass er sich verbeugen soll? Vermeiden Sie es, nur negatives Feedback („Falsch!") zu geben und denken Sie daran, dass jede Information darüber, was Sie wollen, im Grunde ein Signal für den anderen ist.

Stellen Sie sich vor, ein Mann würde seiner Frau Blumen bringen und sie sagte: „Rosen sind nicht meine Lieblingsblumen. Das ist kein gutes Geschenk für mich." Dann brächte er ihr eine Halskette mit und sie würde sagen: „Halsketten verfangen sich oft, weshalb ich sie nicht gerne trage." Und was, wenn ihre Reaktion auf Pralinen wäre: „Ich möchte nichts essen, was so viel Zucker enthält." Wie soll ihr Mann wissen, welches Geschenk ihr gefallen würde, wenn er ständig nur erfährt, was sie *nicht* will? Wäre es nicht viel einfacher, wenn sie ihn wissen lassen würde, dass sie Orchideen liebt, gerne Ringe als Schmuck trägt und am liebsten Bitterschokolade isst, weil die weniger Zucker als Milchschokolade enthält? (Und wäre es im Übrigen nicht auch charmant, wenn sie ihm einfach dafür danken würde, dass er an sie denkt, anstatt ihn zu kritisieren – also, zu bestrafen? Sein *Schenkverhalten* ist es wert, verstärkt zu werden, egal, ob das Geschenk nun perfekt war oder nicht!)

Es hat viele Vorteile, wenn Sie sagen, was Sie wollen, anstatt zu sagen, was Sie nicht wollen. Das gilt besonders, wenn jemand etwas macht, was Sie nicht wollen. Wenn Sie direkt kommunizieren, was Sie wollen, ist das eine Form von Signal. Zum Beispiel ist es besser, wenn Sie Ihrem Chef mitteilen, dass Sie die Unterlagen fur ein Projekt gerne drei Tage im Voraus erhalten würden, anstatt zu sagen: „Ein Tag im Voraus reicht nicht!" Das könnte Ihrem Chef das Gefühl vermitteln, dass Sie anspruchsvoll und schwierig in der Zusammenarbeit sind. Wieviel einfacher ist es, einfach zu sagen, was man will – ein Signal zu geben – anstatt sich zu beschweren, wenn man nicht bekommt, was man will und damit zu riskieren, so zu wirken, als ob man nie zufrieden wäre – während man *immer noch nicht* das Verhalten vom anderen erhält, das man gerne hätte?

Ein anderes Beispiel dafür, wie man Leuten sagen kann, was man will, ist meine Anleitung an Freunde und Familie, was sie machen sollen, wenn ich sage, dass ich mich krank fühle. Ich weiß nicht, warum, aber ich sehe selten krank aus, selbst wenn ich mich ziemlich schlecht fühle. (Vielleicht liegt es einfach daran, dass meine Wangen rot werden, wodurch ich besonders gesund wirke.) Deshalb ist es mir im Leben sehr oft passiert, dass Menschen auf meine Aussage, mich krank zu fühlen, mit „Du siehst aber gut aus“ reagiert haben. Natürlich ist das nett gemeint und ich weiß, dass ich mich glücklich schätzen kann, nicht jedes Mal wie ein sterbender Schwan auszusehen, wenn ich eine Erkältung habe. Trotzdem hätte ich lieber ein bisschen Mitgefühl anstatt Kommentare, die implizieren, dass ich eigentlich ganz gesund sei. Meine engen Freunde und Familienmitglieder wissen (weil ich es ihnen gesagt habe), dass ich gerne eine Reaktion wie „Oh nein“, oder „Du Arme! Das ist schlimm“, hätte, anstatt eine Variation von „Du *wirkst* aber ganz gesund.“

Kapitel 4
Weiterführende Trainingsstrategien

Leistung langfristig verbessern und generalisieren

Das Erlernen eines neuen Verhaltens – selbst, wenn es auf Signal ausgeführt wird – garantiert noch nicht, dass der Hund oder die Person dieses Verhalten verlässlich unter unterschiedlichen Bedingungen ausführen wird. Nur, weil ein Hund auf Ihr Signal hin Sitz macht, wenn Sie alleine mit ihm zuhause sind, bedeutet das noch nicht, dass er das Verhalten generalisieren und auch bei einem Spaziergang oder in Anwesenheit von Gästen zeigen kann. Trainer verwenden den Begriff „Generalisierung", um den Prozess zu beschreiben, anhand dessen Hunde lernen, in allen möglichen Situationen, an unterschiedlichen Orten und trotz Ablenkungen korrekt auf ein Signal zu reagieren. In anderen Worten, dies bezieht sich auf ein fortgeschrittenes Training mit einem Hund, damit er das von ihm Verlangte überall und unabhängig von den äußeren Umständen ausführt. Die Generalisierung spielt eine wichtige Rolle im Hundetraining. Erst, wenn Menschen das verstehen, hören sie auf, überrascht zu sein und Dinge zu sagen, wie: „Aber zuhause klappt es immer so gut!", wenn ihr Hund sie auf dem Hundeplatz ignoriert. Gleichermaßen verstehen Eltern und Lehrer, die mit dem Konzept der Verhaltensgeneralisierung vertraut sind, warum Kinder, die eigentlich gut in Rechtschreibung sind, unter dem Druck eines Rechtschreibwettbewerbs plötzlich Schwierigkeiten haben. Hundetrainer sprechen oft vom „Meistern" eines Verhaltens, was bedeutet, die Fähigkeit eines Hundes so weit zu verbessern, dass er ein Verhalten immer verlässlich und korrekt auf Signal ausführen kann – unabhängig von den Umständen, der Anwesenheit von Ablenkungen und auch von seinem eigenen Erregungszustand. In diesem Abschnitt besprechen wir mögliche Strategien, um die Leistung langfristig zu verbessern. Oder, anders ausgedrückt: Es geht darum, sowohl Hunden als auch Menschen dabei zu helfen, erlernte Verhaltensweisen zu meistern.

An jeweils einem Aspekt einer neuen Fähigkeit arbeiten

Ein Leitsatz im Hundetraining lautet, während einer Trainingseinheit immer jeweils nur eine Variable zu ändern. Ein klassisches Beispiel ist das Erlernen von „Bleib", was oberflächlich betrachtet sehr leicht erscheint, weil es einfach bedeutet, dass der Hund am selben Platz und in derselben Stellung verharren soll, bis ihm gesagt wird, dass er sich wieder bewegen darf. Sobald ein Hund jedoch die Grundlagen dieser Fähigkeit erlernt hat, konzentrieren sich die meisten Trainer im Zuge der Generalisierung auf einen von drei Aspekten, die auch „Die drei Ds" heißen: Distanz, Dauer und Distraktion (Ablenkung).

Wenn wir die Regel befolgen wollen, nach der wir nur jeweils an einem Teil einer Fähigkeit gleichzeitig feilen, dann bedeutet dies, dass wir die Anforderungen in einem Bereich erhöhen, während wir sie in anderen Bereichen verringern. Wenn wir also mit einem Hund am einem Bleib unter Ablenkung arbeiten, sollten wir dabei in der Nähe des Hundes bleiben und nur ein kurzes Bleib verlangen. Wenn wir die Zeitspanne verlängern möchten, während der der Hund sein Bleib hält, dann sollten wir in seiner Nähe bleiben und ohne Ablenkungen arbeiten. Bringen wir dem Hund bei, das Bleib auch dann zu halten, wenn wir weiter entfernt sind, dann sollte das Bleib kurz ausfallen und wenig Ablenkung enthalten. Der Grad der Ablenkung, die Dauer des Bleibs sowie unsere Entfernung vom Hund sind jeweils hoch oder niedrig, abhängig davon, wie weit die Fähigkeit des Hundes fortgeschritten ist, Bleib zu machen. Je besser der Hund in jedem der Aspekte wird, desto mehr verbessert sich auch die Gesamtfähigkeit. Es wäre aber sehr schwierig, vom Hund ein längeres Bleib zu verlangen, während seine Bezugsperson weiter weg als gewöhnlich ist und während im Vergleich zu sonstigen Trainingseinheiten sehr viel um ihn herum los ist. Es ist kontraproduktiv, so viel von einem Hund zu verlangen, dass er mit großer Wahrscheinlichkeit scheitern wird.

Das Konzept, immer nur an einem Aspekt einer Fähigkeit zu arbeiten, ist wichtig, um Frustrationen zu vermeiden und um Fortschritte zu erzielen. Als ich, wie in einem vorhergehenden Abschnitt beschrieben, das Essverhalten meines Sohnes formte, achtete ich darauf, jeweils nur an einem Aspekt gleichzeitig zu arbeiten. Als es darum ging, dass er am Tisch sitzen sollte, war ich lascher in Bezug darauf, wie viel und wie schnell er aß. Als es darum ging, dass er so viel wie möglich essen sollte, war ich nachsichtiger in Bezug auf seinen Standort während des Essens.

Ich wandte dasselbe Prinzip an, als ich meinen Kindern beibrachte, Dankschreiben zu verfassen. Bei jedem Schreiben konzentrierte ich mich entweder auf den Inhalt, auf die Schönschrift oder auf Rechtschreibung und Grammatik. Auch wenn ich Universitätsstudenten bei dem Schreiben von Projektarbeiten helfe, bitte ich sie, sich immer nur auf einen Aspekt der Arbeit zu konzentrieren. Wenn sie mir also eine Erstfassung bringen, bei der das Ziel war, an Inhalt und Ideen zu arbeiten, dann kommentiere ich diesen Aspekt und lasse Aufbau, Rechtschreibung und Grammatik erstmal beiseite. Für erfahrene Textschreiber ist es möglich, Arbeiten zu verfassen, die sich in jedem Aspekt der Umsetzung auf einem hohen Niveau befinden. Wenn Menschen aber etwas Neues erst lernen, ist es für einen schnellen Fortschritt und eine verbesserte Leistung am besten, sich auf jeweils nur eine Fähigkeit zu konzentrieren.

Wann immer Sie möchten, dass jemand eine Aufgabe erfolgreich durchführt, sollten Sie überlegen, auf welchen Teil Sie sich während jeder Lerneinheit konzentrieren möchten. Das könnte etwas ganz Einfaches sein, wie zum Beispiel, einen Handstand möglichst lange zu halten, versus die Füße in dieser Pose möglichst durchzustrecken. Oder Sie entscheiden sich, die nahezu unleserliche Handschrift Ihrer Frau zu ignorieren, weil sie zumindest (Gott sei Dank!)

in das Scheckheftverzeichnis schreibt und nicht auf einen Schmierzettel. Mini-Schritte. Sie haben schlussendlich wahrscheinlich mehr und schneller Erfolg, wenn Sie Ihre Anforderungen an andere Aspekte der Fähigkeit senken, während Sie an dem Aspekt arbeiten, auf den Sie sich gerade konzentrieren möchten.

Kalkulieren Sie immer Ablenkungen und neue Umstände mit ein

Es ist übliche Praxis, neue Fähigkeiten erst einmal am einfachsten Ort mit einem absoluten Minimum an Ablenkungen zu üben. Ablenkungen sind der Feind des Lernens. Hunde können nicht gut lernen, wenn Kinder, Hühner und der Duft von Hähnchenbraten um sie herum sind. Das bedeutet nicht, dass ich im Training nicht auch mit Ablenkungen arbeite. (Tatsächlich geht es in mehr als der Hälfte aller Trainingseinheiten um Ablenkungen.) Es bedeutet einfach, dass man nicht von einer niedrigschwelligen Ablenkung – wie zum Beispiel einer Person, die still in der Küche sitzt, während man am Sitz arbeitet – direkt zu einer hochgradigen Ablenkung übergeht – wie zum Beispiel zehn spielenden Hunden im Garten, während ein Paar Eichhörnchen in den Ästen des nächsten Baums herumspringt. Es ist unrealistisch, von einem Hund gute Leistung in solch einem Chaos zu erwarten, wenn er nicht darauf vorbereitet wurde – und ich finde, dass Menschen denselben Respekt verdient haben. Es ist wirklich schwierig, in einer Umgebung voller Ablenkungen Leistung zu erbringen, weshalb eine gute Vorbereitung anhand einer Reihe von allmählichen, überschaubaren Schritten notwendig ist.

Es ist ein sehr komplexer Prozess, einem Hund beizubringen, seine Fähigkeiten in unterschiedlichen Situationen mit Ablenkungen darzubieten. Erfolgreiche Generalisierung bedeutet, jeden der notwendigen Schritte zu identifizieren, um dieses Endziel zu erreichen und diese Schritte dann abzuarbeiten. Als Hundetrainerin erkläre ich es gerne so: Wenn Sie Ihrem Hund „Komm" beibringen, während Sie in Ihrer Küche stehen und ein Steak in der Hand halten, ist das Schritt 1. Wenn Sie Ihren Hund zu sich rufen, während er fünfzig Meter entfernt ist und gerade ein Reh zusammen mit seinem besten Hundekumpel hetzt, dann ist das Schritt 100. Es ist nicht realistisch, von ihm zu erwarten, dass er in dieser zugespitzten Situation gehorchen solle, wenn er bisher nur an Schritt 1 gearbeitet hat und das Verhalten nicht von Schritt 2 bis Schritt 99 „generalisiert" wurde, wie wir sagen.

Menschen erwarten sehr häufig von einem Hund, dass er kommen oder am Platz bleiben werde, weil sie denken: „Er kann das schon." Aus Trainersicht ist die entscheidende Frage aber nicht, ob der Hund weiß, was das Signal bedeutet, sondern, ob dieses Signal auch ordentlich trainiert und für die jeweilige Situation generalisiert wurde. Das heißt, ein Hund, der in der Hundeschule oder in Ihrem Garten brav Bleib macht, ist nicht stur oder unfolgsam, wenn er dieses Verhalten am Eingang zum Hundeplatz nicht korrekt zeigt – weil dort dreißig Hunde sichtbar (und riechbar!) sind, die alle ohne Leine herumlaufen und spielen. Für die meisten Hunde ist das eine viel zu große Ablenkung. Eigentlich ist es für jeden sozialen Hund eine zu große Ablenkung, wenn dieser Hund nicht gelernt hat, das Bleib in dieser konkreten Situation auszuführen.

Ich glaube, die meisten Leute können verstehen, warum Ablenkungen eine Herausforderung für gutes Benehmen und die korrekte Reaktion auf Signale sind. Allerdings ist es meiner Meinung nach weniger intuitiv, dass manche Ablenkungen im Gegensatz zu den offensichtlichen Sachen – sagen wir, Eichhörnchen oder Besucher an der Tür – sehr viel niederschwelliger sein können. Schon ein Ortswechsel kann Hunde aus dem Konzept bringen. Vielleicht müssen sie sich mit der Neuheit des Ortes auseinandersetzen oder sie riechen Dinge, die sie völlig irritieren. Vielen Menschen ist nicht klar, dass schon der Wechsel von drinnen nach draußen für viele Hunde eine Ablenkung darstellt. Im Vergleich zum Innenbereich sind viele Hunde selbst in einem eingezäunten, ruhigen Garten extrem abgelenkt. Gleichermaßen genügen oft scheinbar kleine Standortänderungen oder Änderungen an den Details einer Situation, um auf Menschen so ablenkend zu wirken, dass sie es nicht mehr schaffen, ihre normale Leistung zu erbringen. Schon eine kleine Veränderung des Umfelds kann Leistung negativ beeinflussen, weil es sich dabei im Grunde um eine Form von Ablenkung handelt.

Als mein Mann zum Beispiel zum ersten Mal einen Pfannkuchenteig mit dem neuen ©Vitamix-Mixer machen wollte, den seine Eltern uns zu Weihnachten geschenkt hatten, vermasselte er das Rezept, weil er das Backpulver vergessen hatte. Er hatte dieses Rezept jahrelang fast jede Woche gekocht – man würde also denken, dass er es komplett beherrscht hätte. Aber die Sache ist die: Er beherrschte das Rezept nur in genau dem Zusammenhang, in dem er es immer gemacht hatte – mit verschiedenen Rührschüsseln. Der einzige Unterschied an jenem Tag bestand darin, dass er die Zutaten in den ©Vitamix leerte, anstatt mit zwei Rührschüsseln (für nasse und trockene Zutaten) zu arbeiten. Er erzählte mir, dass er sich schon ein bisschen komisch und konfus gefühlt hatte, bevor er merkte, dass er eine Zutat vergessen hatte. Er hätte seinen eigenen Fehler vielleicht gar nicht bemerkt, wenn der erste Stapel Pfannkuchen (hier kommt ein neuer Spruch, dem ich keine große Zukunft voraussage) nicht „so platt wie ein Pfannkuchen ohne Backpulver" geworden wäre.

Eine ähnliche Geschichte, in der ein neuer Umstand einen Verhaltensfehler hervorbrachte, passierte, als meine Mutter von einer neuen Situation so aus dem Konzept gebracht wurde, dass sie ihren eigenen Namen falsch buchstabierte! Sie heiratete meinen Vater in dem Juni, in dem sie ihren Universitätsabschluss machte und änderte ihren Namen daraufhin von Friedman zu London. Den ganzen Sommer lang schrieb sie ihren neuen Namen überall auf, ohne viel darüber nachzudenken – auf Formulare, beim Unterschreiben von Schecks, bei ihrer Adressangabe. Dann kam der Herbst und ein neues Schuljahr begann. Als sie sich ihrer vierten Klasse vorstellte, schrieb sie Mrs. Friedman anstatt Mrs. London auf die Tafel. Es war ihr erstes Unterrichtsjahr, weshalb das nichts mit Gewohnheit zu tun hatte. Der Grund war einfach der, dass das Schreiben auf einer Tafel ein völlig neuer Kontext war. (Übrigens hat meine Mutter mir erzählt, dass es für die Glaubwürdigkeit in den Augen von Grundschülern gut wäre, wenn man den eigenen Namen am ersten Schultag richtig hinbekommt.) Das Schreiben auf einer Tafel hat schon bei vielen von uns Lehrkräften dazu geführt, dass wir Wörter falsch geschrieben haben, die uns vorher nie Probleme bereitet hatten. Vor einer Schulklasse zu stehen und in großen Buchstaben zu schreiben, ist ein neuer Umstand und kann als solcher zu einem Leistungsabfall bei Verhaltensweise führen, die eigentlich gut etabliert zu sein schienen (oder, in der Hundetrainer-Sprache: „vollständig generalisierte Verhaltensweisen").

Wir bitten oft Menschen, Aufgaben auszuführen, die sie eigentlich „können" und sind dann überrascht, wenn sie an der Aufgabe scheitern – aber der Grund dafür sind situationsbedingte Ablenkungen. Genau wie bei Hunden sind manche Ablenkungen offensichtlich, andere weniger. Stellen Sie sich vor, der Fernseher würde während der letzten zwei Minuten der Fußballweltmeisterschaft laufen, es wäre ein spannendes Spiel und die fragliche Person wäre wirklich interessiert, weil sie ihr Leben lang begeisterter Fan von einer der Mannschaften war (im Gegensatz zu einem Interesse an Hähnchenkeulen, Spinat-Dip und guter Werbung). Die Situation würde die Person offensichtlich zu sehr ablenken, um verlässlich so zu reagieren, wie sie es sonst tun würde. Wenn Sie also jemanden in dieser Situation um die einfachsten Dinge bitten („Reich' mir bitte die Guacamole-Sauce“, oder „Wer von deinen Eltern war noch mal FC Bayern München Fan?“), erhalten Sie möglicherweise keine Reaktion, oder wenn, dann vielleicht erst nach einer langen Pause. Für einen echten Fan ist eine Fußballmeisterschaft etwas Aufregendes, und Aufregung lenkt ab. Kinder stehen oft vor der Herausforderung, dass von ihnen erwartet wird, trotz aufregender (ablenkender!) Umstände ihre gewöhnliche Leistung zu erbringen.

Für mich zeugt es von Wohlwollen, wenn wir daran denken, dass aufregende und ablenkende Umstände für uns alle eine Herausforderung sind, aber ganz besonders für Kinder. Ich würde gerne erleben, dass der Leitspruch „Dieses Kind benimmt sich daneben und muss bestraft werden“, zu „Dieses Kind tut sich schwer in dieser konkreten Situation und braucht Unterstützung“ abgeändert wird. Auf diese Weise könnten wir leichter erkennen, warum ein Kind während seines ersten Disneyland-Besuchs vielleicht nicht so ruhig, geduldig und höflich ist wie sonst. Gleichermaßen könnten wir es vermeiden, uns über Kinder zu ärgern, die sich an ihrer eigenen Geburtstagsparty vielleicht nicht von ihrer besten Seite zeigen, weil sie über ihre Geschenke so aufgeregt sind. Schon schwächere Ablenkungen – wie die Freude darüber, sich ein Eis kaufen gehen zu dürfen oder darüber, Freunde zu Besuch zu haben – können ausreichen, um Kinder weniger ansprechbar und brav werden zu lassen. Wenn wir das erwarten und auch verstehen, warum es so ist, können wir unsere Kinder in diesen schwierigen Situationen besser unterstützen. Nämlich, indem wir ihnen Geduld entgegenbringen und unsere eigenen Erwartungen anpassen, während wir auf ein höheres Leistungsniveau hinarbeiten.

Wie bereits erwähnt, ist es manchmal leicht, eine Ablenkung zu erkennen, und manchmal nicht. Es hängt ganz davon ab, ob wir darauf achten. Denn während es für uns offensichtlich ist, dass ein anderer Hund für unseren Hund eine Ablenkung darstellt, haben wir die Gerüche von Gras vielleicht nicht gleichermaßen auf dem

Bildschirm. Und es ist erstaunlich, was bei Kindern alles eine massive Ablenkung darstellen kann. Ich leitete einmal ein Fußballtraining für Fünfjährige, als ein Hubschrauber über den Platz flog. Der Zweck der Übung war, sich immer und überall auf den Ball zu konzentrieren, aber plötzlich ignorierten alle Kinder auf dem Fußballplatz den Ball, das Tor und ihre Teamkollegen. Sie blieben einfach stehen und blickten so lange hinauf, bis der Hubschrauber außer Sichtweite war. Der Trainer der Gegenmannschaft war frustriert und versuchte, die Gedanken seines Teams wieder auf das Spiel zu lenken – was insofern verständlich war, als der ausdrückliche Zweck der Übung darin bestand, sich auf den Ball zu konzentrieren. Ich machte mir dahingehend gar keine Mühe. Die Situation war zu ablenkend für die Kinder und ich spürte, dass die Schlacht verloren war. Anstatt gegen die Situation anzukämpfen, wartete ich ein paar Minuten lang, bis die Hubschrauber außer Sichtweite waren. Nun waren die Umstände wieder günstig, damit die Kinder sich erfolgreich auf den Ball konzentrieren konnten. Wenn wir eine Fußballmannschaft von kleinen Kindern trainieren, bedeutet das im Grunde, mit Ablenkungen fertig zu werden. Glücklicherweise war ich als Hundetrainerin darauf vorbereitet. Eine der Lektionen, die ich aus meinem Hauptberuf mitbrachte, war dieses Wissen: Wenn Ablenkungen einen gewissen Grad erreichen, kann man vernünftigerweise *nichts mehr* von den abgelenkten Individuen erwarten.

Ablenkungen bewegen sich auf einem Spektrum von mild über mittel bis hin zu hoch und Notfall-Krise. Letzteres ist besonders bei ängstlichen Hunden ein Thema, die in Situationen geraten, in denen sie panisch oder extrem wachsam werden. Ihr Kopf ist woanders, egal, ob die Situation nach außen hin ebenso ernst wirkt. Um es auf menschliche Begriffe zu bringen: Stellen Sie sich vor, Sie würden in Ihrem Ort umherfahren, als ein Auto plötzlich ein Stoppschild ignoriert. Sie reißen das Steuer herum und Ihr Auto kommt ins Schlingern. Wie durch ein Wunder schaffen Sie es, einen Zusammenstoß zu vermeiden, aber es war nah dran und Sie waren überzeugt, dass ein Unfall unvermeidbar sei. Das Auto, welches das Stoppschild überfahren hatte, ist gerade dreißig Zentimeter von Ihrem Auto entfernt und Sie hätten fast ein geparktes Auto erwischt, als Sie seitwärts schlitterten. Haben Sie vergessen, worüber Sie mit Ihrem Mann kurz vor dem Fast-Unfall gesprochen hatten? Während dieser Notsituation hörten Sie wahrscheinlich nichts mehr, was irgendjemand sagte, und auch nicht, welches Lied im Radio lief. Sie blendeten alles aus, damit Ihre Sinne und Ihr Gehirn sich auf die vorliegende Situation konzentrieren konnten. Und das ist eine gute Sache. Während derartigen Augenblicken könnte niemand von Ihnen erwarten, dass Sie eine Frage beantworten – selbst, wenn es eine ganz einfache Frage wäre, wie: „Wieviel ist zwei plus zwei?“ oder „Was ist dein Lieblingslokal?“ Das Gleiche gilt für einen Hund, der sich in einer Situation mit einem derartig hohen Ablenkungsgrad befindet, dass er ängstlich, panisch oder anderweitig kopflos erregt ist. Sie können nicht von ihm erwarten, dass er sie hört, geschweige denn, dass er auf ein Signal reagiert, selbst wenn es etwas so Einfaches wie „Sitz“ ist.

Ein wunderbares Beispiel dafür, wie extreme Ablenkungen oder neue Umstände die Fähigkeit einer Person beeinträchtigen können, sich zu konzentrieren und eine neue Aufgabe zu erfüllen, ist die Apollo 13 Raumfahrtmission. In dem auf einer wahren Geschichte basierenden Film spielt Tom Hanks den Astronauten Jim Lovell, der versucht, mathematische Aufgaben zu lösen, während eine tödliche Bedrohung über ihm hängt. Die Szene stammt direkt aus Lovells Buch *Apollo 13*. Um die Flugbahn anzupassen, waren ein paar einfache Berechnungen nötig. Aber Jim Lovell stand unter extremem Stress, da er wusste, dass ein Fehler für ihn und den Rest der Besatzung tödlich enden könnte. Obwohl Lovell eigentlich eine klassische „coole Socke“ war, der als Pilot bereits einige Krisen erfolgreich bewältigt hatte, merkte er, dass er in dieser unglaublichen Stress-

Situation – die ultimative Ablenkung – zunehmend Schwierigkeiten hatte, die Berechnungen zu anzustellen. Er hatte kein Vertrauen in deren Genauigkeit, was untypisch für ihn war. Er bat darum, dass Menschen in der Kommandozentrale in Houston die Berechnungen noch einmal nachprüfen sollten, wobei sich herausstellte, dass sie korrekt waren. (Interessantes Detail: Seine hingekritzelten Notizen zu diesen Berechnungen wurden vor ein paar Jahren bei einer Auktion für fast 400.000 US-Dollar versteigert). Es kommt selten vor, dass eine relativ einfache Aufgabe so viel Gewicht hat. Kein Wunder, dass Lovell nicht sicher war, ob seine mathematischen Fähigkeiten auf ihrem üblichen Niveau waren – seine Fähigkeit, solche Berechnungen unter extremem Zeitdruck und mit dem Tod als mögliche Strafe für Fehler anzustellen, war nicht generalisiert worden. Wenn *das* mal keine Ablenkung auf hohem Niveau war!

Übung macht den Meister

Viele meiner Lieblingsklienten sind Tänzer, Sportler und Musiker, weil diese Berufsgruppen verstehen, dass Übung ganz wesentlich ist, um eine Aufgabe zu meistern. Mein Mann kommt aus einer Familie mit vielen Berufsmusikern, und sie alle üben ständig.

Sein Großonkel Fred war ein Trompetenspieler und mein Mann erinnert sich daran, dass er ständig übte. Konkret war die Tonleiter täglicher Übungsgegenstand. Man würde nun vielleicht denken, dass ein professioneller Jazz-Musiker es nicht nötig hätte, die Tonleiter zu üben, aber das stimmt nicht. Onkel Fred wusste, was alle versierten Musiker wissen: Übung ist notwendig, niemand entwächst ihr jemals, und dazu gehören auch die Grundlagen. Das wissen viele Profis, die in unterschiedlichen Bereichen höchst erfolgreich sind. Sie haben diese Lektion in ihrer jeweiligen Sparte gelernt, so wie ich sie in meiner. Nicht alle Bereiche eignen sich so offensichtlich, um die Bedeutung von Übung zu verstehen, aber Hundetraining – ebenso wie Sport, Tanz und Musik – gehört sicherlich dazu.

Hundetraining ist eine Fähigkeit, die man üben muss und der etwas Körperliches innewohnt (wie ein Sport). Die Bewegungen des eigenen Körpers und auch der Einsatz der Stimme sind dabei nicht unbedingt natürlich, aber jeder muss lernen, diese Werkzeuge in Reaktion auf das Verhalten des Hundes wirksam einzusetzen. Wie bei allen Körperbewegungen und Stimmlauten ist Übung nötig, um zu lernen, um sich zu verbessern und um Perfektion zu erlangen. Außerdem müssen ständig Entscheidungen in Echtzeit darüber gefällt werden, wie man auf einen Hund reagiert und was man als nächstes macht. Man kann einen Hund nicht wie ein Video pausieren, während man überlegt, ob nun eine Verstärkung angebracht wäre oder nicht. Es braucht Übung, um die korrekten Entscheidungen in dem Sekundenbruchteil zu treffen, den man dazu hat.

Unsere Gesellschaft erkennt nicht immer an, wie wichtig Übung ist, weil wir so einen hohen Wert auf die Fähigkeit legen, sich Dinge sofort anzueignen, Dinge sofort zu verstehen oder bei etwas „gleich in seinem Element zu sein“. Obwohl Naturtalent eine großartige Sache ist, schaffen es selbst die talentiertesten Leute nicht auf ein hohes Erfolgsniveau, ohne sehr hart dafür gearbeitet zu haben. Egal, ob es sich um einen erstklassigen Cellospieler, den besten Basketballspieler der NBA oder um einen Stand-up-Comedian handelt, sie alle haben nur durch sehr viel Übung erreicht, was sie erreicht haben.

Fähige Hundetrainer unterscheiden sich in dieser Hinsicht nicht, obwohl der Beruf vielleicht weniger glamourös ist. Aber die Bedeutung von konsequenter, regelmäßiger Arbeit ist im Hundetraining ebenso wesentlich. Das trifft sowohl auf den Menschen als auch auf den Hund zu, selbst wenn einer der beiden bereits sehr viel Erfahrung hat. Menschen verbessern sich als Trainer, wenn sie ihr Timing, ihre Signale und ihre Entscheidungen über so ziemlich alles – von der Verstärkung bis hin zum Aufbau einer Trainingseinheit – üben. Hunde wiederum müssen die jeweiligen Fähigkeiten und Tricks üben, an denen sie gerade arbeiten. Beide können sich nur verbessern, wenn sie eine erhebliche Menge an Zeit in Übung investieren.

Im Zuge meiner Arbeit als Trainerin – egal, ob im Rahmen von Gruppenkursen oder bei Einzelklienten – ist es für den Fortschritt ganz wesentlich, dass die Leute zwischen den Trainingsstunden üben. Es ist nicht sehr effektiv, wenn Leute versuchen, diesen Teil des Prozesses komplett auszulassen oder wenn sie vor jeder Kurseinheit „für die Prüfung büffeln" – das heißt, eine lange und gehetzte Übungseinheit kurz vor dem Kurs einschieben. (Versuchen Sie nur, der Lehrerin in Ihrem Hundetrainingskurs zu erzählen, dass Sie geübt hätten, obwohl Sie es nicht getan haben. Sie wird Ihnen mit derselben Wahrscheinlichkeit glauben wie der Zahnarzt, dem Sie erzählen wollen, dass Sie täglich Zahnseide benutzen würden, obwohl Sie diese eigentlich maximal einmal im Monat verwenden, und das auch nur, wenn Sie Mais gegessen haben.)

Ich habe diese Lektion für alle Lebensbereiche verinnerlicht. Ich kann mir nicht vorstellen, dass ich im Leben ohne Übung sehr viel erreicht hätte. In den letzten Jahren habe ich folgende Dinge geübt: während des Laufens zu essen und zu trinken, damit ich meinen ersten Marathon rennen kann, ohne mich zu verschlucken oder anzukleckern; eine meiner College-Vorlesungen mit ein paar Geschichten anzufangen, für die ein guter Vortrag nötig ist, damit sie funktionieren und die Trauerrede für meine Mutter so vorzubereiten, dass ich meine Liebe und Bewunderung für sie ausdrücken konnte, ohne während der gesamten Zeit zu heulen.

Auch Doktoranden müssen sich oft unter hohem Druck präzise ausdrücken, wie zum Beispiel, wenn sie ihre Dissertation verteidigen müssen oder während mündlicher Prüfungen. Ich bin sehr dafür, dies zu üben, indem man sich selbst die Antworten auf die häufigsten und vorhersehbarsten Fragen gibt – und zwar laut. Darunter: Was ist die wichtigste Schlussfolgerung Ihrer These? Was ist der statistische Unterschied zwischen einem Typ I und einem Typ II Fehler? Was würden Sie an dieser Studie ändern, wenn Sie sie nochmals machen müssten? Welche Fragen möchten Sie in zukünftigen Forschungsprojekten verfolgen? Studenten können es sich selbst in diesen stressigen Situationen leichter machen, wenn Sie durchdachte Antworten parat haben und diese auch klar artikulieren können. Es gibt keinen Grund, bei jeder Frage zu improvisieren (obwohl wir alle das bei manchen Fragen notgedrungen müssen), wenn es auch die Option gibt, die Antworten auf wahrscheinliche Fragen zu üben.

Als meine Kinder noch klein waren, ließ ich sie sehr viele Dinge üben, die die meisten Kinder nicht üben müssen. Ich ließ sie üben, die Tür zu öffnen und ein einfaches „Hallo“ oder „Willkommen“ zu sagen, wenn Besuch angesagt war. Ich ließ sie üben, ihre Sicherheitsgurte anzulegen, bevor wir in einem anderen Auto mitfuhren. Wir verbrachten viel Zeit damit, das Anziehen von Schneehosen zu üben, damit sie an schneereichen Tagen im Kindergarten unabhängig sein und in der Pause so bald wie möglich ins Freie gehen konnten. Vor einem Restaurantbesuch übten sie, die Servietten auf ihren Schoß zu legen. Es gehörte zur Vorbereitung für ihre eigenen Geburtstagspartys, zu üben, wie man sich für Geschenke bedankt – selbst für solche, die man schon hat oder die einem nicht besonders gefallen. Wir spielten das, indem sie langweilige Sachen wie Socken oder Löffel auspacken mussten – oder Bücher und Spiele, die sie bereits besaßen – und dann angemessen darauf reagieren sollten. Obwohl meine Kinder generell höflich sind und „danke“ sagen, benötigten sie zusätzliche Übung, um dieses Verhalten in der schwierigen und aufregenden Situation ihrer eigenen Party – inklusive Kuchenessen und dem Erhalt vieler Geschenke gleichzeitig – zu „generalisieren".

Da meine Eltern in einem anderen Bundesstaat leben, sehen wir sie normalerweise nur alle drei bis vier Monate. Als Kleinkinder brauchten meine Söhne jedes Mal ein gewisse Zeit, um wieder mit ihnen vertraut zu werden. Wenn ich sie dieser Situation unvorbereitet ausgesetzt hätte, hätten sie gezögert, sie an der Tür zu umarmen oder überhaupt „Hallo" zu sagen. Um die Gefühle meine Eltern zu schützen, ließ ich meine Kinder die Begrüßung üben. Sie sollten genau wissen, was zu tun war.

Ich ließ sie das Verhalten sehr konkret üben. Der erste Schritt bestand darin, ihnen beizubringen, beim Läuten der Klingel zur Tür zu gehen, sodass sie schon in der Nähe wären, wenn ich die Tür öffnete. Denn selbst, wenn sie eigentlich nervös oder verunsichert waren, würde die Nähe zur Tür auf Oma und Opa so wirken, als ob sie über ein Wiedersehen freudig erregt wären – was ja innerhalb von wenigen Minuten auch wirklich immer so war. Wenn ich den Kindern nicht beigebracht und sie dazu ermutigt hätte, in der Nähe der Tür zu stehen, wäre mein jüngerer Sohn sicher vor der Begrüßung ins obere Stockwerk geflüchtet. Das hätte dann so ausgesehen, als ob er sie nicht sehen wolle – obwohl er immer innerhalb von Minuten auftaute und dann ehrlich froh über ihre Anwesenheit war. (Nachdem ich Jahre damit verbracht hatte, Hunden beizubringen, weg von der Tür zu gehen – auf ihr Bett, in ihre Hundebox, oder um ein Spielzeug zu holen – fühlte es sich sehr komisch an, jemandem beizubrigen, in Reaktion auf die Türklingel zur Tür hin zu laufen.)

Sobald sie sich damit wohlfühlten, brachte ich ihnen auch bei, Verwandte zu umarmen, wenn diese auf Besuch kamen. Bei meinem älteren Sohn passierte das manchmal sofort, aber meistens innerhalb der ersten paar Minuten, während mein jüngerer Sohn gerne einige Minuten oder sogar ein bisschen länger wartete – was für mich in Ordnung war. Ich finde, dass Hunde sich nicht hochheben oder umarmen lassen müssen, wenn sie sich nicht damit wohlfühlen, und ebenso finde ich, dass Kinder nicht jede Liebkosung zulassen müssen.

Glücklicherweise verstanden meine Eltern, dass es für kleine Kinder natürlich ist, ein bisschen schüchtern gegenüber Menschen zu sein, die sie nicht kennen oder länger nicht gesehen haben. Sie waren nicht beleidigt, dass meine Kinder bei ihren Besuchen anfangs immer zurückhaltend waren. Und weil sie den Kindern erlaubten, auf sie zuzugehen, als sie dazu bereit waren, entspannten sich beide Kinder in ihrer Gegenwart sehr viel schneller, als das der Fall gewesen wäre, wenn sie Druck ausgeübt hätten. Ich glaube, dass die Geduld und das Verständnis meiner Eltern ihre Beziehung zu den Kindern positiv beeinflusst hat und das erklärt teilweise (in Kombination mit dem Älterwerden der Kinder), warum nicht viele Besuche nötig waren, bis die Kinder ihre Großeltern auf Anhieb freudig begrüßten.

Auch hier gibt es eine Parallele zu Hunden, die mir vertraut ist. Ist Ihnen schon einmal aufgefallen, dass die eine Person, die Hunde nicht so wahnsinnig gerne mag, oft diejenige ist, die der Hund zu seinem Liebling auserkoren hat? Das ist nicht der Beweis für eine völlig verrückte Welt oder eine Ironie des Schicksals. Es ist die logische Folge von natürlichem Menschenverhalten und die hündische Reaktion auf dieses Verhalten. Menschen, die Hunde lieben, beugen sich oft zu ihnen hinunter und versuchen, sie hochzuheben oder sie starren sie an. Alle diese Handlungen können auf Hunde ziemlich einschüchternd wirken, besonders auf scheue oder ängstliche Hunde. Wenn eine Person den Hund aus reinem Desinteresse heraus ignoriert, erwärmt sich der Hund deshalb oft am leichtesten für gerade diese Person – weil er sich in ihrer Nähe wohlfühlen kann. Obwohl ein sehr versierter Hundemensch sich auch absichtlich so verhalten könnte, tendieren eher diejenigen Menschen dazu, den Hund zu ignorieren, die Hunde nicht mögen – oder die zumindest einfach nicht viel mit Hunden anfangen können.

Ich habe vorher erwähnt, dass ich noch ein eingefangenes menschliches Verhalten in dem Abschnitt über das Üben besprechen werde und hiermit halte ich mein Wort. Ich fing das betreffende Verhalten bei meinen Kindern ein und übte es dann mit ihnen, um sicherzugehen, dass das Verhalten komplett verlässlich würde. Vor vielen Jahren, als meine Kinder klein waren, sagte ich immer zu ihnen: „Und wer ist hier ganz besonders süß?", um selbst darauf zu antworten: „Du bist der Süßeste von allen!" Das war einfach ein albernes, spielerisches Gebrabbel, mit dem ich meine Tage füllte, als ich den ganzen Tag mit den Kindern allein zuhause war. (Es war schön und wundervoll und herrlich, meine Tage mit den Kindern verbringen zu können. Wir hatten wunderbare, zärtliche Augenblicke und ich bin so froh, dass ich mit ihnen zuhause sein konnte, aber ich will nicht lügen – manchmal war es auch richtig öde.) Eines Tages, als ich sagte: „Wer ist hier besonders süß?" antwortete mein jüngerer Sohn: „Oma!" – vielleicht, weil meine Eltern ein paar Tage später zu Besuch angesagt waren und wir das Begrüßungsverhalten geübt hatten. Erinnern Sie sich, wie ich im vorhergehenden Kapitel darüber gesprochen habe, dass man Verhalten einfangen sollte, wenn es einem gefällt? Nun, das passte in diese Kategorie. Ich wollte, dass meine Kinder auf dieselbe Weise antworten würden, wenn meine Mutter da war, weil ich wusste, dass sie das charmant finden würde. Also verstärkte ich das Verhalten, indem ich sagte: „Ja, das stimmt!" Dabei lachte ich, warf meinen Sohn in die Luft, fing ihn wieder auf und nannte ihn schlau. Ich übte das so lange (und verstärkte es auf unterschiedliche Arten), bis meine Eltern ankamen. Bis dahin waren meine Söhne so weit, dass sie auf die Frage: „Und wer ist hier besonders süß?", immer mit einem begeisterten „Oma!" antworteten. Welche Oma würde sich darüber nicht freuen? Meine Mutter hatte solch eine Freude daran, dass es die Anstrengung des Einfangens und Verstärkens total wert war.

Das Konzept des Übens hat einen wichtigen Stellenwert innerhalb unserer Familie, egal, wer gerade an einer neuen Fähigkeit arbeitet. Ob es sich nun darum handelt, Wörter zu buchstabieren, Hauptstädte auswendig zu lernen, den Beginn einer Uni-Vorlesung vorzubereiten, auf den Händen zu gehen, ein neues Musikstück einzustudieren, skizufahren oder zu snowboarden, die eigenen Spanischkenntnisse aufzupolieren oder ein Waveboard zu reiten – Übung bestimmt einen großen Teil unseres täglichen Lebens. Wie bereits erwähnt, arbeite ich momentan an meiner Fähigkeit, auf den Händen zu gehen und ich übe täglich (bis jetzt habe ich noch keine Knochenbrüche zu verzeichnen, aber mein Ego ist nicht gänzlich unversehrt geblieben).

Obwohl Übung für die meisten Beschäftigungen (einschließlich Hundetraining) ein ganz wesentlicher Bestandteil ist, wäre es ein Fehler, zu denken, dass deshalb endlos lange Trainingseinheiten am besten seien. Sie sind es nicht.

Viele kurze Trainingseinheiten sind besser als eine lange Einheit

Kurze Einheiten ermöglichen ein effektiveres Lernen als lange Einheiten. Hundetrainer predigen das ständig! Und wenn wir von kurzen Einheiten sprechen, dann meinen wir kürzer, als die meisten Leute sich vorstellen. Die besten Trainingspläne für Hunde bestehen oft aus zehn täglichen Einheiten, die aber jeweils nur 30 bis 90 Sekunden lang sind. Diese Botschaft lässt sich vielen Neulingen im Bereich des Hundetrainings nur schwer übermitteln, da diese meistens gerne zwanzig bis dreißig Minuten lang am Stück arbeiten würden und sich eine Einheit, die kürzer als fünf Minuten ist, fast nicht vorstellen können. Wenn Sie zum Beispiel mit einem Hund daran arbeiten, „High-Five" zu machen, könnten Sie ihm das Signal geben, ihn den Trick machen lassen und ihm eine Belohnung geben – und zwar siebenmal in einem 30-Sekunden-Fenster. Das sind viele Wiederholungen und viele Erfolgserlebnisse für Ihren Hund und mehr als das innerhalb einer Einheit würde wahrscheinlich zu keiner großen Verbesserung führen. Wenn Sie Ihren Hund aber eine Stunde später wieder sieben High-Fives machen lassen, kriegen Sie sprichwörtlich sehr viel mehr für Ihr Geld, als wenn Sie vierzehn Wiederholungen auf einmal gemacht hätten.

Kurze Einheiten zahlen sich auch für Menschen aus, die etwas lernen. In manchen Fällen ist das allgemein bekannt. Die meisten Leute wissen, dass es besser ist, eine Fremdsprache oft und in kleinen Zeiteinheiten zu lernen als gelegentlich, aber lang. Deshalb finden College-Sprachkurse meistens täglich statt, sind aber dabei nur fünfzig Minuten lang, während viele wissenschaftliche und geisteswissenschaftliche Kurse nur zwei- bis dreimal pro Woche stattfinden, dabei aber 75 bis 100 Minuten lang dauern.

Alles, was das Gehirn anstrengt, profitiert von kurzen Einheiten. Für mich bedeutet das: alles, was mit Computertechnik zu tun hat. Was mein Telefon, mein Tablet und meinen Laptop betrifft, kann ich nur wenig gleichzeitig aufnehmen, weshalb ich versuche, viele kleine Einheiten pro Woche einzuplanen. Das bedeutet, dass ich niemals siebzehn neue Fähigkeiten einen Tag vor einer Reise oder vor einem Vortrag lernen muss. Indem ich mir selbst gegenüber dieselbe Rücksicht walten lasse wie meinen Hunden gegenüber, erspare ich mir den Stress und die Kopfschmerzen, die daher kommen, dass man versucht, zu viel auf einmal in einem für einen selbst schwierigen Bereich zu lernen.

Wissen, wann es Zeit ist, aufzuhören

Hier ist ein weiteres Konzept, das in enger Verbindung mit dem Gedanken steht, dass kurze Einheiten Vorteile haben: Es ist eine schlechte Idee, weiterzumachen, wenn der Punkt überschritten ist, an dem man hätte aufhören sollen.

Vielleicht finden Sie die Phrase „wenn der Punkt überschritten ist, an dem man hätte aufhören sollen" ein kleines bisschen zu vage. Scharf erkannt! Manchmal ist es schwer, zu wissen, wann man hätte aufhören sollen, bis der Punkt bereits überschritten ist – und dann kann man nicht mehr viel machen, als sich zu wünschen, man hätte früher aufgehört und sich zu schwören, es beim nächsten Mal besser zu machen. Der Gedanke, dass es klug sei, während einer bestimmten Trainingseinheit weiterzumachen, ist ein häufiger Anfängerfehler und wir alle haben das durch Erfahrung gelernt. Es gilt, zwei wichtige Lektionen zu verinnerlichen, um solche Fehler zu vermeiden.

Die erste Lektion ist, immer aufzuhören, wenn es am schönsten ist. Das bedeutet, aufzuhören, wenn der Hund bei etwas erfolgreich war. Abgesehen von der Botschaft, positive Verstärkung anstatt strenger Methoden einzusetzen, gibt es wahrscheinlich keine andere Grundregel im Hundetraining, die man so oft hört. Hundetrainer versuchen, jede Übung mit einem Erfolgserlebnis für den Hund zu beenden, obwohl die geläufige Phrase „aufhören, wenn es am schönsten ist" lautet. Ein kluger Hundetrainer sucht nach einer guten Leistung, um das erfolgreiche Ende einer Übung signalisieren zu können.

Stellen Sie sich vor, ich würde einem Hund die Rolle beibringen und wir hätten mehrere Wiederholungen, bei denen es der Hund ganz herum schafft – aber mit der abgehackten Bewegungsfolge, mit der Anfängerhunde den Trick oft ausführen. Dann macht der Hund die Rolle ein bisschen geschmeidiger und eleganter als vorher.

Das wäre ein toller Moment, um ein paar hochwertige Leckerlis zu verabreichen und dann etwas anderes zu machen, was Spaß macht – wie Gassi gehen oder ein Apportierspiel spielen. Wenn Sie gierig werden und noch einen Versuch mehr starten wollen, riskieren Sie, die Chance auf einen positiven Abschluss zu verspielen. Manchmal kann das Positive, mit dem Sie die Übung beenden, auch eine ganze zusammenhängende Reihe erfolgreicher Reaktionen sein. Vielleicht haben Sie mit einem Hund geübt, das Bleib länger zu halten. Wenn der Hund drei oder vier lange Bleib hintereinander schafft, sollten Sie aufhören und die Übung als einen Erfolg verbuchen. Üben Sie nicht ewig weiter – Sie riskieren damit, dass der Hund das Bleib vorzeitig auflöst oder zu erschöpft ist, um weiterzumachen.

Es ist ganz wichtig, einen positiven Abschluss zu finden, weil Ihnen das Gefühl, das Sie und Ihr Hund am Ende einer Übungseinheit haben, eine Weile nachhängen wird. Wahrscheinlich werden Sie sich am Anfang der nächsten Übungseinheit genauso fühlen und es kann auch Ihre Einstellung zum Training insgesamt beeinflussen. Deshalb sollten diese Gefühle gut sein. Ein Erfolgsgefühl am Ende einer Übung färbt den Rest des Tages ein, aber dasselbe gilt für ein Gefühl des Misserfolgs oder der Unsicherheit. Hunde lernen, diese Gefühle konkret mit Ihnen und mit dem Training im Allgemeinen zu assoziieren. Welche Gefühle der Hund mit dem Training insgesamt verbindet, ist sogar Teil des eigentlichen Lernprozesses – auch, wenn es sich dabei um eine klassisch konditionierte Reaktion handelt und nicht um eine operante.

Ich werde späte noch näher auf die klassische Konditionierung eingehen und warum diese Art des Lernens einen derart großen Stellenwert im Hundetraining besitzt. Im Augenblick ist es nur wichtig, zu wissen, dass ein Tier in der klassischen Konditionierung Folgendes lernt: Ein Ereignis folgt verlässlich auf ein anderes Ereignis. Die klassische Konditionierung hat oft eine riesige Auswirkung auf die Gefühle eines Individuums – was Verhalten beeinflussen kann! Operante Konditionierung bedeutet, Verhalten direkt durch den Einsatz von Konsequenzen zu beeinflussen, was für unsere Zwecke meistens positive Verstärkung bedeutet.

Die Gefühle, die Ihr Hund mit der Trainingserfahrung selbst verknüpft, stellen eine konditionierte emotionale Reaktion (CER) dar. Die Assoziation zwischen dem Training und den Emotionen des Hundes kann sehr einflussreich sein. Aufgrund meiner persönlichen Beobachtungen glaube ich, dass es von allergrößter Bedeutung ist, wie ein Hund sich am Ende einer Übung fühlt. Niemand sollte mit einem schlechten Gefühl zuückbleiben, nur weil es ganz am Ende einen Misserfolg gab. Deshalb sollten Sie jede Trainingseinheit dann beenden, wenn etwas Tolles passiert und bevor etwas Schlechtes passiert.

Meine Liebe zu einem Happy End erklärt auch, warum ich Rechtschreibwettbewerbe hasse! Jeder Erfolg bedeutet weiteren Druck im Wettbewerb und man hört auf, wenn dann schlussendlich ein Fehler passiert. Nur der Sieger darf positiv abschließen. Dasselbe gilt für viele Ausscheidungsverfahren, wozu auch Qualifikationsspiele im Sport gehören. Das ist der Grund, warum sie vielen Leute so nahe gehen. Was dem Individuum bleibt, ist das schlechte Gefühl des Verlierens, des Ausscheidens oder einfach des Misserfolgs – bis sich die nächste Gelegenheit ergibt, an dieser Aktivität teilzunehmen, egal, ob es sich dabei um ein Spiel, einen Wettbewerb oder eine Übungseinheit handelt. Wenn es irgendwie möglich ist, sollte derjenige, der die Situation kontrolliert, die Gelegenheit nicht verstreichen lassen, den Schüler mit einem guten Gefühl in die Auszeit zu entlassen.

Manche Hunde lieben das Training so sehr, dass sie furchtbar enttäuscht sind, wenn eine Übung aufhört, selbst wenn man sie positiv abschließt. Bei solchen Hunden ist es besonders wichtig, danach etwas Lustiges zu machen. Sonst bringen Sie dem Hund unabsichtlich bei, dass der erfolgreiche Abschluss einer Übung auch das traurige Ende des Trainings bedeutet. Für solche Hunde ist es oft hilfreich, eine Übung zu einer Verhaltensweise zu beenden und sofort zur nächsten Übung überzugehen, um an einer anderen Fähigkeit oder einem anderen Verhalten zu arbeiten.

Die zweite Lektion lautet, dass Sie nicht zu lange weitermachen sollten. Übertreiben Sie es nicht, nur, weil Sie so beeindruckt und überrascht sind, wie gut die Dinge laufen. Vielleicht sind Sie sicher, dass Sie weiter gehen können, als Sie ursprünglich für diese Übung geplant hatten. Dies ist ein besonders großes Risiko, wenn Sie mit ängstlichen Hunden Übungen machen, die ihnen helfen sollen, ihre Ängste zu überwinden. Wenn der Plan war, einen ängstlichen Hund dazu zu bringen, fünf Meter entfernte Menschen entspannt zu tolerieren, dann bleiben Sie dabei. Erschweren Sie die Übung nicht bis hin zu einer Distanz von vier Metern, weil: „Wow! Der Hund macht sich so viel besser, als ich gedacht hätte." Hören Sie mit diesem positiven Erlebnis auf, anstatt es vor lauter Begeisterung über die herausragende Trainingseinheit drauf ankommen zu lassen. Sparen Sie sich die Erschwernis für die nächste Übungseinheit auf, aber riskieren Sie um Gottes Willen nichts aus Begeisterung und Übereifer heraus!

Es ist so leicht, den Fehler zu begehen, weiterzumachen, wenn man hätte aufhören sollen. Ich habe viele Erinnerungen an Fehler, die ich selbst gemacht habe oder die ich bei anderen Leuten beobachtet habe. Wenn Kinder ihr Einmaleins lernen, sagen Eltern gerne: „Super! Du hast das mit den Sechsen so gut gemacht, machen wir die Sieben auch noch!" Als ein Freund meines Mannes seine Vorstellungsrede für eine neue Position vorbereitete (ein Vortrag über die eigene Forschung, den alle Bewerber für einen akademischen Posten vor dem gesamten Institut halten müssen), wiederholte er den Vortrag so oft, dass der Punkt, an dem er enthusiastisch klang, überschritten war und er von sich selbst einfach nur noch angeödet war. Er hätte aufhören sollen, daran zu arbeiten, als es gut lief, aber als die Rede für ihn immer noch frisch war. Ich kenne auch viele Singles, die einen Date-Abend hinausgezogen haben, weil es sich so magisch anfühlte – anstatt sich zu rechtzeitig verabschieden und die andere Person nach einer Fortsetzung gieren zu lassen!

Die alte Mahnung: „*Nicht* nur noch einmal die Piste herunterfahren!“, fällt in dieselbe Kategorie des rechtzeitigen Aufhörens. Man wird schon müde, aber möchte weitermachen, weil die letzte Abfahrt sooo toll war und dieses Mal ist man überzeugt, den schwereren Sprung schaffen zu *können*. Es führt in die sichere Katastrophe, wenn man sich übernimmt, nur, weil es so gut zu laufen scheint. Ich selbst laufe Gefahr, in die „Nur noch einmal! Nur noch einmal!“-Falle zu tappen und eine Verletzung zu riskieren, wenn ich skifahre. Wenn die Abfahrt, die eigentlich die letzte des Tages sein sollte, wirklich gut läuft, habe ich eine schreckliche Tendenz, nur noch eine mehr mitnehmen zu wollen – was mit hoher Wahrscheinlichkeit ein schlechter Lauf sein wird, der zu einer Verletzung führt. Und so endet der Tag mit Kummer und Schmerzen anstatt mit einem Hochgefühl. Ich muss ständig gegen mich selbst ankämpfen, um daran zu denken, dass ich beim Skifahren meinem gesunden Menschenverstand folgen sollte und dem Pistenfieber nicht nachgeben darf. Dieses Jahr hatte ich das Ziel, es an allen Skitagen richtig hinzubekommen und nicht nur meistens, wie vor zwei Jahren, oder immer bis auf einmal, wie letztes Jahr. Die Tatsache, dass es so schwer fällt, ist ein Beleg für die Macht der positiven Verstärkung, weil eine gute Abfahrt auf einer Piste besonders verstärkend wirkt.

Große Rückschläge kommen oft vor großen Erfolgen

Meine Schwiegermutter erteilte mir nur einen einzigen Erziehungsratschlag, aber der war brillant. Sie sagte mir, ich solle versuchen, an meinen Kindern in jeder Lebensphase Freude zu haben – Freude über das, was sie sind, und nicht darüber, was sie einmal waren oder vielleicht einmal sein werden. Abgesehen von zwei Ausnahmen war ich damit erfolgreich. Es war schwierig für mich, die ersten sechs Wochen nach jeder Geburt zu genießen, weil ich einfach zu erschöpft war, um Freude an irgendetwas zu haben – abgesehen von der offensichtlich riesigen Freude und Erleichterung, dass mein Sohn gesund und wohlauf war. (Wenn das als „genießen" gilt, dann war ich erfolgreich und kann mir selbst auf die Schulter klopfen! Aber ich hatte es eilig, diese Phase hinter mir zu lassen, weshalb mein Erfolg bestenfalls halbherzig war.)

Der zweite Misserfolg war das Toilettentraining. Ich bin eine positive Person und eine glückliche Mutter, aber es gab sehr wenig, das am Toilettentraining Spaß gemacht hat, das muss ich einfach so sagen. Es ist zeitintensiv, erfordert ständige Wachsamkeit und ist manchmal eine Sauerei. (Klingt wie ein Nervenkitzel für jede Minute, oder?) Glücklicherweise half mir mein Wissen über Hundetraining in vieler Hinsicht. Wenig überraschend gehört dazu auch das Mantra #101 aus dem Toilettentraining für Welpen: Beobachte ihn ständig; bestärke ihn, wenn er sich am angemessenen Ort löst und gib ihm die Chance, sehr viel öfter zu gehen, als du dir das vorstellen kannst – manchmal nur zehn Minuten nach dem letzten Mal.

Aber es gab noch eine weitere, weniger offensichtliche Anwendung meines Welpen-Wissens für den allgemeinen Alptraum, der sich Toilettentraining nennt. Es war nämlich sehr nützlich, zu wissen, dass im Hundetraining oft große Rückschritte dann auftreten, wenn ein riesiger Schritt nach vorne direkt bevorsteht. Es kommt sehr häufig vor, dass Welpen, die zur Stubenreinheit erzogen werden, sich allmählich verbessern, die Idee im Großen und Ganzen schon verstehen und immer weniger Fehler machen. Und dann plötzlich passiert eine ganze Reihe an Unfällen. Als mein älterer Sohn das Toilettentraining durchmachte, hatte er plötzlich wieder eine Menge Unfälle – kurz, bevor er es wirklich verstand und für immer unfallfrei wurde. Aber ich bemerkte das Muster erst im Nachhinein und war zu jener Zeit einfach frustriert. („Bekommen wir das jemals hin?"). Erst nachdem er es eine ganze Woche ohne Unfälle geschafft hatte, erinnerte ich mich, dass er direkt vor dem Wochenbeginn ein paar schwierige Tage gehabt hatte, woran ich erkannte, dass es sich um die zu erwartende Explosion von Unfällen handelte, die oft vor einem kompletten Erfolg auftritt.

Als mein jüngerer Sohn den Prozess des Töpfchen-Trainings durchmachte, zeigte er dasselbe Muster – er schien es zu verstehen, aber hatte dann einen scheinbaren Rückfall, wobei über einige Tage hinweg mehrere Unfälle täglich auftraten. Dieses Mal erkannte ich jedoch, dass dies vielleicht den kurz bevorstehenden Erfolg ankündigte. Und wirklich, direkt nach diesen schlimmen Tagen wurde er völlig rein. Bei meinem jüngeren Sohn erkannte ich, dass, was wie ein Rückfall wirkte, in Wirklichkeit ein normaler Schritt auf dem Weg zum Erfolg war. Deshalb fühlte ich mich diesmal nicht frustriert, sondern war hoffnungsfroh, dass meine Töpfchen-Trainingstage vielleicht bald gezählt sein würden.

Der Bereich des Toilettentrainings ist nicht der einzige, bei dem schlimme Rückfälle oft vor einem großen Erfolg auftreten. Aus demselben Grund sehen Theatermenschen eine katastrophale Generalprobe als ein positives Zeichen an, das einen erfolgreichen Premierenabend ankündigt. Was mich betrifft, so gibt es in der Vorbereitung für ein Seminar oder Webinar immer einen Punkt, an dem sich alles hoffnungslos anfühlt. Ich bin völlig verzweifelt und kann mir beim besten Willen nicht vorstellen, wie ich es jemals schaffen soll, eine zusammenhängende Präsentation hinzubekommen. Der nächste Schritt ist stets, dass mir ein neuer Plan für die Organisation des gesamten Seminars einfällt oder eine Idee zu einer Thematik, die das gesamte Thema wie ein roter Faden durchlaufen kann. Ich habe gelernt, auf diesen Augenblick zu warten und sehne mich inzwischen danach. Ich weiß, dass der Durchbruch direkt nach dem Punkt kommen wird, an dem ich das Gefühl habe, dass mir alles entgleitet.

Auch wenn ich Reden einübe, weiß ich meistens nach einem besonders schrecklichen Übungsdurchgang, dass ich bereit bin. Ich würde nie das Risiko eingehen und die Präsentation tatsächlich nach einem katastrophalen Übungsvortrag halten, aber sehr oft ist der nächste Durchgang beruhigenderweise gut genug, so dass ich es wagen kann, die Rede vor Leuten zu halten.

Ich habe dasselbe bei meinen Kindern beobachtet, wenn sie von einer Krankheit genesen. Bei den meisten Krankheitsverläufen gibt es so etwas wie ein „letztes Aufbäumen". Mehrere Tage lang scheint es so, als ob es ihnen langsam besser geht und dann kommen oft ein paar schwere Stunden, die wie ein Rückfall aussehen. Aber danach ist der Genesungsprozess einen großen Schritt weiter. Inzwischen erkenne ich das „letzte Aufbäumen" (den Rückfall) und weiß, dass es das Ende der Erkrankung bedeutet (der große Erfolg). Dieses Phänomen ist tatsächlich auch in der menschlichen Gesellschaft abseits des Hundetrainings bekannt, aber hier drückt es ein anderes Sprichwort aus: „Die dunkelste Stunde liegt kurz vor der Morgendämmerung".

Komplexe Verhaltensweisen erlernen: Fortschritt im Rückwärtsgang

In einem Großteil des Hundetrainings liegt der Fokus auf einfachen Verhaltensweisen, aber manchmal ist das Verhalten komplexer und verbindet viele Einzelhandlungen zu einer Verhaltenskette oder einer Sequenz. Tricks bestehen oft aus einer Handlungsfolge. Zum Beispiel ist es ein beliebter Trick, dass der Hund ein Taschentuch holt, wenn jemand niest. Hier ist es eine Handlung, zur Taschentücher-Box zu gehen; eine weitere, das Herausnehmen eines Taschentuchs; danach bringt der Hund dieses der Person, die geniest hat; und die letzte Handlung besteht im Loslassen des Taschentuchs. Trainer bringen Hunden oft eine Verhaltenssequenz bei, indem sie von hinten nach vorne arbeiten und mit dem letzten Verhalten beginnen. Wenn dieselbe Methode für eine Verhaltenskette eingesetzt wird, handelt es sich um eine häufige Trainingstechnik, die auch „Back Chaining" genannt wird.

Bevor ich die Details dieser Methode bespreche, muss ich erklären, was eine Verhaltenskette ist – und was keine ist. Denn diese Dinger namens Verhaltenskette werden oft mit ihren engen Verwandten, den Verhaltenssequenzen, verwechselt. Eine Verhaltenskette ist eine Abfolge einzelner Verhaltensweisen, die verknüpft werden, um ein neues Verhalten zu formen. Die Glieder (Verhaltensweisen) der Kette treten immer in derselben Reihenfolge auf. Es gibt viele Beispiele für Verhaltensketten im Hundetraining, aber wir erkennen sie nicht immer als solche. Wenn ein Hund ins Auto einsteigt, um irgendwohin zu fahren, dann handelt es sich dabei eigentlich um eine Verhaltenskette aus mehreren Verhaltensweisen, wobei jede Verhaltensweise von der darauffolgenden in der Kette verstärkt wird – Sitzen, Stillhalten, damit die Leine angelegt wird, am Garagentor warten, ins Auto einsteigen. Für viele Hunde ist die

Gelegenheit zu einer Autofahrt die Verstärkung, die dazu führt, dass die Verhaltenskette abgeschlossen wird. Auch Apportieren und Zerrspiele sind eigentlich komplexe Verhaltensweisen, die als Kette aufgebaut sind. Um etwas zu apportieren, muss der Hund zu dem Objekt hinlaufen, es aufnehmen und festhalten, zu der Person zurücklaufen und das Objekt dann wieder fallen lassen – das sind schon einige separate Handlungsweisen, die immer in derselben Abfolge ablaufen, um das Verhalten des Apportierens aufzubauen. Beim Zerren gibt es weniger Handlungsweisen: ein Objekt aufnehmen, festhalten und daran ziehen. Aber auch diese Handlungen müssen immer in derselben Reihenfolge ablaufen, damit der Hund ein Ziehspiel machen kann. Jeder Teil der Verhaltensweise tritt als Reaktion auf das vorherige Verhalten auf. Wenn eine Verhaltenskette komplett gefestigt ist, muss der Trainer nur ein Signal geben, um die Kette in Gang zu setzen. Die Verstärkung erfolgt erst, wenn alle Verhaltensweisen in der richtigen Reihenfolge abgelaufen sind – das heißt, wenn die Verhaltenskette abgeschlossen wurde.

Eine Verhaltenssequenz unterscheidet sich von einer Verhaltenskette. Dabei handelt es sich um eine Abfolge von Verhaltensweisen, von denen jede ein separates Signal erhält – und nicht automatisch als Reaktion auf die vorherige Verhaltensweise auftritt. Ein Beispiel für eine Sequenz ist mein Zweitlieblingstrick namens „Feuerwehrhund“: Bei diesem Trick soll ein laufender Hund die folgenden Handlungen in dieser Reihenfolge ausführen: „Stopp“, „Nieder“ (Platz machen), „Rolle“ und „Kriechen“ (sich in Sicherheit bringen). Das ist ein toller Trick für Schuldemonstrationen, weil der Hund hier das richtige Verhalten für den unwahrscheinlichen Fall demonstriert, dass man Feuer fängt. Ich habe gesagt, dass dies mein „zweitliebster Trick“ sei, weil er noch von einer Verhaltenssequenz geschlagen wird, die ich gerne Hunden beibringe, deren Besitzer professionelle Läufer sind. Diese Verhaltenssequenz ahmt das Verhalten eines Läufers am Startblock zu Beginn eines Rennens nach und die Bestandteile dieses Tricks namens „Auf die Plätze" sind: Der Titel ist das Signal, sich hinzulegen; Dann kommt „Fertig", woraufhin der Hund sein Hinterteil anheben sollte, sodass er aus einem Platz in eine Verbeugung geht und „Los", was das Signal für „losrennen" ist.

In diesen Fällen erhalten wir die gewünschte Leistung vom Hund, weil wir die Tatsache ausnützen, dass Signale auch Verstärker sein können. Wenn eine Verhaltensweise in der Vergangenheit sehr viel verstärkt wurde, dann wird das *Signal* für diese Verhaltensweise selbst zu einem bedingten Verstärker – weil der Hund gelernt hat, dass das Signal eine Chance bietet, ein Verhalten anzubieten und dafür verstärkt zu werden. Das bedeutet, dass ein ordentlich ausgeführtes Verhalten in einer Sequenz leicht verstärkt werden kann, indem der Trainer das Signal für das nächste Verhalten gibt. In dem Laufbeispiel hört der Hund „Auf die Plätze!" und macht Platz, wobei dieses Verhalten durch das Signal „Fertig!" verstärkt wird, und die darauf folgende Verbeugung durch das Signal „Los!", woraufhin der Hund losrennen sollte. Das Rennverhalten macht Hunden Spaß und Hunde freuen sich oft über die Gelegenheit, in vollem Tempo losrennen zu dürfen. Trotzdem kann man Leckerlis und Spielzeuge als Verstärker einsetzen, um sicherzustellen, dass der Hund auf das „Los!" am Ende der Sequenz richtig reagiert. Damit ein Signal als Verstärker funktionieren kann, muss das mit diesem Signal verknüpfte Verhalten in der Vergangenheit intensiv verstärkt worden sein, was bedeutet, dass die Sequenz rückwärts aufgebaut ist. In anderen Worten, das letzte Verhalten sitzt bereits, bevor man es mit dem vorhergehenden verknüpft, und wenn dieses Paar verlässlich korrekt ausgeführt wird, kann man noch ein Verhalten an den Anfang der Sequenz hinzufügen.

Bei der aus vier Verhaltensweisen bestehenden Sequenz des Feuerwehrhunds beginne ich zum Beispiel damit, dass ich dem Hund beibringe, das Kriech-Verhalten zu zeigen, wofür ich ihn verstärke.

Wenn ich dem Hund dann beibringe, die Rolle zu machen, kann ich diese entweder mit einem Leckerli verstärken oder indem ich ein „Kriech!" verlange und *danach* eine Belohnung gebe. Das Signal „Kriech" ist für den Hund so stark mit einer Verhaltensweise verknüpft, die ihm grünes Licht für eine Verstärkung gibt, dass das Signal alleine genügt, um verstärkend zu wirken. (Dies ist eine andere Art, um zu sagen, dass das Signal selbst ein bedingter Verstärker ist.) Also: Das Signal für ein Verhalten, das in der Vergangenheit intensiv verstärkt wurde, kann eine Verstärkung für das Zeigen eines anderen Verhaltens sein, das in der Sequenz vor diesem auftritt. Für einen ausgebildeten Feuerwehrhund wird das Ausführen eines „Stopp" durch das Signal „Nieder" verstärkt, das Platz wird durch das Signal „Rolle" verstärkt, und die Rolle wird durch das Signal „Kriech" verstärkt, was mit einer Futterbelohnung verstärkt wird.

Wenn man diese Strategie des „Von-hinten-nach-vorne-Aufbauens" einsetzt, um eine Verhaltenskette beizubringen, dann ist es immer die darauffolgende Verhaltensweise in der Kette (anstelle des *Signals* für das Verhalten), die das Verhalten verstärkt. Mit „Back Chaining" ist eine Trainingstechnik gemeint, bei der man Verhaltenseinheiten rückwärts verknüpft, ohne dazwischen Signale zu geben. Ich setze Back Chaining in so vielen unterschiedlichen Situationen ein, dass es eine meiner größten Freuden ist, wenn ich sowohl etwas beibringen als auch selbst lernen kann. Um die Grundlagen dieser Methode noch einmal zusammenzufassen: Bei Back Chaining handelt es sich um eine Trainingstechnik, bei der man mit der letzten Verhaltensweise in einer Kette beginnt. Dieses Verhalten muss bereits sehr verlässlich sein, bevor man die vorletzte Verhaltensweise hinzufügen kann, und so weiter, die gesamte Kette hindurch, bis der Hund schlussendlich auch das erste Verhalten der Kette lernt. Das letzte Verhalten der Kette ist das einzige, das bei der Ausführung der Kette mit einem primären Verstärker verstärkt wird. Jedes Verhalten muss einzeln beigebracht werden, bevor eine

Kette aufgebaut werden kann und jedes Verhalten wird während des Trainingsprozesses einzeln mit einem primären Verstärker verstärkt.

Bei Verhaltensketten wie ins Auto einsteigen, apportieren oder ziehen müssen die Verhaltensweisen in einer bestimmten Reihenfolge ausgeführt werden. Bei den Sequenzen „Stopp, Nieder, Rolle und in Sicherheit kriechen" und „Auf die Plätze, fertig, los" läuft die Verhaltensfolge immer gleich ab, aber nur deshalb, weil diese Tricks unterhaltsam sein sollen. (Ich könnte auch Verhaltensketten auf die Signale „Feuerwehrhund" und „Auf die Plätze" kreieren und den Hund alle Verhaltensweisen als Kette abspulen lassen, aber in Hinsicht auf die Präsentation funktionieren diese Tricks besser als eine Sequenz, bei der ich jeden Schritt einzeln verlange.)

Auch Sequenzen, bei denen die Abfolge der Verhaltensweisen variabel ist, kommen im Hundetraining oft vor. Besonders sticht hier der Hundesport Agility heraus, bei dem ein Hund eine Verhaltensabfolge von mehreren Hindernissen hintereinander bewältigen muss, ohne dass er dazwischen (offensichtlich) verstärkt wird. Wenn ein Hund für jedes Hindernis in der Vergangenheit intensiv verstärkt wurde, dann kann eine Aneinanderreihung von Hindernissen eine Sequenz werden, wobei das Nehmen eines jeden Hindernisses durch das Signal für das nächste Hindernis verstärkt wird – bis der Hund den Parcours ganz absolviert hat und „offiziell" dafür verstärkt werden kann, einen fehlerfreien Lauf hingelegt zu haben.

In der Welt des Hundetrainings sind sowohl das Konzept des Back Chainings als auch das verwandte Konzept der von hinten aufgebauten Sequenzen weit verbreitet. Aber ich glaube nicht, dass die beiden Lernmethoden in der breiteren Gesellschaft große Bekanntheit haben. Ich sage das deshalb, weil die meisten meiner Klienten mit dem Konzept des Von-hinten-nach-vorne-arbeitens nicht vertraut sind und folglich auch nicht wissen, wie wertvoll es sein kann. Auch wenn ich es in Gesprächen außerhalb der Hundewelt erwähne, ist es oft etwas ganz Neues für die Leute. Und noch viel mehr ist es für die meisten eine Neuigkeit, dass auch lernwillige Menschen von dieser Methode profitieren können.

Wie kann Back Chaining also Menschen helfen, die etwas lernen oder lehren wollen? Es gibt so viele Möglichkeiten! Wenn das Abschließen der Aufgabe an sich verstärkend wirkt, wie das zum Beispiel bei allen Dingen der Fall ist, die man auswendig lernen und aufführen muss, dann ist Back Chaining eine gute Art, um den Lernprozess anzukurbeln. Einer der Hauptgründe, warum ich Back Chaining liebe, ist, dass die schlussendliche Ausführung der ganzen Verhaltenskette viel mehr Spaß macht, wenn damit begonnen wurde, den letzten Schritt der Kette zuerst zu lernen und die Teile dann von hinten nach vorne aufgebaut wurden. Der Grund ist, dass die ausführende Person im Laufe der Sequenz in immer vertrautere Gefielde kommt, was an sich schon verstärkend wirkt.

Stellen Sie sich vor, jemand würde ein neues Musikstück an einem Instrument einstudieren. Wenn die Person damit beginnt, die letzten Tonfolgen zuerst zu lernen und sich dann rückwärts bis zum Anfang vorarbeitet, dann wird sie beim Spielen des Stückes für jeden Abschnitt beständig bestärkt. Der letzte Abschnitt fühlt sich wahrscheinlich am vertrautesten an, weil er am meisten geübt wurde – weshalb es das Selbstvertrauen stärkt, wenn man bei diesem Abschnitt ankommt. Der Abschnitt, der direkt vor dem Schlussteil kommt, wirkt deshalb verstärkend, weil danach ein Teil kommt, mit dem die Person noch vertrauter ist und der deshalb leichter von der Hand geht. Dies gilt für jeden Abschnitt des Stücks: Jeder Abschluss erlaubt es dem Musiker, sich in vertrautere Gefielde zu begeben. Stellen wir uns das Gegenbeispiel vor, das viele von uns kennen – wenn wir den Anfang zuerst lernen. Beim Durchspielen beherrscht der Musizierende jede neue Passage schlechter als die vorhergehende, was eigentlich bei jeder Übung oder Aufführung wirklich wie eine Strafe wirkt.

Als eine Lektorin namens Adrienne Hovey eine Frühfassung dieses Buches las, rief die Erwähnung von Back Chaining als Methode zum Auswendiglernen eine Erinnerung in ihr hervor. Sie musste einmal einen Chorgesang auf Altenglisch auswendig lernen, mit dem jeder in der Gruppe Schwierigkeiten hatte. Die Wörter waren irgendwie vertraut und klangen fast wie Englisch, aber das vergrößerte die Herausforderung nur. Adrienne lernte das Lied in Abschnitten, die aus jeweils vier Takten bestanden – sie fing mit den letzten vier an und arbeitete sich dann bis zum Anfang vor. Zu der Zeit war ihr das Konzept des Back Chaining nicht bekannt, aber als sie darüber las, fiel ihr diese Erfahrung wieder ein. Das war fünfzehn Jahre her und sie konnte den Text zu diesem Stück immer noch auswendig!

Ich wandte dieselbe Technik an, als ich die Trauerrede, die ich für meine Mutter halten wollte, auswendig lernte. Obwohl ich fest entschlossen war, sehr viel zu üben, wusste ich, dass es leichter wäre, die Rede anhand von Back Chaining einzuüben. Deshalb lernte ich mein Schlusswort zuerst, indem ich es einübte. Dann lernte ich den vorletzten Absatz auswendig und sagte mir diesen Absatz gemeinsam mit dem Schlussteil auf. Dann ging ich zum dritten Absatz über und fügte die anderen beiden Absätze an, die ich schon kannte. Und so weiter, bis ich endlich die Einleitung in meinem Kopf verankern und mit einem Vortrag der restlichen Rede folgen konnte. Auf diese Weise bewegte ich mich während meines Vortrags immer zu Abschnitten vor, die ich mehr geübt hatte, wodurch auch mein Selbstbewusstsein und mein Wohlbefinden im Laufe der Hommage an meine Mutter stetig zunahmen. Es war viel besser, zu Abschnitten zu kommen, mit denen ich immer vertrauter war, als in immer unsicheres Terrain vorzudringen und mich immer schlechter zu fühlen. Schließlich handelte es sich um eine öffentliche Rede, die mir extrem wichtig war. Dasselbe Prinzip funktioniert auch gut, um die Ängste meiner Kinder zu verringern und ihre Leistung zu verbessern, wenn sie eine mündliche Präsentation in der Schule halten müssen.

Zu meiner Freude habe ich auch entdeckt, dass die Methode hilfreich ist, wenn man die Aussprache von selbst kurzen Phrasen in einer Fremdsprache lernt. Als meine Familie vor einem geplanten Sommeraufenthalt in Europa Deutsch lernte, fand ich es wunderbar, wie die Audiodateien von Pimsleur das lösten. Zum Beispiel wurde die Aussprache von „Entschuldigen Sie" anhand von Back Chaining beigebracht, so dass wir als Erstes lernten, die letzte Silbe auszusprechen, dann die letzten zwei Silben, dann die letzten drei, bis wir letztendlich die gesamte fünfsilbige Phrase aussprechen konnten. Wir alle machten dank dieser Technik schnellere Lernfortschritte – es war viel besser, als sofort das Ganze zu lernen, oder mit dem Anfang anzufangen und dann zum Ende hinzuarbeiten.

Auch körperliche Aufgaben können mit der Hilfe von Back Chaining leichter und mit weniger Angst verbunden erlernt werden. Ein Beispiel dafür ist, wie wir Kindern beibringen können, ihre Schuhe zu binden. Die meisten Leute haben keinerlei Erinnerung mehr daran, wie herausfordernd diese Aufgabe sein kann und können deshalb kaum glauben, wie schwer es ist, das Binden einer Schleife zu erlernen. Wenn das Ihrer Ansicht zu dem Thema entspricht, dann schlage ich eine Challenge vor, um Ihre Erinnerung aufzufrischen: Machen Sie alles andersherum als normal. Als Erstes kehren Sie um, welches Schuhband über und dann unter dem anderen verläuft. Wenn Sie dann die Masche binden, beginnen Sie mit einer Schleife auf der entgegengesetzten Seite im Vergleich zu Ihrer üblichen Methode, und dann wickeln Sie das Band von der anderen aus herum. Es ist nicht leicht, aber wir finden es meistens leicht, weil wir so viel Übung darin haben. Hinzu kommt, dass kleine Kinder noch nicht so geschickt wie Erwachsene sind. Es ist also sehr wohl verständlich, dass Schuhebinden zu einem einzigen Alptraum mutieren kann.

Wenn wir Kindern zuerst den letzten Teil der Schleife beibringen – nachdem ein Erwachsener den ersten Schleifenbogen schon gebunden hat – hat das Kind bereits ein Erfolgserlebnis, obwohl es nur ein Stück der Aufgabe gelernt hat, denn der Schuh ist fertig gebunden! Danach bringen Sie dem Kind bei, die erste Schleife zu formen und machen weiter, indem Sie es die Schleife wie zuvor fertigbinden lassen. Und wieder ein Erfolg! Zusätzlich wirkt es für den nächsten Schritt verstärkend auf Ihr Kind, wenn Sie die Situation so gestalten, dass das Kind die Aufgabe auch sicher bewältigen kann. Ganz am Ende lernt das Kind dann, den Knoten zu machen – der erste Teil des Schuhebindens und normalerweise auch der leichteste Teil – und wird dafür belohnt, weil es nun in der Lage ist, seinen Schuh Schritt für Schritt komplett selbst zu binden.

Normalerweise lernen Kinder, den ersten Teil zuerst zu machen und obwohl das oft erfolgreich ist, fühlt es sich oft nicht wie ein Sieg an. Das Problem ist, dass es frustrierend sein kann, etwas zu schaffen, nur, damit ein Erwachsener die Masche fertig binden muss – oder der Schuh ungebunden bleibt. Das fühlt sich wie ein Misserfolg an, egal, wie ehrlich und begeistert ein Erwachsener sagt: „Aber du hast das toll gemacht! Du hast gelernt, wie man eine Schleife beginnt und hast das super gemeistert."

Wie für alle Aufgaben, die durch Back Chaining gelernt werden, gilt auch hier, dass es mehrere Vorteile hat, wenn man das Schuhebinden auf diese Weise lernt. Kinder schaffen es immer, die Aufgabe fertigzustellen und verbuchen dadurch ein Erfolgserlebnis. Und wenn sie später dann die vorherigen Schritte lernen, haben sie immer noch Erfolg. Außerdem werden die Kinder während der gesamten Kette bestärkt und nicht erst am Ende der Kette. Es ist nicht leicht, Kindern das Schuhebinden beizubringen, aber wenn man es anhand von Back Chaining macht, ist es weniger frustrierend, geht leichter und bietet den Kindern mehr Gelegenheiten, Erfolgserlebnisse zu haben.

Verhaltensfolgen, oder in diesem Fall Sequenzen, haben auch noch anderweitig etwas mit meiner Rolle als Elternteil zu tun: und zwar in Bezug auf den Einsatz von Signalen als Verstärker. Ich zögere fast, dies niederzuschreiben, weil es deutlich macht, wie sehr ich meine Behandlung von Hunden mit der Behandlung meiner Kinder vermischt habe. Allerdings glaube ich, dass man hier etwas Wertvolles lernen kann, weshalb ich die Erfahrung teilen möchte. Meine Kinder haben im Laufe der Jahre gesehen, wie ich sehr vielen Hunden sehr viele Tricks beigebracht habe. Als sie noch jünger waren, haben sie gerne Spiele gespielt, die von meiner Arbeit inspiriert waren. Das bedeutet, dass ich von meinen Kindern (meinen echten, zweibeinigen Kindern!) buchstäblich verlangt habe, zu sitzen, Platz zu machen, zu winken, High Five zu machen, zu kriechen, Männchen zu machen, zu tanzen, zu kommen oder als Teil eines Spiels Bleib zu machen. Und manchmal habe ich sie mit Schokoladenstückchen belohnt, wenn sie die ersten Trainingsstufen nachgespielt haben. Das hat ihnen großen Spaß gemacht und als sie klein waren, haben sie mich oft gebeten, „Hundetrainer“ zu spielen. (Das ist ein echtes Beispiel für einen Feierabend, der keiner ist – aber ich liebe meine Arbeit so sehr, dass es für mich keine Nachteile hatte. Abgesehen von der Sorge, was die Nachbarn denken würden – aber ich bin ziemlich sicher, dieser Zug ist mittlerweile abgefahren.)

Oft habe ich ihr Interesse für diese Art von Spielen auch zu meinem Vorteil genutzt. Ich bat sie dann, zu machen, was ich wollte und verlangte danach einen Hundetrick. Zum Beispiel sagte ich: „Räum‘ bitte deine Malfarben weg“, und wenn das erledigt war, sagte ich: „High Five“, woraufhin mein Sohn ein hündisches High Five imitierte. Oder ich sagte: „Geh und wasch dir die Hände“, und danach; „Kreisel“, woraufhin es ein Stück Schokolade als Belohnung gab. Ich finde es komisch, dass Kinder es in jedem Zusammenhang gerne haben, wenn man ihnen sagt, was sie machen sollen – aber so zu tun, als ob sie ein Hund wären, machte ein Spiel daraus. Das bedeutet, dass ich sie eigentlich mit Spiel (Spaß!) verstärkt habe, obwohl man in Hinsicht auf Sequenzen auch sagen könnte, dass ich ihre Bereitschaft, zu machen, was ich verlangte (Putz- und Aufräumverhalten) mit einem Signal verstärkt habe.

Unterschiedliche Lernstile

Um das Ganze noch komplexer zu machen: So wie es unterschiedliche Techniken gibt, um jemandem etwas leichter beizubringen, gibt es auch unterschiedliche Lernstile. Jedes Individuum – ganz gleich, welcher Art zugehörig – hat seinen eigenen Lernstil, der beeinflusst, wie es sich neue Informationen oder Fähigkeiten aneignet. Als Hundetrainerin weiß ich, dass ich erfolgreicher bin, wenn ich herausfinde, welchen Lernstil ein Hund hat. Dann kann ich damit arbeiten, anstatt dagegen anzukämpfen. Ich habe bei Hunden viele Lernstile beobachtet, die definitiv auch auf Menschen zutreffen. Hier sind die vier, die meiner Erfahrung nach am häufigsten vorkommen:

Der „Noch einmal"-Lerner

Die Mehrheit aller Hunde profitiert von Wiederholung und davon, dass man dasselbe Verhalten während einer Übungseinheit mehrmals verlangt. Manchen Hunden wird eine Verhaltensweise nie langweilig, solange sie dafür stets bestärkt werden. Wenn sie jedoch verwirrt werden, ist es sehr wahrscheinlich, dass sie von der Gelegenheit profitieren würden, etwas Einfacheres zu machen – vielleicht ein ganz simples Sitz – damit sie nicht überfordert sind und komplett dicht machen. Das trifft zwar auf die meisten Lernenden zu, aber diejenigen, die Wiederholung lieben, können besonders davon profitieren, wenn sie die Chance erhalten, etwas zu machen, das sie schon viele Male zuvor gemacht haben. Menschen in dieser Kategorie können sich emotional wirklich zurückentwickeln, wenn sie an den Punkt kommen, an dem sie zu überfordert sind, um noch zurechtzukommen. Aber man kann diese Abwärtsspirale stoppen, indem man sie etwas viel Leichteres erfolgreich absolvieren lässt. Wenn ein Schüler beispielsweise die Integralrechnung nicht intuitiv versteht, könnte man ihn davor bewahren, sich für dumm und unfähig zu halten, wenn man ihm zwischen schwierigen Aufgaben ein paar lösbare Probleme einstreut, die er kann. Gleichermaßen kann ein Coach die Motivation eines Turmspringers retten, der beginnt, seine Fassung zu verlieren, nachdem er wiederholt einen besonders schwierigen Sprung nicht geschafft hat. Wenn der Coach den Athleten um ein paar wirklich leichte Sprünge bittet, die keine große Herausforderung darstellen, dann können diese Erfolgserlebnisse dazu führen, dass der Springer wieder auf Kurs kommt.

Der „Einmal reicht“-Lerner

Wiederholung wird von Trainern so häufig eingesetzt, dass es ein Problem für die wenigen Hunde ist, die es verwirrend und frustrierend finden, wenn sie ein Verhalten korrekt ausführen und es dann noch einmal machen müssen. Manchmal lernen sie dadurch nur, dass sie ein Verhalten so lange machen müssen, bis sie es falsch machen, weil der Trainer die Übung dann beendet oder dazu übergeht, an einem anderen Verhalten zu arbeiten. Wenn Sie ein Kind haben, das so tickt, dann sollten Sie darauf achten, es nicht immer wieder mit Mathe-Formeln zu quälen oder Geschichtsfakten „nur noch einmal“ abzufragen. Die daraus resultierende Frustration könnte jeden potenziellen Nutzen zunichte machen. Manche Sportler brauchen für ihre Bestleistung weniger Wiederholungen, als die meisten Trainer verlangen. Es gibt Kunstspringer, Eiskunstläufer und Turner, deren Leistung abfällt, wenn sie nach einem wirklich guten Sprung oder einem guten Durchgang weitermachen. Erfahrene Lehrkräfte überarbeiten alle Trainingspläne für diesen Lerntypus. Wir müssen erkennen, dass das große Talent dieser Individuen ihnen auch eine Grenze setzt. Sobald wir diese Grenze kennen, können und sollten wir dementsprechend anpassen. In den Händen eines flexiblen, aufmerksamen Trainers kann die Frustration, die von zu viel Wiederholung rührt, großteils vermieden werden.

Der erfindungsreiche Lerner

Diese Hunde finden es aufregend, neue Verhaltensweisen zu lernen. Sie sind experimentierfreudig und es macht ihnen meistens nichts aus, wenn sie etwas beim ersten Mal – oder auch beim fünften Mal – nicht richtig machen. Wenn sie nicht weiterwissen, bieten Erfinder eine schnelle Abfolge von Verhaltensweisen an – in der Hoffnung, herauszufinden, was der Trainer will. Ich stelle mir vor, wie sie sich denken: *Das ist in Ordnung, ich versuche es weiter! Möchtest du das hier? Oder das? Was ist hiermit? Oder das? Nein? Hmm, und wenn ich es so mache? Oder so?* Es ist wichtig, zu wissen, dass manche dieser sehr kreativen Hunde emotional nicht in Ordnung sind, wenn sie verzweifelt versuchen, es richtig zu machen. Sie werden manchmal hektisch bei dem Versuch, herauszufinden, was sie machen sollen und ein kluger Trainer wird hier auf Anzeichen von Stress achten. Denn in dem Fall wäre es angebracht, eine Hilfestellung anzubieten, anstatt den Hund weiter auf sich selbst gestellt herumprobieren zu lassen. Am Arbeitsplatz können Menschen von dieser Sorte bei Meetings eine erschöpfende Wirkung auf ihre Kollegen haben, weil sie an einem Stück mit neuen Ideen und potenziellen Lösungen herausplatzen und ein bereits lang andauerndes

Meeting damit unerträglich machen. Diese Menschen versuchen herauszufinden, was genau bei ihren Kollegen zu einer anerkennenden Reaktion führt. Manche Hunde und Menschen, die sehr viele Verhaltensweisen anbieten, finden das von Natur aus interessant und lustig und amüsieren sich dabei. Manchmal ist dieser Lernstil jedoch auf eine zu wenig klare Kommunikation zwischen Lehrer und Schüler zurückzuführen oder auf das fehlende Verständnis, das ein bestimmtes Verhalten nur unter bestimmten Umständen verstärkt wird. Für Trainer ist eine solche Situation ein Beispiel für ein Verhalten, das sich nicht unter Signalkontrolle befindet. Und auch für Menschen kann es ein Problem sein, nicht zu wissen, welches Verhalten in welchem Zusammenhang angeboten werden sollte.

Der sensible Lerner

Manche Hunde brauchen Stille und Ruhe, weshalb sie in hektischen Situationen, wie zum Beispiel in Gruppenkursen, nicht gut lernen können und leicht nervös werden. Diese Hunde lernen oft sehr schnell, solange sie nicht unter Ablenkung arbeiten müssen. Sie geben normalerweise auf alles in ihrer Umgebung acht und sind meistens sehr auf die Handlungen und Emotionen ihrer Besitzer eingestimmt. Auch sind sie oft stärker für Lob empfänglich als andere Hunde und reagieren stärker auf jede Form von Strenge, egal, ob diese körperlich oder stimmlich ausgedrückt wird. Menschen dieser Art finden es möglicherweise schwierig, in einem Großraumbüro zu arbeiten, wo sie keine Möglichkeit haben, sich vor Lärm abzuschirmen, oder in einem Klassenraum, in dem die Schüler in Gruppen arbeiten und die Lehrkraft mit anderen Leuten spricht. Es kann schwer für sensible Lerner sein, ihre Hausaufgabe zu machen, wenn im Hintergrund jemand telefoniert – oder eine Lösung zu einem geschäftlichen Problem zu finden, wenn gleichzeitig die Vorbereitungen für das Abendessen im Gange sind. Manche Lerner reagieren sensibel auf Geräusche oder visuelle Reize, während für andere eher zählt, wie viel Platz sie haben. Sehr viele Menschen und auch Hunde finden es schwer, zu lernen oder Leistung zu erbringen, wenn sie sich eingeengt fühlen – besonders von anderen Individuen. Wenn sensible Lerner sich in der ruhigen und stillen Umgebung befinden, in der sie ihre beste Leistung erbringen können, zeigen sie oft Anzeichen eines anderen Lerntyps an. Dieser Typus wird sehr oft von Ablenkungen verdeckt, da die Sensibilität dieser Individuen den größten Einfluss auf ihr Lernvermögen hat.

Manche dieser Unterschiede gehören genauso zu einem Individuum wie seine Persönlichkeit, aber auch Erfahrung kann eine entscheidende Rolle spielen. Hunde, die immer sehr viel gelockt wurden, tendieren dazu, auf eine Anleitung zu warten. Sie verhalten sich normalerweise passiv und warten darauf, dass ihnen gezeigt wird, was sie machen sollen. Im Gegensatz dazu sind Hunde, die mit weniger Anleitung anhand von Shaping gelernt haben, aktivere Teilnehmer im Lernprozess, weil sie verstehen zu scheinen, dass sie sich bewegen (verhalten!) müssen, damit etwas passiert. Hunde, die in der Vergangenheit anhand von Zwang und Strafe trainiert wurden, sind oft besonders zögerlich, irgendetwas auszuprobieren. Sie haben gelernt, dass sie Gefahr laufen, für das Anbieten eines Verhaltens – irgendeines Verhaltens – eine unangenehme oder sogar schmerzhafte Reaktion zu erhalten. Verständlicherweise haben diese Hunde Angst davor, etwas falsch zu machen, weshalb ihre Standardreaktion darin besteht, nichts zu machen.

Für den Lernerfolg Ihres Hundes ist es wichtig, seinen Lernstil in Ihren Trainingsplan mit einzubeziehen, und dasselbe gilt, wenn Sie einer Person etwas beibringen. Im Falle von Hunden, die schlecht auf Wiederholung reagieren, bedeutet dies, sofort nach einer korrekten Reaktion auf ein Signal ein anderes Verhalten zu verlangen. Im Falle von Hunden, die Verhaltensweisen gerne immer wieder zeigen, bedeutet es, sie das machen zu lassen. Im Falle von Hunden, die zögerlich sind und wirklich keine Fehler machen wollen, bedeutet es, eine Hilfestellung in der Form von Lockmitteln, Stichworten oder anderen Anleitungen anzubieten, falls nötig. Für erfinderische Hunde bedeutet es, viel am Timing zu arbeiten – damit Sie einen Hund, der Verhaltensweisen in schneller Abfolge anbietet, korrekt verstärken können. Sie können auch daran arbeiten, solchen Hunden beizubringen, welche Verhaltensweisen wahrscheinlich unter welchen Umständen verstärkt werden und Sie sollten versuchen, so viele Verhaltensweisen wie möglich unter Signalkontrolle zu bringen. Für alle Lerntypen gilt: Sie müssen deren besonderen Lernstil herausfinden und damit arbeiten. Dadurch schreitet der Lernprozess schneller voran, es gibt weniger Verwirrung und Frustration, und zusätzlich macht es allen Beteiligten mehr Spaß und ist effizienter.

In unserem Bildungssystem wird viel davon gesprochen, unterschiedliche Lernstile zu verstehen, wobei der Fokus (aber wenig wissenschaftliche Evidenz) auf visuellen, auditorischen und kinesthetischen Lernern liegt. Ich finde es gut, dass diese Ansicht unseren Kindern eine breitgefächtere Herangehensweise an den Unterricht beschert hat, weshalb ich dieselbe grundlegene Strategie bei Menschen anwende, die ich auch bei Hunden einsetze. Allerdings berücksichtige ich bei Menschen noch ein paar andere Lernstile – zusätzlich zu den hündischen Kategorien, die ich bereits besprochen habe.

Für manche Menschen ist Nachdenken ein wichtiger Zusatz zum Üben. Das Muskelgedächtnis ist etwas Wunderbares und stellt für viele Menschen den Schlüssel zum Lernen dar. Allerdings hat es für manche von uns auch seine Grenzen. Als ich beispielsweise Cheerleader in der Highschool war, lernte ich die Cheers (Anfeuerungsrufe) und Tanzschritte ganz anders als die anderen Mitglieder meiner Truppe. Ich hatte das Gefühl, dass die meisten von ihnen meine Art, zu lernen, nie verstanden oder respektierten. Egal, wie oft ich eine Choreographie wiederholte, indem ich einfach mitmachte und dabei Mädchen nachahmte, die sie schon beherrschten – ich konnte sie mir einfach nicht merken. Ich war einfach wie ein Beifahrer, der etwas nachmacht. Für mich war es genauso, wie Beifahrer in einem Auto zu sein: Ich merke mir die Wegstrecke nie, selbst, wenn ich schon oft auf dieser Strecke mitgefahren bin. Ich lerne nicht, wie ich wohin komme, außer, wenn ich selbst fahre und dadurch gezwungen bin, mir die Details der Strecke einzuprägen. Schlussendlich merkte ich, dass ich Cheerleader-Choreographien am effezientesten lernen konnte, indem ich eines der anderen Mädchen beobachtete und dann alles in meinem Kopf noch einmal durchging. Also sah ich zum Beispiel zu, wenn eine Choreographie aufgeführt wurde und lernte die Anweisungen dazu auswendig, wobei ich mir die Schritte bildlich vorstellte. (Mit dem rechten Fuß einen Schritt nach vorne, Arme ausgestreckt; Beine mit dem linken Fuß schließen, Arme zu einem V hochgestreckt; auf linkem Knie knien und Arme zur Seite; aufstehen; drehen; in die Knie gehen; springen, usw.) Sobald ich das im Kopf hatte, konnte ich die Choreographie ein- oder zweimal langsam üben und danach war ich bereit für das volle Tempo. Es war schwer, den anderen Truppenmitgliedern klar zu machen, dass ich sehr wohl an der neuen Choreographie arbeitete, obwohl es so wirkte, als ob ich nur abwesend dastehen und Dinge vor mich hin murmeln würde – während alle anderen Mädchen die Choreographie lernten, indem sie sie aktiv einübten. Sobald ich dieses System für mich gefunden hatte, konnte ich Choreographien schneller einstudieren. Da ich eine sehr sprachorientierte Person bin, ist es wahrscheinlich keine große Überraschung, dass ich die Worte zu den Anfeuerungen sehr schnell und fast ohne Anstrengung lernte, während dieser Teil für manche der kinästhetischen Lerner in der Gruppe schwieriger war.

Ich profitierte von demselben Prinzip, als ich nach einem Jahrzehnt Skifahren lernte, Snowboard zu fahren. (Wenn jemand nach einer Gelegenheit sucht, Bescheidenheit zu lernen und die eigene Frustrationstoleranz auszubauen, kann ich Snowboarden wärmstens empfehlen. Es ist auch eine großartige Gelegenheit, um einen Hang in unvorhergesehenen Richtungen und Geschwindigkeiten herunterzufahren. Wuuhuu!) Ich verbrachte einen Morgen damit, das Snowboarden in einem Anfängerkurs auszuprobieren, mit einem Lehrer, der sich anscheinend nicht vorstellen konnte, dass Snowboarden nicht für alle Leute intuitiv funktioniert. (Er erkannte leider auch nicht, dass eine Anleitung à la „ihr solltet den Hang total zerlegen, cool sein, das Brett spüren, easy, Spaß haben" nicht zielführend für die Gruppe war.) Nach dieser Erfahrung entschied ich mich dazu, einige YouTube-Videos anzusehen, in denen erklärt wurde, was man machen soll. Ein einziges fünfminutiges Video lieferte sehr konkrete Instruktionen zur Beinstellung, in welche Richtung man blicken soll, wie man sein Gewicht in den Wendungen verlagert sowie Details dazu, wo man die Füße beim Aussteigen aus dem Lift hinsetzt. Das war genau das, was ich gebraucht hatte. Nachdem ich mir dieses Video angesehen und mir die Schritte überlegt hatte, hatte ich beim nächsten Versuch auf der Piste sehr viel Spaß. (Um ehrlich zu sein, zerlegte der Hang immer noch sehr viel mehr mich als ich den Hang, aber zumindest hatte ich nun zwischen den Stürzen auch Spaß – und meine Snowboarding-Fähigkeiten verbesserten sich.) Es stellte sich heraus, dass Snowboarden ein großartiges Versuchslabor für Lerntheorien ist, solange man es nach dem Motto „schwierig wird es sowieso" angeht. Man muss nur in einem beliebigen Wintersportort zum Anfängerhang gehen und zusehen, wie Anfänger Snowboarden lernen und wie Könner es unterrichten. Dabei lernt man sehr viel darüber, wie Menschen lernen, was sie dabei behindert und wie Mitglieder der menschlichen Spezies mit Frustration umgehen. Manche Leute brauchen detaillierte mündliche Anweisungen, manche brauchen sehr viel Rückmeldung, manche brauchen jemanden, der mit ihnen gemeinsam die Körperbewegungen durchgeht, und wieder andere brauchen einfach sehr viel Übung ohne Einmischung von außen. Aber alle brauchen geduldige Lehrer und fast alle empfinden die Erfahrung als eine Herausforderung.

Wir müssen akzeptieren, dass manche Menschen mehr zwischen den Trainingseinheiten lernen als während ihnen. Ich bin Patricia McConnell (auch bekannt als Trisha) zutiefst dankbar dafür, dass sie mir diesen untypischen Lernstil erstmals in Bezug auf ihre Hündin Lassie aufgezeigt hat. Trisha brachte Lassie eine neue Hütetechnik bei, aber die Fortschritte während der Übungseinheiten waren oft langsam, was manchmal frustrierend war. Dann erkannte sie ein Muster. Es kam sehr oft vor, dass Lassie zwar während der Arbeit an den Schafen an einem bestimmten Tag nichts zu verstehen schien – aber am nächsten Übungstag hatte sie die Fähigkeit plötzlich gemeistert und sogar Fortschritte über die als letztes geübte Fähigkeit hinaus gemacht. Die Verankerung von Lerninhalten ist ein bekanntes Phänomen, mit dem gemeint ist, dass Lerninhalte oder Erinnerungen erst nach der Erstaufnahme im Gehirn verankert werden. Viele Schüler wissen, dass Schlaf hilfreich sein kann, um gelernte Inhalte ins Langzeitgedächtnis zu verschieben – was besonders gut funktioniert, wenn das Thema soundso einschläfernd gewirkt hat. Lassie brauchte nicht einfach mehr Übung – sie brauchte Zeit, um ihre Lektionen zu verarbeiten und das Gelernte verankern zu können. Noch interessanter war, dass sie in der Lage war, ein Können zu zeigen, das über das Erlernte hinausging – ganz so, als ob sie das Gelernte verankert hätte *und* auf dieses Wissen dann *selbst* zwischen den Übungseinheiten aufgebaut hätte. Folglich wirkte es so, als ob sie die größten Lernfortschritte dann machte, wenn sie nicht aktiv im Training war.

Jahre später bemerkte ich ein ähnliches Muster bei meinem Sohn, und weil Trisha mich darauf aufmerksam gemacht hatte, war ich in der Lage, es zu erkennen und seinen Lernstil zu respektieren. Mein

Sohn lernt manchmal genauso – zwischen den Lerneinheiten, sodass es zeitweise nicht so wirkt, als ob er große Fortschritte machen würde, wenn ich seine Vokabeln abfrage oder er einen mündlichen Vortrag einübt. Der Lernerfolg setzt erst Stunden später oder am nächsten Tag ein, obwohl er in der Zwischenzeit vielleicht gar nicht mehr aktiv gearbeitet, gelernt oder geübt hat. Hätte ich seinen Lernstil nicht erkannt, wäre ich zweifellos frustriert oder sogar besorgt darüber gewesen, dass er Neues nicht aufzunehmen schien. Eine unwissende Person könnte zu der Annahme verleitet werden, dass er sich während einer bestimmten Übungseinheit nicht anstrengen würde – oder zumindest nicht genügend anstrengen. Es gibt kein besseres Beispiel, um zu demonstrieren, wie sich Techniken aus dem Hundetraining auf unsere Interaktionen mit anderen Menschen anwenden lassen. Indem ich Trishas Beispiel über die beste Arbeitsmethode für Lassie verstand und diesem Beispiel folgte, konnte ich meinen Sohn auf eine gütigere und effizientere Art beim Lernen unterstützen.

Es gibt so viele Wege, um zu verstehen, wie Menschen am besten lernen. Der Zauber liegt oft im Detail, weil auch winzige Faktoren einen Unterschied machen können. Zum Beispiel lässt man Kinder oft Lernkarteien erstellen, um so ziemlich alle Inhalte zu lernen – von Mathe-Fakten über historische Daten, Konjugationen und Deklination in Fremdsprachen bis hin zu Vokabeln. Aber nur sehr selten fragt eine Lehrkraft die Schüler: „Funktionieren Lernkarteien für dich?", oder, was noch besser wäre: „Unter welchen Umständen findest du Lernkarteien hilfreich?" Es ist wichtig, konkret zu sein, wie ich von meinen Söhnen gelernt habe. Einer meiner Söhne findet Lernkarteien im Allgemeinen nützlich, um große Informationsmengen zu lernen und sich zu merken. Mein anderer Sohn findet sie nur dann hilfreich, wenn er herumgehen kann (und vielleicht gleichzeitig mit einem Fußball jongliert oder einen Basketball dribbelt), während er damit abgeprüft wird. Ansonsten tragen sie sehr wenig zu seiner Fähigkeit bei, Informationen zu behalten, und er hat das schon lange vor mir bemerkt.

Erinnern Sie sich daran, wie es ist, als Schüler etwas Neues zu lernen

Etwas Neues zu lernen ist eine Herausforderung, aber wenn wir nicht regelmäßig neue Dinge lernen, vergessen wir leicht, wie schwer es sein kann – geistig, körperlich und emotional. Die verstorbene Mary Lee Nitschke (Ph.D.) war nicht nur eine brilliante Psychologin und Freundin, sondern auch Hundetrainerin. Sie hatte eine sehr schlaue Idee, um dem Personal in ihrer Hundeschule dies nahezubringen. Das Ziel war, den Mitarbeitern mehr Empathie für die Schüler in den Hundetrainingskursen zu vermitteln, damit sie zu besseren Lehrern würden. Sie verlangte von ihren Lehrern, alle neun Monate einen Kurs in einem Bereich zu belegen, in dem sie selbst Anfänger waren. Es war dabei egal, worum es in dem Kurs ging. Es zählte einzig, dass sie Anfänger auf diesem Gebiet sein mussten. Die Trainer belegten Makramee, Kochkurse, Japanischkurse, Kalligraphie, Tanzkurse, Benehmenskurse, Marketingkurse und nahmen Fahrstunden. Dadurch waren sie sich alle immer bewusst, wie es sich anfühlt, etwas Neues zu lernen. Es war eine sehr lehrreiche Erfahrung, mal ganz abgesehen von den Fähigkeiten, mit denen die Kurse warben. Sie achteten darauf, wie sie von ihren Lehrern behandelt wurden und welche der Techniken hilfreich waren. Dadurch erlangten sie ein neues Bewusstsein dafür, wie wichtig es ist, respektvoll mit Schülern umzugehen, die etwas ganz neu erlernen müssen.

Ich habe mir diese Lektion für alle meine Bereiche zu Herzen genommen: für mein Hundetraining, meine Lehrtätigkeit an der Universität und meine Kinder. Ich versuche, immer wieder neue Dinge zu lernen und mich daran zu erinnern, wie stressig und anstrengend dies sein kann. Diese Empathie hilft mir zu verstehen, wie belastend es für meine Kinder manchmal ist, in die Schule zu gehen, vor einer Reise nach Portugal Portugiesisch zu lernen, Fußball zu üben und vieles mehr. Ich habe absichtlich im Laufe der Jahre viele neue Dinge gelernt, damit ich nie vergesse, wie es sich anfühlt, ein Anfänger zu sein. Ich habe als erwachsene Person folgende Dinge gelernt: Gesellschaftstänze, Spanisch, Ski- und Snowboardfahren, Feuerholz hacken, Eislaufen, Bilder mit Passepartout rahmen, mehrere Sprachen so gut zu sprechen, dass es für Reisezwecke ausreicht, Mountainbiken und Kochen. Wir sollten uns einprägen, wie es ist, bei etwas unerfahren und ungelernt zu sein, da wir uns dadurch besser in diejenigen einfühlen können, die wir unterrichten.

Einen Sommer lang zwang ich mich auf eine ganz konkrete Art dazu, die Anfänger-Erfahrung meiner Kinder nachzuvollziehen: Ich ließ *meine Kinder* mir beibringen, die Blockflöte zu spielen. Ich bin überhaupt NICHT musikalisch. Es ist unmöglich, mein fehlendes Talent in dieser Hinsicht zu übertreiben. Kennen Sie das, wenn Menschen oft von sich behaupten, überhaupt nicht singen zu können – und wenn man sie dann hört, sind sie gar nicht so schlecht? Vielleicht ist ihre Stimme nichts Besonderes, aber sie schaffen es zumindest, den richtigen Ton zu treffen. Solche Menschen würden sich harmonisch in jeden Chor einfügen oder könnten einen positiven Beitrag zu einer schallenden Runde „Hoch soll er leben" leisten. Wenn ich singe – selbst, wenn es etwas ist, was angeblich jeder kann, wie „Happy Birthday to you" – dann neigen die Leute um mich herum dazu, mich schief anzusehen oder sogar zu fragen: „Willst du uns veräppeln?" Ich besitze einfach kein musikalisches Talent. Als Kind lernte ich vier Jahre lang Klavier, weshalb ich Noten lesen kann und die Grundtheorie verstehe, aber da enden meine Fähigkeiten auch schon.

Glücklicherweise haben meine Kinder ihre Fähigkeiten von ihrem talentierten Vater geerbt. (Uff!) Mein älterer Sohn spielt Euphonium und Saxophon, mein jüngerer Trompete und Waldhorn, und beide Kinder haben im Musikunterricht in der vierten Klasse gelernt, die Blockflöte zu spielen. Ich bat sie, mir die neun Stücke beizubringen, die sie in der Schule gelernt hatten, beginnend mit einem einfachen Kinderlied bis hin zum schwierigsten Stück, „Ode an die Freude". Es war eine positive Erfahrung, aber nicht ohne Frustrationen. Meine Kinder lernten viel darüber, wie es ist, einer Person etwas beizubringen, die sie nicht intuitiv versteht und ich wurde daran erinnert, wie schwer es ist, sich neue Fähigkeiten anzueignen. Meine Kinder mussten lernen, mit meinen Fähigkeiten zu arbeiten und mich dort abzuholen, wo ich war. Außerdem, immer nur ein oder zwei Vorschläge gleichzeitig zu machen und geduldig zu sein. Ich musste lernen, mit der Peinlichkeit zu leben, dass ich einfach nur grottenschlecht war und mehr üben musste, als die meisten Leute es für dasselbe Erfolgsniveau müssen. Außerdem musste ich lernen, damit zurechtzukommen, wenn der Unterricht mich überforderte. Seit dieser Erfahrung habe ich viel mehr Geduld mit meinen Kindern, wenn ich ihnen etwas beibringe, und sie sind besser darin geworden, mir oder ihren Klassenkameraden etwas beizubringen. Der Grund dafür ist, dass sie gelernt haben, schrittweise vorzugehen und auf den Schüler einzugehen. Es ist nicht einfach, sich einzufühlen, wenn man jemandem etwas beibringt, was einem selbst leicht fällt oder worin man viel Erfahrung hat. Aber man muss die Anfängermühen verstehen können, wenn man auf eine gütige und effiziente Art unterrichten will.

Konsequenz

Wenn wir als Lehrer konsequent sind, ist das eine der größten Freundlichkeiten, die wir einer Person erweisen können, die gerade etwas Neues lernt. Wenn wir konsequent darin sind, was eine Verstärkung verdient und was nicht, ist es für den Lernenden leichter, sich zurechtzufinden. Dadurch wird der Lernprozess effizienter und weniger stressig, weil Konsequenz die Spielregeln verständlicher macht. Nehmen wir zum Beispiel an, Sie würden Ihrem Hund beibringen wollen, sich bei der Begrüßung hinzusetzen. Damit er diese Fähigkeit erlernen kann, bieten Sie ihm eine Verstärkung für dieses Verhalten an, wenn Sie von der Arbeit heimkommen. Für den Hund wäre es verwirrend und unfair, wenn Sie ihn dann aber dazu ermuntern, an Ihnen hochzuspringen, wenn Sie im Garten arbeiten, oder sich traurig fühlen oder ihm nahe sein möchten. Diese Inkonsequenz erschwert Ihrem Hund das Verständnis, was von ihm erwartet wird – da Hunde aller Wahrscheinlichkeit nach nicht verstehen, dass hübsche Kleidung ein Regelwerk bedeutet, während alte Kleidung alles verändert. (Es ist möglich, einem Hund den Unterschied beizubringen, sodass er sich entsprechend verhält, aber so gut wie niemand macht das, weil es sehr schwierig ist. Es ist übrigens eine unglaubliche Konsequenz nötig, um einem Hund derartig feine Unterschiede beizubrigen.) Gleichermaßen müssen Sie konsequent sein, wenn Sie möchten, dass Ihr Hund sich vor dem Füttern ruhig und still verhält oder bevor Sie die Leine anlegen. Sie riskieren einen großen Rückschritt im Training, wenn Sie „nur dieses eine Mal" (weil Sie zerstreut oder in Eile sind) machen, was er will (die Futterschüssel hinstellen oder die Leine anklippsen), während er bellt oder wild herumspringt. Seien Sie konsequent und Ihr Hund wird effektiver lernen, was Sie versuchen, ihm beizubringen.

Bei Menschen wird Konsequenz normalerweise dann betont, wenn es um die Kindererziehung geht. Man liest häufig, wie wichtig es sei, bei allen möglichen Dingen klar und vorhersehbar zu agieren – von Schlafenszeiten über soziale Erwartungen bis hin zu unterschiedlichen Haushaltsaufgaben. Als Eltern hören wir (durchaus zu Recht), dass wir mit unseren Kindern konsequent umgehen sollen und ich stimme mit dieser allgemein akzeptierten Vorstellung überein. Kinder tun sich leichter, wenn sie wissen, was von ihnen erwartet wird und wie Sie reagieren werden.

Auch in Geschäftskreisen wird oft betont, wie wichtig es sei, Mitarbeiter konsequent zu führen. Das Hauptargument ist, dass Konsequenz – also vorhersehbare Reaktionen auf Verhalten – Selbstbewusstsein und Selbstsicherheit fördert. Es macht Mitarbeiter nervös, wenn ein Chef oder Vorgesetzter nicht konsequent ist – vielleicht, indem er sich einen Tag sehr freundlich gibt, während er am nächsten Tag feindselig wirkt. Die meisten Leute sind bereit, sich den Hintern für einen strengen Vorgesetzten aufzureißen, solange diese Person fair und konsequent ist. Wenn Regeln und Reaktionen sich ständig ändern, verlieren Menschen ihre Bereitschaft, sich anzustrengen und reagieren verärgert. Entweder sie zeigen das erwünschte Verhalten am Ende nicht oder sie lernen sehr viel langsamer. Auf eine lernende (oder sich irgendwie verhaltende) Person wirkt es beruhigend, wenn sie die an sie gerichteten Erwartungen kennt und weiß, welches Verhalten welche Konsequenzen nach sich zieht. Die Folge ist eine sehr viel höhere Arbeitsbereitschaft, einschließlich einer Bereitschaft zu *harter* Arbeit. Wie wichtig Konsequenz für Eltern und in der Geschäftswelt ist, ist bekannt, aber ihre Bedeutung geht eigentlich weit über diese Bereiche hinaus und trifft auf alle Menschen zu, egal, in welcher Situation.

Kapitel 5

Klassische Konditionierung

Negative Emotionen, Angst und Nervosität bekämpfen

In den vorhergehenden Kapiteln habe ich den Einsatz der operanten Konditionierung (mit einem Fokus auf positiver Verstärkung) besprochen, um neue Verhaltensweisen zu lehren und bestehende Verhaltensweisen zu modifizieren. Wie bereits besprochen, werden bei der operanten Konditionierung Verstärker eingesetzt (sowie Strafe, obwohl diese im Hundetraining glücklicherweise nicht mehr so häufig angewendet wird wie früher), um Verhalten zu beeinflussen und es handelt sich dabei um eine äußerst effektive Methode. Dies gilt für das Verhalten von Hunden, Ratten, Menschen, Katzen, Delphinen und allen anderen Tierarten. Es ist ein mächtiges Werkzeug, das ich jeden Tag anwende, aber es ist nicht das einzige Mittel, das wir zur Verfügung haben. Ich setze auch regelmäßig eine andere Lernmethode ein: die sogenannte klassische Konditionierung. Eine klassische Konditionierung tritt auf, wenn ein Tier lernt, welche Ereignisse in der Umwelt regelmäßig zusammen auftreten. Konkret bezeichnet klassische Konditionierung die Lernerfahrung, dass ein Ereignis einem anderen Ereignis verlässlich vorausgeht. Dies führt zu einer Gefühlsübertragung von dem sich ankündigenden Ereignis hin zu dem vorhergehenden Ereignis. Der Einsatz einer klassischen Konditionierung ist immer dann eine Überlegung wert, wenn das fragliche Verhalten von negativen Emotionen ausgelöst wird – insbesondere, wenn die Hauptemotion Angst ist.

Wie beeinflusst die klassische Konditionierung Verhalten und Emotionen?

Wir bringen Hunden häufig bei, Verknüpfungen zwischen Ereignissen in ihrer Welt herzustellen (in anderen Worten, wir konditionieren sie klassisch), obwohl dies oft unbeabsichtigt geschieht. „Wenn ich dieses Rascheln höre, dann weiß ich, dass es Leckerlis gibt!", „Ich sehe, wie du deine Autoschlüssel nimmst, was bedeutet, dass du ohne mich zur Arbeit gehst.", „Du ziehst dir Laufschuhe an und das bedeutet, du gehst fort, aber ich darf auch mitkommen!"

Die klassische Konditionierung wurde erstmalig von dem Wissenschaftler Ivan Pawlow untersucht und beschrieben, weswegen sie auch oft Pawlowsche Konditionierung genannt wird. Pawlow ist der Mann, der Hunden beibrachte, bei dem Ton einer Glocke zu speicheln – der erste jemals beschriebene Fall einer klassischen Konditionierung. (Interessantes Detail: Der Ton war eigentlich ein Summerton, obwohl manchmal auch ein anderer elektronischer Ton verwendet wurde. Die „Glocke" ist das Resultat einer Fehlübersetzung, aber ich werde dieses Wort verwenden, weil es in Bezug auf Pawlows Arbeit das Übliche ist.) Im Zuge von Untersuchungen zur Verdauung von Hunden fiel Pawlow auf, dass der Speichelfluss der Hunde einsetzte, wenn sie einen Techniker im Laborkittel sahen – denn so waren die Menschen angezogen, von denen sie gefüttert wurden. Er begann, dieses Verhalten zu untersuchen, während er zusätzlich seine physiologische Arbeit zur Verdauung fortführte, für die er im Jahr 1904 den Medizin-Nobelpreis erhielt.

Pawlow versuchte, in Experimenten herauszufinden, was den Speichelfluss der Hunde anregte: Er läutete jedes Mal eine Glocke, bevor die Hunde gefüttert wurden. Nach nur wenigen Versuchen begannen die Hunde als Reaktion auf den Klingelton zu speicheln. Die Reaktion auf die Anwesenheit von Futter (Speichelfluss) war auf den Glockenton übertragen worden, da die Glocke immer vor der Fütterung erschallte (und deshalb die perfekte Vorhersage des Futters war). Wissenschaftlich gesprochen würden wir sagen, dass die Hunde auf den Klingelton klassisch konditioniert wurden.

Die Tatsache, dass die meisten Hunde gelernt haben, ihre Leine zu *lieben*, ist ein universelles Beispiel für eine klassische Konditionierung in der Hundewelt. („Wenn ich sehe, dass du die Leine nimmst, bedeutet das, dass wir spazieren gehen! Zeit für einen Freudentanz!“ Es gibt eigentlich keinen Grund, warum Hunde so glücklich über den Anblick eines Nylon- oder Lederriemens sein sollten, und noch viel weniger sollte es sie freuen, wenn dieser an ihrem Halsband befestigt wird. Der Grund für ihre starke positive emotionale Reaktion ist, dass sie gelernt haben, die Leine und alle damit verbundenen Handlungen (die Leine nehmen und an ihrem Halsband befestigen) mit dem Highlight ihres Lebens zu verknüpfen – dem täglichen Spaziergang. Die klassische Konditionierung ist ein unglaublich mächtiges Werkzeug, um die von einem Ereignis (Spaziergang) hervorgerufenen Emotionen eines Tieres auf ein anderes Ereignis (ein Mensch nimmt die Leine und befestigt sie am Halsband) zu übertragen, sodass der Hund sich schon freut, wenn er nur sieht, wie jemand die Leine nimmt.

Damit diese Verknüpfung stattfinden kann, muss der vorher bedeutungslose Reiz (die Leine oder Glocke) wiederholt direkt vor dem Reiz erfolgen, der die natürliche Reaktion auslöst (der Spaziergang oder das Futter). Es ist die Verlässlichkeit dieser Verkopplung, die zur Reaktionsübertragung führt. Falls es Sie interessiert, in der Fachsprache würde man sagen, dass der bedingte Reiz (Leine oder Glocke) vor dem unbedingten Reiz (Spaziergang oder Futter) erfolgen muss. Würde es umgekehrt ablaufen – Sie füttern Ihren Hund immer, bevor Sie eine Glocke läuten, würde der Hund keine zeitliche Verknüpfung zwischen Glocke und Futter herstellen, da die Glocke der Anwesenheit von Futter nicht *vorhergehen* würde.

Welchen Nutzen hat die klassische Konditionierung im Hundetraining?

In der Welt des Hundeverhaltens wird die klassische Konditionierung oft und mit großem Erfolg eingesetzt, um das Verhalten von aggressiven Hunden zu ändern. Um zu verstehen, warum dies so effektiv ist, ist es erstens wichtig, zu wissen, dass es sich dabei um eine mächtiges Lernwerkzeug handelt, und zweitens, dass viele Hunde aggressives Verhalten zeigen, weil sie Angst haben. Ich bin seit über zwanzig Jahren darauf spezialisiert, aggressives Verhalten bei Hunden zu bewerten und zu modifizieren, was bedeutet, dass ich mit Tausenden von aggressiven Hunden gearbeitet habe. Ich habe einmal ausgerechnet, dass achtzig Prozent aller aggressiven Hunde, mit denen ich gearbeitet habe, dieses Verhalten aus Angst zeigten. (Andere Ursachen haben vielleicht bei manchen Fällen dieser achtzig Prozent eine Rolle gespielt, aber Angst war die Hauptursache.)

Eine Angst vor Fremden ist eine sehr häufige Ursache, die zu aggressivem Verhalten führt. Viele Hunde sind bei bekannten Menschen lieb und brav, aber verhalten sich aggressiv gegenüber Fremden. Dies äußert sich durch Bellen, Knurren, plötzliches Vorspringen, Zähnezeigen oder sogar Beißen, wobei der Auslöser eine Person ist, die sie nicht kennen. Ängstliche Hunde reagieren mit großer Wahrscheinlichkeit besonders schlecht, wenn die Person sich auf sie zubewegt, zu nahe gekommen ist oder sich zu ihnen vorbeugt und sie anfassen will. Denn ein Hund, der Angst vor jemandem hat, möchte am allerwenigsten, dass diese Person näherkommt oder versucht, Körperkontakt herzustellen. Um eine Verhaltensänderung zu erzielen, ist es nutzlos und völlig kontraproduktiv, wenn wir das machen, was vielen Menschen natürlich erscheint – den Hund bestrafen. Vielen Leuten ist es unangenehm, wenn ihr Hund Aggressionen zeigt. Sie brüllen den Hund dafür an oder schlagen ihn sogar, weil sie entweder frustriert und verärgert sind oder glauben, dass dies hilfreich sei und den Erwartungen entspricht. Was lernt der Hund dadurch? Er lernt, dass sein Besitzer immer dann böse und streng wird, wenn eine fremde Person kommt. Was dem Hund umso mehr Grund gibt, derartige Situationen zu hassen und zu fürchten. (Wenn eine näherkommende fremde Person dem strengen Stimmungswandel des Besitzers vorausgeht, handelt es sich dabei übrigens auch um ein Beispiel der klassischen Konditionierung.) Durch den Einsatz der klassischen Konditionierung können wir aber auch den gegenteiligen und sehr viel erstrebenswerteren Effekt erzielen: Ein Hund, der beim Anblick von fremden Menschen Freude statt Angst empfindet. Wenn ein Hund sich freut, eine fremde Person zu sehen, wird er sich gegenüber dieser Person nicht mehr aggressiv verhalten.

Wie können wir also klassische Konditionierung einsetzen, damit ein Hund beim Anblick von Fremden Freude empfindet? In der Theorie geht es erstaunlich einfach, obwohl die Umsetzung eine Detailgenauigkeit erfordert, die jede Rechtsanwaltsgehilfin beschämen würde. Genau wie wir unseren Hunden in so vielen Fällen beigebracht haben, ihre Leine zu lieben, ist es möglich, unsere Hunde dazu zu bringen, dass sie lieben, was ihnen derzeit Angst macht. Es ist jedoch deshalb eine Herausforderung, weil die Leine ursprünglich überhaupt keine Bedeutung hatte, während die Sache, die dem Hund Angst macht, bereits emotional aufgeladen ist. (Der Hund verknüpft bereits eine negative Assoziation damit.) Dennoch ist es möglich, wobei eine konsequente Verkoppelung zwischen dem angsteinflößenden Objekt und einem freudigen Ereignis wesentlich für den Erfolg ist. Ein weiterer kritischer Aspekt dieser Technik ist, sicherzustellen, dass der Hund während des Trainings keine Angst hat. Wenn ein Hund Angst vor Fremden hat und man konsequent Steak mit fremden Personen verknüpft, kann es passieren, dass der Hund am Ende panische Angst vor Steak hat, anstatt Menschen zu lieben. („Mein Besitzer packt Steak ein. Das bedeutet, dass wir schon wieder zu fremden Menschen gehen. Oh nein!") Die Details der Vorgehensweise können einen riesigen Unterschied machen!

Wenn Sie möchten, dass ein Hund beim Anblick einer unbekannten Person Freude empfindet, müssen Sie diese Person so präsentieren, dass sie möglichst nicht angsteinflößend wirkt. Das könnte bedeuten, dass die Person sitzt, dem Hund abgewandt ist oder weit entfernt ist – alle diese Faktoren können den Angstfaktor mindern. Es gibt nicht die „eine Methode", um die Intensität des „unbekannte Person"-Reizes zu verringern, sondern es bestehen viele Möglichkeiten. Es ist aber auf jeden Fall richtig, die Intensität genügend zu verringern, sodass der Hund beim Anblick einer fremden Person keine Angst mehr empfindet und mit der Zeit sogar Freude empfinden kann, weil immer nach dem Auftauchen eines Unbekannten etwas Tolles passiert. Um dem Hund Freude zu bereiten, könnten Sie ihm Fleisch füttern, ein Zerrspiel mit ihm spielen oder einen Ball werfen. Im Idealfall verkoppeln Sie eine niedrige Intensität des Angstobjekts mit der Sache, die der Hund in seinem Leben am meisten liebt. Der Hund soll auf seine hündische, nicht-übersetzbare Art denken: „Oh, schon wieder jemand, den ich nicht kenne. Super! Das bedeutet Leckerli (oder Spiel)!" Sobald der Hund diese Verbindung herstellt und beim Anblick der Person Freude empfindet, weil er etwas Tolles erwartet, wird die Intensität des angsteinflößenden Reizes ganz leicht erhöht. Dann arbeitet man auf diesem Niveau weiter, bis der Hund wieder Freude empfindet und erhöht die Schwierigkeit dann noch einmal. Schlussendlich wollen wir erreichen, dass eine Person ganz nah zu dem Hund hingehen und ihn vielleicht sogar berühren kann, während der Hund freudig auf den wunderbaren unbedingten Reiz (Futter) wartet, den er mit dem bedingten Reiz (Unbekannter) verknüpft hat.

Ebenso kann man einem Hund beibringen, Donnergrollen („Super, es ist Spielzeit! Ich hole meinen Ball!") oder den Staubsauger („Mir rinnt das Wasser aus dem Maul, wenn ich dieses Sauggeräusch höre! Her mit dem Hähnchen!") oder das Postauto („Das scheint der größte Futterautomat der Welt zu sein – anscheinend wird hier Rinderbraten transportiert!") zu lieben. Es ist im Vergleich zu der Anwesenheit fremder Personen allerdings schwieriger, dem Hund beizubringen, diese Beispiele zu lieben, weil sie alle schwerer kontrollierbar sind. Es ist im besten Fall eine Herausforderung, die Intensität des Staubsaugers oder des Postautos zu kontrollieren, sodass der ansonsten angsteinflößende Reiz während des gesamten Trainings in der richtigen Intensität stattfindet. Es ist schwierig bis unmöglich, die Intensität eines Gewitters auf das richtige Niveau herunterzuregulieren, weshalb die Methode am besten bei Hunden funktioniert, deren Angst vor Lieferwagen, Staubsaugern oder Donnergrollen nur mild ausgeprägt ist.

Klassische Konditionierung und Menschen

Ob gewollt oder nicht – die klassische Konditionierung kann zu starken emotionalen Verknüpfungen zwischen Ereignissen führen, und Menschen sind für derartige Assoziationen genauso anfällig wie Hunde. Genau wie Hunde können wir sowohl negative als auch positive Assoziationen leicht erlernen. Zum Beispiel war eine unglücklich verheiratete Frau in meinem sozialen Umfeld immer angespannt, wenn sie heimfuhr. Da ihr Mann unregelmäßige Arbeitszeiten hatte, wusste sie nie, ob er zuhause sein würde oder nicht. Wenn sie seinen Pick-up in der Einfahrt sah, wusste sie, dass er zuhause war und verkrampfte sich sofort vor Anspannung und Angst, weil sie die bevorstehende Auseinandersetzung fürchtete. Die Scheidung ist Jahre her und sie ist heute sehr glücklich mit ihrem zweiten Mann verheiratet – aber sie sagt, dass sie immer noch einen Schreckensmoment empfindet, wenn sie beim Nachhausekommen einen Pick-up in ihrer Einfahrt sieht. Dies ist auch dann der Fall, wenn das Auto dem Babysitter, einem Handwerker oder einem Freund ihres heutigen Ehemanns gehört. Die Assoziation zwischen dem in der Einfahrt geparkten Pick-up ihres ersten Mannes und einem Streit oder einer unangenehmen Situation war so stark, dass die schlechten Gefühle bezüglich der Auseinandersetzungen mit ihrem Mann auf den Anblick von dessen Auto übertragen wurden. Sie regt sich heute noch über den Anblick jedes Pick-ups in ihrer Einfahrt auf, obwohl es Jahre her ist, dass dies die Anwesenheit ihres Ehemannes und somit eine bevorstehende schlechte Erfahrung bedeutete. Dieses Beispiel demonstriert, wie stark eine klassische Konditionierung wirken kann.

Der Anblick eines geparkten Fahrzeugs in der Einfahrt kann negative Gefühle hervorrufen, aber es ist möglich, dies zu ändern, sodass stattdessen Glücksgefühle hervorgerufen werden. Ein anderer meiner Freunde hat ein sehr enges Verhältnis zu seinen Eltern, was teilweise darauf zurückzuführen sein mag, dass er aus einer Kultur kommt, in der die Familie über allem steht und es normal ist, mindestens ein paar Abende pro Woche mit der erweiterten Familie zu verbringen. Seine Frau kommt aus einer Familie, in der sich alle ebenfalls sehr lieben, aber gleichzeitig das Gefühl haben, dass diese Liebe am besten aufrecht zu erhalten sei, indem man sich nie öfter als einmal alle vierzehn Tage sieht, und dann auch nur für ein paar Stunden am Stück. Derartige kulturelle Konflikte kommen häufig vor, aber in diesem Fall bedeutete es, dass die Frau meines Freundes regelmäßig von der Arbeit nach Hause kam, das Auto ihrer Schwiegereltern in der Einfahrt erblickte (schon wieder!) und spürte, wie ihr leicht flau in der Magengrube wurde. Es war keineswegs so extrem wie die negativen Gefühle, die die Frau in der schlechten Ehe verspürt hatte. Hierbei handelte es sich mehr um ein Gefühl der Enttäuschung, weil sie sich nach der Arbeit gerne mit ihrem Mann und ihren Kindern entspannt hätte, und nun waren Gäste da. Mein Freund wollte, dass seine Frau genauso glücklich über das Auto seiner Eltern in der Einfahrt wäre wie er. Er setzte Methoden aus dem Hundetraining – eine klassische Konditionierung, um genau zu sein – ein, um dieses Ziel zu erreichen.

Mit Hilfe seiner Eltern gestaltete mein Freund die Abende ihrer Besuche verlässlich so, dass sie auch wundervolle Abende für seine Frau wurden. Die Großeltern passten auf die Kinder auf, sodass das Ehepaar gemeinsam ausgehen konnte, um einzukaufen, ein Glas Wein zu trinken, einen romantischen Abend zu verbringen oder eine kleine Fahrradtour oder einen Spaziergang in der Umgebung zu machen. Mein Freund organisierte alles so, dass seine Eltern bei jedem ihrer Besuche auf die Kinder aufpassten, sodass er und seine Frau gemeinsame Zeit verbringen konnten. Ihr Mann setzte also klassische Konditionierung ein, um zu erreichen, dass sie beim Anblick des Autos seiner Eltern Glückgsgefühle empfinden würde. Bedeutete dies doch, dass sie einen Zeitrahmen zwischen zwanzig Minuten und dem ganzen Abend alleine mit ihrem Mann verbringen konnte. In dieser doppelt berufstätigen Familie mit kleinen Kindern war die Zeit für die Partnerschaftspflege normalerweise immer knapp bemessen. Randbemerkung: Auch die Schwiegereltern profitierten davon, und zwar in doppelter Hinsicht. Erstens waren sie im Hause ihrer Schwiegertochter nun voll und ganz willkommen, was offensichtlich gut für die Familiendynamik ist. Und zweitens konnten sie Zeit alleine mit ihren Enkeln verbringen, was sie glücklich machte.

Die klassische Konditionierung kann auf viele verschiedene Arten bei Menschen eingesetzt werden, und zwar sehr erfolgreich. Egal, welche Tierart etwas lernen soll, der Grundgedanke ist immer derselbe: Man verkoppelt zwei Reize miteinander, von denen einer bereits die erwünschte Reaktion hervorruft, während der andere diese Reaktion hervorrufen soll, aber es derzeit noch nicht tut.

Nicht nur Hunde fürchten sich vor Gewittern – viele Eltern haben ihrer Kinder darauf konditioniert, Gewitter zu lieben, obwohl sie früher Angst davor hatten. Ohne überhaupt zu wissen, dass es sich dabei um eine spezielle Technik handelt, haben die Eltern den Donner mit der besonderen Belohnung verkoppelt, ins elterliche Bett zu dürfen. Egal, ob das nun so beabsichtigt war oder nicht, es funktioniert! Nun werden Gewitter mit kreischender Freude begrüßt und man hört trappelnde Kinderfüße, wenn die Kleinen in das Bett der Eltern rennen, anstatt vor Angst und Schrecken zu weinen. Ironischerweise werden viele Eltern so darauf konditioniert, Gewitter zu hassen, weil dieses Wetter der Vorbote einer schlaflosen Nacht mit zu vielen Körpern im Bett ist.

Die klassische Konditionierung wird ebenfalls eingesetzt, um unterschiedliche Ängste und Phobien bei Menschen zu behandeln. Alle möglichen Ängste – von Flugangst und Höhenangst bis hin zu der Angst vor Dunkelheit oder Spinnen – können anhand einer klassischen Konditionierung behandelt werden. Indem der Angstauslöser mit etwas Positivem verknüpft wird, das die Person wirklich gerne hat (großartige Musik, eine Lieblingsspeise, schöne Kunst), können die positiven Gefühle des einen Reizes auf den anderen, ursprünglich angstauslösenden Reiz übertragen werden. Genau wie bei der Angstbehandlung von Hunden gilt auch hier: Der Teufel steckt im Detail. Der Prozess muss in genau der richtigen Reihenfolge ablaufen, damit er funktioniert. Wenn es aber richtig gemacht wird, kann die Methode hochwirksam sein.

Die klassische Konditionierung kann nicht nur echte Ängste kurieren, sie vermag auch ein leichtes Grauen in eine freudvolle Erfahrung umzudeuten. Es gab in meinem Leben eine Zeitlang ein monatliches Zusammentreffen, an dem ich nie gerne teilnahm, aber zu dem ich mich verpflichtet fühlte. Es handelte sich um einen Morgentreff, der in einem Café stattfand. Ich versuche, Kaffee zu vermeiden, weil ich leider eine Persönlichkeit habe, die man am ehesten als „präkoffeiniert“ beschreiben könnte. Tee geht gut, aber durch Kaffee werde ich hibbeliger, als die meisten Leute, einschließlich mir selbst, sich wünschen würden. Obwohl ich ihn nicht regelmäßig trinke, liebe ich Kaffee (außer, leider, koffeinfreien Kaffee!) und gönne mir gelegentlich einen. Weil dieses monatliche Treffen in einem Café stattfand, gab es dort köstlichen Kaffee und ich begann, mir selbst eine Tasse pro Treffen zu erlauben. Innerhalb von ein paar Monaten freute ich mich auf das zuvor gefürchtete Treffen, weil es nun mit dem seltenen Genuss von Kaffee assoziiert war. Ich wandte die klassische Konditionierung nicht absichtlich an mir selbst an und tatsächlich könnte man darüber streiten, ob dies überhaupt möglich ist oder ob dazu äußere Kräfte notwendig sind. Es steht allerdings außer Zweifel, dass ich unbewusst eine Verbindung zwischen dem Treffen und dem Glücksgefühl herstellte, das mir der Kaffee beschert. Diese Verknüpfung führte dazu, dass ich nun einer Aktivität freudig entgegensah, an der ich zuvor ohne große Begeisterung teilgenommen hatte. Wenn es in Ihrem Leben ein solches seltenes Ereignis gibt, das Ihnen keine Freude bereitet, dann versuchen Sie doch, es mit einem besonderen Genusserlebnis zu verknüpfen und schauen Sie, ob das Ihre Einstellung zu der Situation verändert. (Es scheint mir vernünftig, weiterhin davon auszugehen, dass wir die Prinzipien der klassischen Konditionierung an uns selbst anwenden können – zumindest bis zu einem gewissen Grad – auch wenn die Wirkung vielleicht nicht so stark ausfällt, wie das der Fall wäre, wenn jemand anderes die Verknüpfungen kontrollieren würde.)

Bevor ich für vier Monate nach Costa Rica zog, brachte ich meinen Kindern Spanisch bei. Sie sollten dort in die Schule gehen können und damit etwas Intelligenteres und Interessanteres machen, als immer nur zu lächeln und zu nicken, wenn sie angesprochen würden. (Um ganz ehrlich zu sein, spielten Lächeln und Nicken besonders am Anfang immer noch eine große Rolle, aber immerhin sehr viel weniger als das ohne vorheriges Spanischlernen der Fall gewesen wäre.) Vor dieser internationalen Erfahrung sprachen meine Kinder sehr viel lieber Englisch als Spanisch, weshalb sie dazu gebracht werden mussten, Spanisch zu mögen. Meine Lösung war der Einsatz klassischer Konditionierung, damit meine Söhne Spanischstunden und Spanischkonversation genauso lieben würden wie Schokodrops. Sie setzten Spanisch mit Schokolade gleich und begannen, am Anfang jeder Spanischstunde Glücksgefühle zu empfinden, weil sie wussten, dass sie nach jedem Lernabschnitt Schokolade bekommen würden. Mittlerweile mögen sie Spanisch teilweise auch deshalb, weil sie es inzwischen so viel besser können, aber die Schokolade war ein wichtiger Faktor, um die Fremdsprache mit positiven Gefühlen zu verbinden. Ich zapfte ihre emotionale Reaktion auf Schokolade an, um Spanisch für sie zu einer positiven Erfahrung zu machen – und die Technik zeigte gute Wirkung.

Zwei Jahre später bereiteten wir uns darauf vor, zwei Monate in Europa zu verbringen, hauptsächlich in Deutschland, Österreich und der Schweiz. Deshalb lernten wir alle Deutsch und ich tat, was ich konnte, um ihnen den Lernprozess und die neue Sprache schmackhaft zu machen. Ich klammerte mich an den Gedanken, dass sie dankbar für die Erfahrung sein würden, wenn sie älter wären. Bis dahin sorgte Schokolade für Glücksgefühle während der Deutschstunden. (Hätte ich mich nicht so bemüht, ihnen Spaß am Erlernen von Fremdsprachen zu vermitteln, wäre ich wahrscheinlich nur noch eine Sprache entfernt von einer großen Revolte und müsste mich glücklich schätzen, wenn die Jungs noch nicht versucht hätten, mich in meinem Bett zu ermorden.)

Wie die meisten Kinder waren meine Söhne nicht von Natur aus wild darauf, die Haare geschnitten zu bekommen, aber auch das konnte der durchdachte Einsatz einer klassischen Konditionierung leicht lösen. Wir verknüpften das Haareschneiden mit Bonbons. Ich weiß, ernährungsphysiologisch ist das nicht ideal, aber ich finde ein oder zwei zusätzliche Bonbons alle acht Wochen nicht problematisch. Wenn wir entscheiden, dass ein Haarschnitt fällig ist, darf jeder meiner Söhne sich ein Bonbon aussuchen, nachdem der Frisör zu schneiden begonnen hat. Wenn sie sich während des Schnitts brav verhalten, sodass es schnell geht, dürfen sie sich am Ende jeweils ein zweites Bonbon nehmen. Dieser Prozess ist eigentlich eine Kombination aus klassischer und operanter Konditionierung. Die Nachricht, dass ich einen Frisörtermin vereinbart habe, kündet von der Gelegenheit, ein Bonbon aussuchen und essen zu dürfen, weshalb sie darauf erfreut und nicht verärgert reagieren. Dieser Teil ist die klassische Konditionierung. Die verlässliche Koppelung von Haarschnitt und Bonbons hat dazu geführt, dass die Emotion des zweiten Ereignisses (das Bonbon, ein unbedingter Reiz) auf das erste Ereignis (die Nachricht, dass es Zeit für einen Haarschnitt ist, ein bedingter Reiz) übertragen wurde.

Zusätzlich gilt, je schneller der Haarschnitt vorüber ist, desto schneller gibt es das zweite Bonbon. Damit ein Haarschnitt schnell geht, muss die Person, der die Haare geschnitten werden, still sitzen und kooperieren, indem sie macht, was ihr gesagt wird: „Bitte den Kopf in diese Richtung drehen.“, usw. Die Chance, ein zweites Bon bon aussuchen zu dürfen, verstärkt gutes Verhalten während des Haarschnitts. Hier handelt es sich um eine operante Konditionierung – konkret, um eine positive Verstärkung –, weil ein Verhalten Konsequenzen nach sich zieht, die die Wahrscheinlichkeit eines zukünftigen Wiederauftretens dieses Verhaltens beeinflussen. Haarschnitte laufen in unserem Haushalt glatt. Unsere Kinder gehen gerne zum Frisör und verhalten sich während des Haareschneidens vorbildlich.

Als mein Sohn in der fünften Klasse war, meinte seine Mathe-Lehrerin bei einem Elternabend scherzhaft, sie habe den geheimen

Plan gefast, den Kindern Tests schmackhaft zu machen, indem sie an Testtagen keine Hausaufgaben geben würde. Ein Tag ohne Mathe-Hausaufgaben ist eine große Sache an dieser Schule, da die Kinder normalerweise jeden Abend dreißig Mathe-Aufgaben zu lösen haben. In jenem Jahr erhielt mein Sohn in Mathe mehr Hausaufgaben als in irgendeinem anderen Fach und manchmal dauerten die Mathe-Aufgaben länger als die Hausaufgaben in allen anderen Fächern zusammen. (Er ist übrigens ausgezeichnet in Mathe, weshalb es hier um die Menge der Hausaufgaben geht, nicht um seine Mathe-Fähigkeiten.) Wie die meisten anderen Schüler sagte auch mein Sohn regelmäßig Dinge wie: „Super! Ich habe heute Mathe-Test, was bedeutet, keine Mathe-Hausaufgaben!" Das ist eine klassisch konditionierte emotionale Reaktion auf eine Testsituation. Die Schüler sind glücklich über die Tests, weil das Glücksgefühl darüber, keine Hausaufgaben zu bekommen, auf den Test übertragen wurde. Dies ist möglich, weil die Verkoppelung von Test (kommt zuerst) und keine Hausaufgaben (folgt immer danach) äußerst verlässlich ist. Ich bin von dieser Verknüpfung und der folglichen klassischen Konditionierung begeistert. Meiner Meinung nach ist jeder Schritt positiv, der Kinder dazu bringt, Tests zu mögen – vor allem, da Prüfungsangst in unserer Gesellschaft weit verbreitet ist, immer schlimmer wird, und immer jüngere Kinder betrifft.

Auch bei Suchtverhalten spielt die klassische Konditionierung eine große Rolle. Viele Menschen verspüren das Bedürfnis, sich eine Zigarette anzustecken, sobald sie sich in einer Kneipe befinden, obwohl sie eigentlich keine starken Raucher sind. Das ist eine Folge der häufig vorkommenden Gewohnheit, nur beim Ausgehen zu rauchen, wenn Alkohol im Spiel ist. Trinken und Rauchen sind so eng miteinander verknüpft, dass es für viele Menschen schwierig ist, zu trinken, ohne dabei zu rauchen. Es kann sehr schwer sein, mit einer Gewohnheit zu brechen, die mit einem Ort verbunden ist, außer durch das Vermeiden dieses Ortes. Aus diesem Grund verspüre ich immer sofort den Drang, Schokolade zu essen, sobald ich mein altes Elternhaus betrete, obwohl es zweitausend Kilometer entfernt liegt.

Meine Mutter und ich verkosteten früher immer Schokolade, wenn ich von der Uni nach Hause kam. (Mit „verkosten" meine ich natürlich: „so viel in uns hineinstopfen, wie möglich, ohne dass uns davon schlecht wurde".) Meine Mum kaufte oft neue und exotische Schokoladensorten zum Verkosten und darauf freute ich mich immer, wenn ich zu Besuch kam. Um Ihnen einen Eindruck zu vermitteln, welch eine große Rolle unsere Leidenschaft für Schokolade bei diesen Besuchen und in unserem Leben spielte: Während der College-Ferien stöberte ich nach unserer ursprünglichen Verkostung einmal in der Küche herum, auf der Suche nach mehr Schokolade. Ich fand einen Behälter mit der Aufschrift „Reserveschokolade", den ich nicht kannte. Auf die Frage, „Was ist Reserveschokolade?", antwortete meine Mum: „Das ist die Schokolade, die ich als Reserve habe, wenn alle andere Schokolade ausgeht." Sie machte keinen Witz. Es war eigentlich ihr Vorrat an Kochschokolade – schmeckt nicht besonders gut, tut's aber zur Not auch. Nun, Sie verstehen jetzt vermutlich, warum ich dieses Haus mit Schokolade verbinde.

Niemand weiß besser als Werbemenschen, wie man klassische Konditionierung einsetzt, um zwei Dinge zu verknüpfen, die eigentlich keinen Bezug zueinander haben. Die Menschen in diesem Beruf verdienen gutes Geld, um zwei völlig unabhängige Dinge wie Bier und schöne Frauen in einen Zusammenhang zueinander zu setzen. Andere Werbekampagnen setzen klassische Konditionierung ein, um saubere Toiletten und einen frischen Frühlingstag miteinander zu verknüpfen oder eine Sorte Deodorant mit dem perfekten Urlaub. Selbst Konzepte wie Unabhängigkeit, Patriotismus oder konkrete moralische Werte können mit Produkten assoziiert werden. Viele

Menschen behaupten von sich, nicht empfänglich für Werbung zu sein oder der Werbung keine Beachtung zu schenken. Aber alle, die Werbung ausgesetzt sind (und wir alle sind das, wahrscheinlich täglich, auf unterschiedliche Arten), werden klassisch dazu konditioniert, Produkte mit guten Gefühlen in Verbindung zu bringen. Vergessen Sie nicht, dass dieser Prozess großteils unbewusst stattfinden kann. Viele Leute spüren plötzlich Hunger, nur weil sie auf der Autobahn das Logo einer bestimmten Raststättenkette sehen. Und wissen Sie was? Das ist kein Zufall. Es ist eine absichtliche Manipulation der Menschen, weil es gut fürs Geschäft ist. Wenn wir das Bild eines Olympiasiegers auf einer Cornflakes-Schachtel sehen, verknüpfen wir die Gefühle des Stolzes und der Bewunderung, die wir für den Sportler hegen, mit den Cerealien. Was dazu führt, dass die Menschen mehr davon kaufen. Es gibt eine lustige Budweiser-Werbung mit einem Frosch, die unterhaltsam und erheiternd wirkt – Gefühle, die dann auf das Bier übertragen werden.

Die Macht der klassischen Konditionierung

Die klassische Konditionierung ist erstaunlich wirkungsvoll. Die Individuen verschiedener Tierarten haben eine immense Fähigkeit, Ereignisse miteinander in Verbindung zu setzen, wenn diese dauerhaft verkoppelt werden. Dies gilt sowohl für Verkoppelungen, die im Leben auf natürliche Weise auftreten (wie zum Beispiel die Tatsache, dass auf den Blitz unweigerlich der Donner folgt oder dass auf den Weckeralarm Ihres Mitbewohners unweigerlich wüste Beschimpfungen folgen oder dass der Klang des Garagentors für einen Hund bedeuten kann: Mein Besitzer ist nun zuhause und wird mich gleich aus der Hundebox lassen), als auch für solche, die bewusst als ein Teil einer Verhaltensmodifikation eingesetzt werden (wie zum Beispiel ein Hund, der beim Anblick eines Unbekannten ein Stück Fleisch bekommt oder ein Mensch, der ein Stück Schokolade beim Anblick einer Spinne bekommt). Es mag nicht sofort einleuchten, aber die klassische Konditionierung setzt normalerweise die operante Konditionierung außer Kraft, wenn die Gelegenheit zu beiden Lernmethoden gleichzeitig auftritt. Wenn Sie nun denken, „Was? Was meint Sie damit?", lassen Sie mich ein Beispiel anführen, von dem ich hoffe, dass es diese Regel veranschaulichen wird.

Stellen Sie sich einen Hund vor, der Angst vor Männern hat, was sehr häufig vorkommt. Stellen Sie sich weiters vor, der Hund würde auf Männer reagieren, indem er bellt und knurrt, was ebenfalls sehr häufig vorkommt. Wir wollen nun das Verhalten des Hundes verbessern, indem wir seine emotionale Reaktion auf Männer verändern, und wir machen das, indem wir das Erscheinen eines Mannes konsequent mit dem Erscheinen von Hähnchenfleisch verkoppeln. Die Idee ist also, klassische Konditionierung einzusetzen, um diesen Hund dazu zu bringen, sich beim Anblick eines Mannes genauso zu freuen wie beim Anblick eines Stück Hähnchens. Wenn er sich freut, Männer zu sehen, wird er sie nicht mehr anbellen und anknurren, da dies eine Angstreaktion und keine Freudenreaktion wäre. Im Idealfall fände diese Verhaltensmodifikation allmählich statt, sodass der Hund als Erstes lernen würde, sich zu freuen, wenn er einen Mann in 25 Meter Entfernung sieht, dann in 23 Meter Entfernung, dann in 20 Meter Entfernung, und so weiter, bis der Hund gelernt hat, sich über Männer zu freuen, die direkt vor ihm stehen. Und das alles dank der Macht von Hähnchen und klassischer Konditionierung.

Was passiert nun aber, wenn der Hund an einem Punkt ist, an dem er sich über Männer freut, die acht Meter entfernt sind, und plötzlich – zufällig, weil das Leben nun mal nicht immer planbar ist – taucht ein Mann hinter einem Baum auf, der keine zwei

Meter entfernt ist? Der Hund bellt und knurrt. Wenn wir ihm nun Hähnchen geben, weil das Auftauchen eines Mannes Hähnchen prophezeien sollte, verstärken wir ihn dann nicht positiv für das unerwünschte Bell- und Knurrverhalten? Fast alle meine Klienten müssen davon überzeugt werden, dass es trotzdem richtig ist, dem Hund Hähnchen zuzuwerfen. Der Grund dafür ist, dass das Konzept der klassischen Konditionierung immer das Ziel hat, aus der Sicht des Hundes zu hundert Prozent verlässlich zu sein – und ein Mann bedeutet nun einmal, dass es Hähnchen gibt. Es stellt deshalb kein Problem dar, weil der Prozess der klassischen Konditionierung eine stärkere Wirkung hat als der Prozess der operanten Konditionierung / positiven Verstärkung. Unter Umständen, in denen beide Prozesse potenziell zum Tragen kommen könnten, lernt der Hund am ehesten, dass ein Ereignis in seiner Welt verlässlich ein anderes Ereignis prognostiziert. In diesem Fall tauchte ein Mann auf, was bedeutet, dass der Hund Hähnchen bekommen muss. Die Wahrscheinlichkeit, dass der Hund sein eigenes Bellen und Knurren mit dem Hähnchen verbindet, ist sehr viel geringer. Anders ausgedrückt, es besteht eine sehr viel höhere Wahrscheinlichkeit, dass der Hund die Verbindung zwischen Mann und Hähnchen herstellt, als dass er eine Verbindung zwischen seinem eigenen Bellen/Knurren und dem Hähnchen herstellt. Trotzdem ist dies ein potenzieller Trainingsrückschritt, weil der Hund einen Mann gesehen hat und dabei Angst hatte. Jedoch wäre der Rückschritt noch viel größer, wenn zusätzlich auch noch die Verkoppelung zwischen Mann und Hähnchen ausgeblieben wäre. Die klassische Konditionierung funktioniert am besten, wenn die Verkoppelung zwischen den zwei Ereignissen zu hundert Prozent verlässlich ist. Der Erhalt des Hähnchens hat nichts mit dem Verhalten des Hundes zu tun. Er bekommt das Hähnchen einfach deshalb, weil ein Mann aufgetaucht ist.

Natürlich tue ich als Trainerin mein Bestes, um zu vermeiden, dass Männer unerwartet auftauchen. Aber manchmal gilt Murphys Gesetz und es bleibt nichts anderes übrig, als sich mit der Situation zu arrangieren und das Beste daraus zu machen – oder zumindest, den Schaden zu minimieren. In diesem Fall bedeutet es: Egal, was der Hund macht, wenn ein Mann auftaucht, sollten Sie ihm auf jeden Fall Hähnchen zuwerfen. (Und dann Situationen herbeiführen, in denen Männer sich in nicht bedrohlich wirkenden Entfernungen vom Hund befinden, um wieder zum Trainingsplan zurückkehren zu können).

Da die klassische Konditionierung so wirkungsstark ist, dass sie eine operante Konditionierung außer Kraft setzen kann, können Sie sie auch in Situationen einsetzen, in denen Ihnen das Verhalten einer anderen Person nicht gefällt. Wenn also Ihr Mitbewohner (Ehepartner gelten sowohl als Mitbewohner als auch als Lebenspartner!) am Montagmorgen immer schlecht gelaunt ist, könnten Sie versuchen, diese Zeit mit etwas Köstlichem zu verkoppeln, wie zum Beispiel mit frischem Brot oder Gebäck oder echter Sahne für den Kaffee statt Milch. Bieten Sie ihm das leckere Essen auch dann an, wenn sich Ihr Mitbewohner übellaunig und unwirsch gibt. Die Tatsache, dass es Montagmorgen ist, sollte ein *hundertprozentig verlässlicher* Indikator für etwas Positives (Köstliches) sein, so dass der Montagmorgen selbst zu positiven Gefühlen führt. Es ist dabei egal, was Ihr Mitbewohner macht, weil das leckere Frühstück *nicht* von einem bestimmten Verhalten von seiner Seite bedingt wird. Es tritt einfach deshalb auf, weil es Montagmorgen ist. Fahren Sie also mit Ihren Bemühungen fort, den Beginn dieses Tages mit etwas Gutem zu verknüpfen, selbst wenn Ihr Mitbewohner über die zerknitterte Zeitung brummelt oder sich beschwert, dass er auf die Dusche warten müsse oder anderweitig unfreundlich ist. Das Ziel ist, seine Einstellung zu ändern, indem wir anhand klassischer Konditionierung auf seine Emotionen zugreifen. Das Ziel ist nicht, das Verhalten

Ihres Mitbewohners zu verändern, indem wir es anhand positiver Verstärkung formen. Die klassische Konditionierung ist mächtig genug, um diese Wirkung zu erreichen. Sie müssen sich also keine Sorgen machen, dass Sie unabsichtlich missgelauntes Verhalten verstärken würden.

Kapitel 6
Erkenne dein Tier

Die grundlegenden Gesetze der Ethologie befolgen

Ganz gleich, welches Tier für Sie im Mittelpunkt steht, es ist wertvoll, Wissen über das natürliche Verhalten dieser Tierart zu besitzen. Jede Art unterscheidet sich unter anderem anhand: ihrer natürlichen Tendenzen; der Sinneswelt, in der ihre Mitglieder leben; der Fähigkeiten, die sie besitzt sowie ihrer Art der Kommunikation. Zwar unterscheiden sich die Grundsätze der Lerntheorie nicht von Tierart zu Tierart, aber jede Tierart hat ein ihr eigenes Verhalten. In diesem Kapitel wollen wir uns damit befassen, warum es wesentlich ist, Kenntnisse über die auszubildende Tierart zu besitzen, wenn wir als Trainer Erfolg haben wollen. Wir werden uns außerdem ansehen, wie dieses grundlegende Wissen auf Menschen angewandt werden kann.

Was ist Ethologie?

Hundetrainer sollten sich mit dem Fachgebiet der Ethologie auskennen, wobei es sich um die wissenschaftliche Erforschung von Tierverhalten handelt. Die Ethologen unter uns erforschen das Verhalten von Tieren normalerweise in deren natürlicher Umgebung und nicht im Labor. Wir sind dabei eher an allgemeinen Verhaltenskonzepten und -prozessen interessiert als an einer einzelnen Tierart. Deshalb kommt es häufig vor, dass ähnliche Verhaltensweisen bei einer Gruppe verwandter Tierarten erforscht werden oder bei vielen verschiedenen Tierarten, die eine Eigenschaft gemeinsam haben (wie zum Beispiel, dass sie sozial sind). Ein bekannter Scherz in unserem Gebiet lautet, dass wir alle eines oder mehrere der vier Fs der Ethologie erforschen: Fressen, Flüchten, Kämpfen („Fighten") und Reproduktion. Wenn wir das ein bisschen genauer analysieren, sehen wir, dass es Ethologen gibt, die sich auf eines oder mehrere der folgenden Bereiche konzentrieren: Kommunikation, Balz- oder Werbeverhalten, Verteidigung,

Aggression, Lernverhalten, Fortbewegung, Sammelverhalten und Emotionen. Obwohl in Hundetrainingskreisen ein geballtes Wissen über Ethologie existiert, ist das Gebiet in anderen gesellschaftlichen Bereichen weniger bekannt. Ich kann gar nicht mehr zählen, wie viele Male Leute mein Gebiet mit Ökologie, Ätiologie, Ethnologie und verschiedenen anderen „ologien" verwechselt haben – allesamt Bereiche, in denen ich kein Fachwissen besitze und von denen ich teilweise überhaupt noch nie gehört habe.

Eine grundlegende ethologische Prämisse lautet, dass wir die Tiere verstehen müssen, die wir erforschen, weil es keinen Ersatz für tiefgehendes Wissen über unsere Studienobjekte gibt. Dieser Grundsatz gilt in der Tat so bedingungslos, dass er meistens als Gebot formuliert wird: „Erkenne dein Tier!" Dieser Imperativ kann auf einzelne Tiere angewandt werden, obwohl er sich im ethologischen Sinn meistens auf die Art bezieht.

Ethologie und Kommunikation

Anfängertrainer begreifen schnell, dass es notwendig ist, das Tier zu kennen und beginnen, dieses Wissen bei Hunden anzuwenden. Ich betrachte dies als einen der unumgänglichen Schritte, um als Hundetrainer Erfolg zu haben. Eine der wichtigsten Lektionen im Bereich der Verhaltenswissenschaften für Hunde ist, dass Hunde optische Signale schneller und besser lernen als Tonsignale. Viele Hundebesitzer sind sehr stolz darauf, dass ihr Hund Lektionen wie „Sitz" oder „Platz" nur auf Handsignal beherrscht. Sie können zu Recht stolz sein, wenn der Hund sowohl das optische (Hand-)Signal beherrscht als auch das Tonsignal (Wort) – aber eigentlich sollten sie eher darauf stolz sein, dass der Hund auf die stimmlichen Signale reagiert. Denn diese sind für Hunde viel schwerer zu erlernen und sie brauchen auch länger dazu. Was insofern Sinn macht, als sehr viel der hündischen Kommunikation aus optischen Signalen besteht. Ja, Hunde haben eine relativ große Bandbreite an Stimmlauten zur Verfügung (Bellen, Knurren, Japsen, Heulen, Winseln, Jaulen), aber der Großteil ihrer Sprache besteht aus Körpersprache.

Hunde kommunizieren sehr viel, obwohl wir meistens nur einen Bruchteil dessen verstehen, was sie uns zu übermitteln versuchen. Gleichermaßen verstehen auch sie nur manches von dem, was wir sagen, weil wir menschliche Sprache verwenden: Wörter. Wir können jedoch lernen, besser mit unseren Hunden zu kommunizieren, wenn wir ihre ethologischen Neigungen in Hinsicht auf unsere stimmliche Sprache verstehen. Hunde können Wörter nur schwer unterscheiden, wenn diese mit denselben Klängen beginnen (zum Beispiel: Ball und Boot, Platz und Bleib). Wir als Menschen merken das meistens nicht, weil unsere Schwierigkeiten woanders liegen. Uns erscheinen Wörter ziemlich unterschiedlich, wenn sie mit denselben Klängen beginnen, aber wir tun uns schwer, wenn die Wortendungen ähnlich klingen. Reime wie Ball und prall oder Platz und Schatz bereiten uns größere Schwierigkeiten. Wenn wir aber diesen Unterschied verstehen, können wir die Wörter, die wir als Signale verwenden, sorgfältiger auswählen und somit Kommunikationsprobleme beim Hundetraining bewusst vermeiden.

Hunde sind wohl nicht die einzigen, die Kommunikationsprobleme in einer fremden Sprache kennen. Viele von uns haben ähnliche Probleme beim Versuch erlebt, eine Fremdsprache zu sprechen. Ein Beispiel für dieses Problem ist die Tatsache, dass es für Englischsprechende eine riesige Herausforderung ist, tonale Sprachen zu lernen. Im Englischen (wie im Deutschen, *Anm. des Übersetzers*) wird die Stimme am Ende eines Satzes angehoben, um eine Frage auszudrücken und eine Änderung der Tonlage kann auch eine emotionale Bedeutung übermitteln (Sarkasmus, Zweifel, Langweile). Es ist in unserer Sprache aber nicht möglich, die Bedeutung eines Wortes durch ein Heben oder Senken der Stimme zu verändern. Wir haben nicht schon von klein auf gelernt, auf diese Unterschiede zu achten, weil dies nicht Teil unserer Muttersprache ist und deshalb fällt es uns das Erlernen dieser Unterschiede sehr schwer – wir können sie nur schwer hören, aussprechen oder verstehen. In Mandarin haben die Worte Schlaf und Kloß zum Beispiel denselben Klang, aber eine unterschiedliche Intonation. Noch schlimmer, die Intonation ist auch der einzige Unterschied zwischen dem Wort für „Stift" und einem vulgären Ausdruck für das weibliche Geschlechtsteil, was zu Problemen führen kann, wenn man sich einen Stift von einer Frau ausborgen möchte. Können Sie „Oje, das tut mir sooo leid!", in Ihrer neuen Sprache sagen? Manche Fehler sind peinlicher als andere.

Aber es können auch Sprachen verwirrend sein, bei denen es nicht auf eine Änderung der Tonlage ankommt. Ich bin eigentlich stolz darauf, sprachlich ziemlich talentiert zu sein. Als ich jedoch die indonesische Bahasa-Sprache als Vorbereitung auf eine Reise ein paar Monate lang gelernt hatte, geriet ich in Schwierigkeiten, als ich merkte, dass die Wörter für mich alle ähnlich klangen, wenn sie von echten Muttersprachlern ausgesprochen wurden – im Gegensatz zur Aussprache meiner Lehrer bei LearningIndonesian.com. Da die Sprache für mich neu war und die Leute schnell sprachen, verwechselte ich zum Beispiel einmal die Sätze „Saya suka nasi goreng dindin", und „Saya senang bertemu dengan Anda". Der erste Satz bedeutet „Ich mag kalten gebratenen Reis", während der zweite bedeutet „Es freut mich, Sie kennenzulernen". Peinlich.

Es kann natürlich problematisch sein, wenn Hunde die Wörter „Hier" und „Hol's" oder „Aus" und „Auf" verwechseln, aber das Verwirrungspotenzial in der Hundekommunikation geht über einfache Wortverwechslungen hinaus. Die hündische Präferenz für optische Signale über verbale Information kann oft zu Konflikten und Verwirrung führen, wenn wir Menschen versuchen, mit unseren hündischen Freunden zu kommunizieren. Während wir nämlich dazu tendieren, Wörter als Signale einzusetzen, achten Hunde mehr darauf, was wir *machen* als darauf, was wir sagen. Deshalb ist es sinnvoll, beides einzusetzen. In anderen Worten, wir sollten für jede Verhaltensweise, die der Hund ausführen soll, sowohl ein Handsignal *als auch* ein Stimmsignal parat haben – wobei diese nicht unbedingt gleichzeitig eingesetzt werden müssen. Es ist sehr praktisch, wenn wir Hunden das Signal geben können, das sie am leichtesten verstehen. Zusätzlich ist ein optisches Signal auch einfacher, wenn man zum Beispiel telefoniert und dem Hund sagen möchte, was er tun soll. Es wirkt unprofessionell, während eines wichtigen Telefonats mit dem eigenen Hund zu sprechen, aber es kann schuh- und nervenschonend sein, wenn wir dem Hund „Aus" signalisieren können, während wir einem anderen Hundebesitzer Verhaltensratschläge geben.

Wie die meisten Eltern wahrscheinlich wissen, ist es genauso praktisch, mehrere Signale für die Kommunikation mit Kindern zu haben. Signale, die bedeuten „Ja, du darfst dir noch ein Video ansehen", oder „Nein, du darfst jetzt keinen Lutscher haben", – jeweils ein Kopfnicken oder Kopfschütteln – sind ein Geschenk für Eltern wie mich, die manchmal Geschäftstelefonate führen müssen, während die Kinder zugegen sind. Ich habe sogar ein paar praktische Handsignale entwickelt, die ich bei meinen Kindern einsetzen kann, während ich telefoniere. Ich kann, ohne ein Wort zu sagen, signalisieren: „Geh und hol' dir was aus der Süßigkeitenschublade", oder, „Es dauert noch. Tut mir leid." Skype, FaceTime und Zoom haben dieses System weniger praktikabel gemacht, aber glücklicherweise waren meine Kinder bereits alt genug, um längere Zeit ohne meine Aufmerksamkeit auszukommen, als ich begann, diese Technologien zu verwenden.

Kommunikation anhand von Raum und Körpersprache

In der nächsten wichtigen ethologischen Lektion zum Thema Hundekommunikation geht es darum, wie unsere hündischen Gefährten Raum einsetzen, um das Verhalten anderer Hunde zu beeinflussen. Da dies besonders wirkungsvoll ist, borgen sich Trainer diese Technik oft aus, um Verhalten zu beeinflussen. Es wird Sie kaum überraschen, dass ich die Methode auch an Menschen ausprobiert habe.

Es gibt einen Zebrastreifen in der Nähe der Grundschule, in die meine Söhne gingen, aber dieser kreuzt eine Hauptstraße mit sehr viel Verkehr. Das ist sowohl ärgerlich (da per Gesetz eigentlich Fußgänger Vorrang hätten) als auch beängstigend (da Kinder im Kampf gegen Autos *nie* gewinnen). Ich muss die Straße bei vielen meiner Langstreckenläufe kreuzen und früher wartete ich ... und wartete ... und wartete, während meine Beine steif wurden und meine Laune in den Keller sank. Bis ich eines Tages die Entscheidung fällte, dass ich das Verhalten der Menschen genauso beeinflussen könnte wie das von Hunden. Ich setzte meine Fähigkeiten als Hundetrainerin für ein kleines Experiment ein und merkte bald, dass meine Wartezeiten sich dramatisch verringerten.

Meine neue Strategie bestand darin, so zu tun, als ob ich den Zebrastreifen betreten würde. Verstehen Sie mich nicht falsch: Ich achtete penibel darauf, den Zebrastreifen erst dann wirklich zu betreten, wenn die Autos bereits stehen geblieben waren. Ich habe eine philosophische Abneigung dagegen, mein Leben auf das Bremsverhalten einer völlig fremden Person verwetten zu müssen und ich finde, das Leben ist zu kurz, um es beim Überkreuzen der Straße zu verlieren. Die Leute tendierten allerdings sehr wohl dazu, anzuhalten – wenn manchmal auch eher plötzlich – und es schien, als wären sie überrascht, dass ein Fußgänger an einem Zebrastreifen tatsächlich beabsichtigte, auf die andere Straßenseite zu wechseln. Ich glaube, dass manche mich als ziemlich frech empfanden (oder leichtsinnig), während andere sich selbst als heldenhaft wahrnahmen, weil sie mein Leben durch ihr Anhalten retteten. Noch einmal, ich wäre nie ein Risiko eingegangen und hätte die Straße vor einem rollenden Fahrzeug betreten. Ich beugte mich einfach in Richtung Zebrastreifen vor und deutete einen Schritt nach vorne an, um den Eindruck zu erwecken, dass ich den Zebrastreifen gleich betreten würde. Diese kleinen Bewegungen reichten aus, um eine Reaktion zu erhalten.

Hunde sind sehr empfänglich für kleine Bewegungen dieser Art, weshalb eine derartige Körpersprache oft im Training eingesetzt wird. Als Trainer setzen wir unseren Körper ein, um einem Hund zu signalisieren, dass wir den Raum gleich besetzen werden, in den wir uns hineinlehnen oder -bewegen. Solche Aktionen nennen wir "Body-Block“ oder körperliches Abblocken. Das Gute am Abblocken ist, dass es für Hunde ein hervorstechendes Signal ist, was wiederum bedeutet, dass Hunde derartige Aktionen instinktiv verstehen und deshalb fast immer gut darauf reagieren. Außerdem lassen sich Blocks sehr subtil und gewaltfrei ausführen. In der Hundewelt ist es eine völlig natürliche Sache, den Raum durch Einsatz des Körpers zu kontrollieren. Ich halte es für eine Höflichkeit gegenüber unseren Hunden, wenn wir es ihnen erleichtern, zu verstehen, was wir von ihnen wollen, indem wir ihre Sprache lernen – wenn auch mit Akzent. Body-Blocks sind eine klare Art, um mit Hunden zu kommunizieren und sie helfen vielen Hunden, aus ihrer oftmaligen Verwirrung herauszufinden.

Um Body-Blocks effektiv einzusetzen, müssen Sie auf Ihre eigene Körperhaltung und Ihre Bewegungen achten. Abblocken kann unterschiedliche Formen annehmen: Sie können sich im Stehen oder Sitzen vorbeugen, sich in kleinen Schritten langsam auf den Hund zubewegen oder sich wie ein Tormann verhalten, indem Sie sich von Seite zu Seite bewegen und dem Hund den Weg abschneiden. Allen diesen Aktionen ist gemeinsam, dass sie es Menschen ermöglichen, die Bewegungen und das Verhalten ihres Hundes sanft zu kontrollieren, indem sie den Raum um ihn herum kontrollieren.

Anhand von Body-Blocks gelingt es relativ schnell und einfach, Hunden grundlegende Verhaltensweisen beizubringen. Eine ist das Signal „Warte“, welches dem Hund bedeutet, sich nicht vorwärtszubewegen, bis er die Erlaubnis dazu hat. Ich setze „Warte“ normalerweise ein, um Hunde davon abzuhalten, aus dem Haus zu stürmen oder einfach aus dem Auto zu springen. („Warte“ unterscheidet sich von „Bleib“ insofern, als letzteres bedeutet, dass der Hund sich nicht vom Fleck rühren soll, bis er die Erlaubnis erhält. Ein Hund, dem an der Tür „Warte“ gesagt wird, kann sich hingegen frei bewegen und überall hingehen, außer nach vorne und durch die Tür.) „Warte“ verhindert das Chaos, das so häufig zu Beginn eines Spaziergangs entsteht, weil Hunde in ihrer Begeisterung über den Spaziergang durch die Tür stürzen und dabei nicht darauf achten, ob sie die Person, die die Leine hält, mitzerren oder jemanden niederrennen. Es dient außerdem der Sicherheit des Hundes, da sich so Tragödien vermeiden lassen, die geschehen, weil Hunde aus einem Auto hüpfen oder durch eine Tür stürmen und auf die Straße rennen.

Und so bringen Sie einem Hund „Warte“ bei: Legen Sie die Leine an und gehen Sie zu der Tür, durch die Sie normalerweise gehen, wenn Sie zu einem Spaziergang aufbrechen. Stellen Sie sich mit dem Rücken zur Tür, sodass Sie zwischen der Tür und Ihrem Hund stehen. Sagen Sie: „Warte“, und öffnen Sie die Tür einen Spalt weit. Wenn Ihr Hund versucht, an Ihnen vorbei hinauszustürmen, dann blockieren Sie seinen Weg mit Ihrem Körper, sodass er nicht an Ihnen vorbeikann. (Verwenden Sie nicht die Leine, um die Vorwärtsbewegung zu stoppen! Am besten wäre es eigentlich, wenn Sie jemand anderen bitten könnten, die Leine für Sie zu halten, sodass Sie sie nicht versehentlich einsetzen.) Wenn der Hund innehält, anstatt durch die Tür zu stürmen, dann gehen Sie einen Schritt zur Seite, um dem Hund eine Wahl zu lassen, was er machen möchte. Wenn er sich dazu entscheidet, zu warten, obwohl der Weg nach draußen frei ist, sagen Sie, „OK" und erlauben ihm, durchzugehen. Wenn er sich dazu entscheidet, nach vorne zu rennen, dann versperren Sie ihm den Weg, indem Sie sich vor ihn stellen. Lassen Sie dem Hund so lange weiter die Wahl, bis er die richtige Entscheidung trifft (i.e., auf Erlaubnis wartet, obwohl der Weg durch „die Tür frei wäre), sagen Sie dann, „OK" und erlauben Sie ihm, hinauszugehen. Da Hunde Abblockmanöver so gut verstehen, ist dies oft eine leichte und schnelle Methode, um „Warte" zu etablieren.

Body-Blocks können Hunde auch davon abhalten, ohne Erlaubnis auf Ihren Schoß zu springen, wie es manche überfreundliche Hunde gerne tun. Sie müssen dabei Ihren Körper und nicht Ihre Hände (die den Hund zu dem Gedanken verleiten könnten, dass Sie spielen wollen – ich werde später noch genauer auf dieses besonders häufige Missverständnis eingehen) einsetzen, um dem aufdringlichen Hund den Platz wegzunehmen, genau so, wie Hunde es gegenseitig machen. Schlingen Sie Ihre Arme um Ihren Oberkörper und beugen Sie sich in Richtung des Hundes vor, um dem Hund den Zugang zu Ihrem Raum zu versperren. (Bitte beachten Sie, dass es beim Abblocken darum geht, sich in den Raum hineinzubewegen, nicht in den Hund hinein!). Sobald der Hund reagiert hat, richten Sie sich am besten sofort wieder auf. Die meisten Hunde geben beim ersten Mal nicht gleich auf und versuchen es vielleicht auf Ihrer anderen Seite, weshalb Sie das Abblockmanöver wahrscheinlich mehrmals wiederholen müssen, bis es wirkt.

Ein korrekt ausgeführtes Abblockmanöver ist unglaublich praktisch, aber es ist auch möglich, es falsch zu machen – ein extremes Beispiel wäre, wenn Sie nach vorne rennen und Ihre Arme schwenken. Das ist zu viel und würde viele Hunde aufregen. Es ist wichtig, nur so viel zu machen, wie nötig ist, um die Vorwärtsbewegung des Hundes zu stoppen. In manchen Fällen könnte das bedeuten, sich gerade einmal einen Zentimeter nach vorne zu beugen, obwohl oft ein bisschen mehr von Nöten ist. Das Timing und das Ausmaß Ihrer Bewegungen sind wesentlich. Wenn ich neue Hundetrainer ausbilde, muss ich diese oft daran erinnern, das Manöver schneller auszuführen, aber mit einem insgesamt kleineren Bewegungsumfang. Ein richtig ausgeführter Body-Block sollte einem Hund niemals Angst einjagen. Er sollte einfach und auf eine für Hunde verständliche Weise sagen: „Dieser Raum gehört mir."

Als ich begann, Body-Blocks außerhalb des Hundetrainings einzusetzen, fand ich es immer wieder amüsant, zu beobachten, dass Menschen stärker darauf reagieren, als ich jemals gedacht hätte. Der Einsatz von Abblockmanövern im Büro wurde zu einer Art internem Witz, als ich für Patricia McConnells Trainings- und Beratungszentrum namens „Dog's Best Friend" tätig war. Wir hüteten einander gelegentlich zum Scherz oder versuchten einander zum Spaß in einem bestimmten Raum zu halten. (Der Nerd-Faktor kann bei Hundetrainern relativ hoch sein, aber ist irgendwie auch liebenswert.) Wir alle hatten außerhalb des Büros Geschichten erlebt, in denen wir Body Blocks sehr erfolgreich auf ernsthafte Weise angewandt hatten. Wie wir es durch unsere Arbeit mit Hunden gelernt hatten, kontrollierten wir den Raum, wenn unhöfliche Leute sich in einer Schlange vordrängeln wollten, um Menschen von unseren Hunden fernzuhalten, wenn diese darauf bestanden, zu nahe zu kommen und um Leute davon abzuhalten, uns den Blick bei Konzerten zu verstellen. Es ist sehr viel sozialverträglicher, Raum einzunehmen, um jemand anderen davon abzuhalten, diesen Raum zu besetzen, als zu sagen, „Hinten anstellen", „Abstand halten", oder „Machen Sie Platz." Viele Menschen setzen ihre Körper so ein, aber Hundetrainer (manche zumindest) tun dies öfter und bewusster als andere Menschen.

Hunde lesen (und Menschen auch!)

Meine ethologischen Kenntnisse lassen sich in vieler Hinsicht direkt von meiner Arbeit mit Hunden auf meine Interaktionen mit Menschen übertragen. Ein Bereich, auf den dies zutrifft, ist die Interpretation von Ausdrucksverhalten. Meiner Erfahrung nach haben kompetente Hundetrainer und kompetente Verhaltensbiologen für Hunde die Fähigkeit gemeinsam, die Körpersprache von Hunden sehr genau zu lesen, insbesondere deren Gesichtsausdruck. Übung trägt immer zu einer Leistungsverbesserung in diesem Bereich bei, aber manche Menschen haben von Natur aus einen besseren Blick dafür. Bei einer professionellen Begutachtung von Hunden ist es wesentlich, Emotionen wie Angst, Selbstbewusstsein, Nervosität, Frustration oder Ekel zu erkennen, ebenso körpersprachliche Ausdrücke, die Angriff oder Rückzug ankündigen. Diese Fähigkeit ist oft hilfreich, um unsere Sicherheit in unseren Interaktionen mit Hunden zu gewährleisten. Manche körpersprachlichen Ausdrücke lassen sich sehr einfach erkennen und interpretieren, während andere sehr viel schwieriger zu erkennen sind. Wie subtil ein Ausdruck ist, hängt sowohl davon ab, wie viel sich im Gesicht bewegt (Finden große, offensichtliche Bewegungen der Gesichtsmuskeln statt oder nur kleine?), als auch davon, wie lange der Ausdruck sich hält. Jedes Mal, wenn Nachrichtenbeiträge erscheinen, in denen Videos von Hunden gezeigt werden, die „ohne Warnung" oder „völlig unvermittelt" zubeißen, dreht die Hunde-Blogosphäre durch. Und zwar deshalb, weil Hundetrainer und viele andere Hundeprofis mit einer fundierten Ausbildung in Verhaltensbiologie in diesen Videos schon Sekunden oder sogar Minuten vor dem fälschlicherweise als „unerwartet" bezeichneten Beißverhalten Warnsignale im Ausdruck des Hundes erkennen.

Beim Menschen halten manche Ausdrücke lang an – von zirka einer halben Sekunde bis zu mehreren Sekunden (Makroausdrücke), während andere wahrlich flüchtig sind und innerhalb dem Zwanzigstel einer Sekunde ablaufen können (Mikroausdrücke). Die Fähigkeit, Menschen zu lesen, ist mindestens so nützlich wie die, Hunde zu lesen, und viele Menschen beherrschen beides perfekt. Es ist schwer zu sagen, ob Hundetrainer meistens so gut darin sind, Menschen zu lesen, weil sie Erfahrung mit hündischem Ausdrucksverhalten haben, oder ob sie ein natürliches Talent für das Sehen und Erkennen von Gesichtsausdrücken und Körpersprache besitzen, das ihnen auch bei ihrer Arbeit mit Hunden zugute kommt. Ich weiß nur, dass diejenigen Trainer, die Hundesignale und -ausdrücke besonders gut lesen können, auch sehr gut bei Tests abschneiden, in denen ihre Fähigkeit bewertet wird, Mikroausdrücke bei Menschen zu identifizieren. Die Fernsehserie *Lie to Me i*st ein Kriminaldrama, das auf der Arbeit von Paul Eckman basiert – ein Psychologe, der auf Gesichtsausdrücke spezialisiert ist. In jeder Folge werden Fälle von einer Gruppe von Menschen gelöst, die Experten darin sind, nonverbale Kommunikation –besonders Mikroausdrücke – zu interpretieren und die deshalb Lügen erkennen können. Es ist mir unmöglich, diese Serie anzusehen, ohne mir dabei vorzustellen, wie Hundetrainer ihre Fähigkeiten einsetzen würden, um Kriminalfälle zu lösen.

Ich achte auf die Gesichtsausdrücke von Menschen so, wie es die meisten geselligen, freundlichen Menschen tun. Ich interpretiere regelmäßig, wie andere sich fühlen und handle dementsprechend, und ich glaube, dass mir dies bei sozialen Interaktionen hilft. Normalerweise unterscheidet sich dieses Verhalten qualitativ wenig davon, wie die meisten Menschen miteinander interagieren. Manchmal wird mir jedoch sehr bewusst, dass mein Hintergrund im Hundetraining beeinflusst, wie ich eine Person aufgrund ihres Gesichtsausdrucks einschätze.

Um ein persönliches Beispiel anzuführen: Ich sah einmal etwas im Gesicht einer Lehrerin, als sie mit einem Schüler im Gang sprach, das meine Meinung über sie beeinflusste. Was ich sah, stimmte mich so nachdenklich, dass ich dachte: „Wenn sie ein Hund wäre, hätte ich große Angst, dass sie zubeißen würde und ich möchte nicht, dass mein Kind in ihre Klasse geht." Das mag extrem scheinen, aber aus meiner Arbeit mit Hunden habe ich gelernt, dass bestimmte Ausdrücke immer meine Aufmerksamkeit wert sind. Was also war das für ein Ausdruck auf dem Gesicht dieser Lehrerin, der mich so beunruhigte?

Ihre Augen waren kalt und hart. Wenn man sieht, dass die Augen eines Hundes von dem üblichen warmen, flüssigen Eindruck zu etwas Kaltem und Hartem changieren, ist das ein Zeichen, dass ernsthafte Unannehmlichkeiten bevorstehen. Niemand weiß, warum das bei Hunden und Menschen passiert, aber in der Welt des Hundeverhaltens werden wir aufmerksam, wenn es der Fall ist. Das Phänomen wird „hartes Auge" genannt und es handelt sich um ein Verhalten, das mit einer erhöhten Wahrscheinlichkeit aggressiven Verhaltens assoziiert wird, besonders Beißen. Ich weiß also vielleicht nicht, warum die Augen eines Hundes kalt und hart geworden sind, aber ich weiß, dass Hunde, die diesen Ausdruck zeigen, mit höherer Wahrscheinlichkeit aggressiv werden. Interessanterweise müssen nur wenige Leute lernen, sich vor diesem bestimmten Ausdruck bei Hunden in Acht zu nehmen, weil unser Körper auch dann reagiert, wenn wir noch nie etwas davon gehört haben. Es führt oft zu einem Adrenalinschub, der einem die Haare am Nacken aufstellt, den Blutdruck und die Herzrate erhöht und im Bauch einen Angststoß verursacht. Angesichts der universellen Natur der Gesichtsausdrücke von Säugetieren, die seit dem 19. Jahrhundert gut dokumentiert sind, möchte ich meine Kinder sicherlich nicht in den Händen einer Lehrerin wissen, die einen Ausdruck zeigt, der mein Blut gefrieren ließe, wenn ich ihn an einem Hund sähe.

Hätte ich die Augen dieser Lehrerin gesehen und wäre keine Hundetrainerin, hätte ich wahrscheinlich auch darauf reagiert -- aber ich würde mich fragen, warum mich ein Ausdruck so alarmiert, den ich für den Bruchteil einer Sekunde gesehen habe. Aber weil ich Erfahrung mit Hunden habe, nahm ich meine Reaktion ernst. Ich bin so froh, dass keines meiner Kinder jemals in eine Klasse dieser Lehrerin kam. Ich hätte mich ziemlich dämlich gefühlt, wenn ich den Direktor hätte bitten müssen, mein Kind in eine andere Klasse zu versetzen, weil die Augen dieser Lehrerin mich die eines aggressiven Hundes erinnerten. (Ich hätte eine andere Art gefunden, um mein Anliegen vorzubringen, aber ich hätte jede Anstrengung unternommen, um für mein Kind einzutreten.)

Kurz, nachdem ich von dem Ausdruck dieser Lehrerin alarmiert gewesen war, hörte ich einen Radiobeitrag, in dem angedeutet wurde, dass Abu Musab al-Zarqawi – ein gewalttätiger Extremist, der für viele Anschläge, Bombenattentate und Enthauptungen während des Irak-Kriegs verantwortlich war – Augen hatte, die hart und kalt werden konnten. Der Autor Joby Warrick, der ein Buch über den Ursprung des Islamischen Staats geschrieben hat, beschrieb Zarqawi in einem Interview so: „Er besitzt eine kalte Intelligenz. Er ist jemand, der – einen ansehen kann und einen nur durch den Augenkontakt verunsichern kann, es ist fast wie das Gefühl von einem Reptil, jemand, der nicht urteilt und nicht hasserfüllt ist, sondern einfach komplett kalt und gleichgültig und mächtig." Diese Beschreibung passt gut auf ein Individuum, dessen Augen eiskalt und hart werden und dessen Psyche es zu aggressiven Handlungen befähigt.

Fehlkommunikation – Probleme sind unvermeidlich, wenn nicht einer von uns die Perspektive des anderen einnimmt

Wenn wir uns mit Verhaltensbiologie nicht auskennen, kommen Missverständnisse vor, die zu Problemen führen können. Zum Beispiel sind Hunde, die Menschen ständig anspringen, für viele Leute eine riesige Frustrationsquelle. Die meisten Versuche, dieses Verhalten zu ändern, müssen unweigerlich scheitern, weil viele der Dinge, die wir Menschen machen, um Einhalt zu gebieten, von unseren Hunden fehlinterpretiert werden. Dies führt auf beiden Seiten zu immer mehr Missverständnissen und immer größerer Verwirrung.

Die natürliche Reaktion vieler Menschen auf das Anspringen von Seiten eines Hundes ist, die Hände einzusetzen, um den Hund wegzustoßen. Oft mit dem Ergebnis, dass der Hund noch wilder an der Person hochspringt, die den Hund noch kräftiger wegstößt, woraufhin der Hund sie noch stärker anspringt … bis die Person den Hund am Ende anbrüllt, woraufhin dieser erschüttert und traurig aussieht und sich vielleicht sogar vor Angst duckt. Was geht hier vor?

Der Mensch denkt sich vielleicht (verständlicherweise), dass der Hund die Botschaft verstehen sollte, als in: „Welchen Teil von ‚Ich drücke dich von mir weg, weil ich nicht möchte, dass du an mir hochspringst', verstehst du nicht?" Und die Antwort lautet: „Alles". Der Hund versteht nicht, was der Mensch zu sagen versucht („Hör' auf und lass' mich in Ruhe!"), weil es für Hunde etwas völlig anderes bedeutet, wenn sie vom Menschen weggedrückt werden.

In der Hundegesellschaft ist es nämlich ein Spielsignal, wenn man einen anderen mit den Armen (oder Vorderbeinen, wie wir die Entsprechung bei Hunden nennen) stößt oder schlägt. Das bedeutet, es ist eine Einladung zum Spiel. Deshalb ist es leicht zu verstehen, warum ein hochspringender Hund immer aufgedrehter wird, wenn er von einem Menschen weggeschubst wird. Da die Botschaft für ihn als „Lass uns spielen!" ankommt, ist es wenig überraschend, dass der Hund weiter fröhlich hochspringt, um das Spiel in Gang zu bringen – anstatt sich zu beruhigen und den Menschen in Ruhe zu lassen.

Stellen Sie sich einen Moment lang vor, dass Sie zu dem Hund auf Deutsch sagen würden: „Hör auf, mich anzuspringen!", aber in der Hundesprache würde genau dieser Satz „Lass uns spielen!" bedeuten. Da es in der Hundekommunikation sehr viel wichtiger ist, was wir machen, als was wir sagen, ist das eigentlich eine gute Beschreibung des Sachverhalts. Kein Wunder, dass die Situation für Mensch und Hund frustrierend ist. Die Person schafft es nicht, den Hund vom Anspringen abzubringen und der Hund kann kaum etwas dafür, wenn er auf Hundeart ungefähr denkt: „Puuh, Menschen! Zuerst tun sie so, als ob sie spielen wollten und wenn man dann versucht, zu spielen, werden sie böse. Sie sind unmöglich!"

Fehlkommunikation ist unvermeidlich, wenn wir keine Kenntnisse über das natürliche Verhalten von Hunden besitzen und in manchen Situationen verstärken die Reaktionen auf das Verhalten des anderen das Problem auch noch. Das kann schwerwiegende Folgen für das Verhältnis zwischen den Mitgliedern der jeweiligen Art haben. Auch, wenn wir beste Freunde sind – die Tatsache, dass wir unterschiedlichen Spezies angehören, ist für sehr viele Missverständnisse zwischen uns verantwortlich. Das kann uns dazu verleiten, zu denken, dass unser Hund stur sei oder sogar möglicherweise nicht besonders gescheit. Wenn Ihr Hund Sie das nächste Mal nicht zu verstehen scheint, halten Sie einen Moment inne und ziehen Sie die Möglichkeit in Betracht, dass Ihr Hund vielleicht *Sie* als entweder starrköpfig oder nicht besonders schlau einstuft.

Grobe Missverständnisse sind nicht auf die Interaktionen zwischen Mitgliedern unterschiedlicher Arten begrenzt. Dasselbe Problem kann zwischen Menschen auftreten, besonders zwischen Menschen mit einem unterschiedlichen Hintergrund oder unterschiedlichen Ansichten.

In seinem Buch *Outliers: The Story of Success* untersucht Malcolm Gladwell die Rolle der Kommunikation bei Flugzeugabstürzen. Eine interessante Schlussfolgerung ist, dass kulturelle Unterschiede in der Art der Kommunikation schlimme (sprich: tödliche) Folgen haben können. Ein bekanntes Beispiel ist ein Flugzeugabsturz aus dem Jahr 1990: Ein Flugzeug aus Medellín in Kolumbien wollte auf dem Kennedy Flughafen in New York City landen, aber wurde aufgrund der Wetterlage für eine sehr lange Zeit in zahlreiche Warteschleifen geschickt – solange, bis der Treibstoff gefährlich knapp wurde. Der Pilot, der das Flugzeug flog, war sich der Gefahr sehr wohl bewusst, genau wie sein Co-Pilot, der für die Kommunikation mit dem Kontrollturm verantwortlich war. Da die kulturellen Kommunikationsmuster in Kolumbien jedoch anders sind, sagte der Co-Pilot dies nicht direkt zu dem Fluglotsen, der an einen ungeschminkten, direkten Kommunikationsstil gewöhnt war. Auf die Anweisung, fünfzehn Meilen hinaus und zu einem erneuten Anflug zurückzufliegen, sagte der Co-Pilot nicht, was der Fluglotse hätte hören müssen, um zu verstehen, dass es sich um einen Notfall handelte: „Wir haben dafür nicht mehr genügend Treibstoff." Nein, er sagte: „Uns geht der Treibstoff aus." Allen Flugzeugen, die länger als gewöhnlich auf eine Landeerlaubnis warten müssen, geht der Treibstoff aus, weshalb das beim Fluglotsen keine Alarmglocken schrillen ließ. Der Co-Pilot glaubte jedoch offensichtlich, dass er ihr Problem ausreichend kommuniziert hätte: Als der Pilot ihn anwies, der Flugsicherung zu sagen, dass es sich um einen Notfall handle, erwiderte er, dass er das bereits getan hätte. Da er keine Landeerlaubnis hatte, drehte der Pilot wie angewiesen vom

Flughafen ab, obwohl er wusste, dass das Flugzeug wahrscheinlich nicht mehr genügend Treibstoff hatte, um zu einem erneuten Landeversuch wiederzukehren. Fünf Minuten später stürzte das Flugzeug ab, wobei zirka die Hälfte der Passagiere ums Leben kamen.

Hätte der Kommunikationsstil des Co-Piloten zu dem des Fluglotsen gepasst, hätte dieser Absturz vermieden werden können. Der Fluglotse erwartete von einem Piloten in einer Notsituation, direkt zu sagen, was Sache ist, während der Pilot vom Fluglotsen erwartet hätte, seine Not aus der respektvollen, indirekten Art herauszulesen, in der er sein Anliegen gegenüber einer Autoritätsperson zum Ausdruck brachte. Das Ergebnis eines einfachen Missverständnisses, das aus einer Fehlkommunikation heraus entstand, war eine echte Tragödie. Diese Fehlkommunikation entstand aufgrund von kulturellen Unterschieden bezüglich der direkten Ansprache von höhergestellten Personen. Je nach Ihrem eigenen kulturellen Hintergrund denken Sie wahrscheinlich, dass einer der beiden die Dinge anders hätte ausdrücken sollen oder dass einer der beiden verstehen hätte sollen, was der andere „offensichtlich" meinte. Ohne relevante Erfahrung oder ein Kulturbewusstsein laufen wir Gefahr, Kommunikationsversuche und deren volle Bedeutung nicht zu verstehen. Unsere eigenen Vorurteile bedeuten, dass wir die Dinge auf eine bestimmte Weise interpretieren, gleichgültig, was der Sprecher eigentlich vermitteln wollte.

Missverständnisse und Kränkungen kommen auch häufig vor, wenn Menschen aus unterschiedlichen Generationen einander Textnachrichten schicken. Ältere Leute verwenden tendenziell eine formalere Sprache, besonders, was die Zeichensetzung anbelangt. Das geschriebene Wort hatte immer einen gewissen Grad der Formalität an sich, weil es oft in einem förmlichen Kontext zur Anwendung kam, wie zum Beispiel am Arbeitsplatz. Viele ältere Menschen wuchsen mit diesem Gebrauch der Schriftsprache auf und mussten erst als Erwachsene lernen, Textnachrichten für die Kommunikation zu verwenden, woran sie sich mehr oder weniger gut gewöhnten. Leute, die seit ihrer Jugend Textnachrichten versenden, sind quasi Muttersprachler dieses Formats und gebrauchen es zwanglos und sozial – für sie ist es keine förmliche Kommunikationsmethode. Beide Arten, Textnachrichten zu schreiben, sind völlig in Ordnung, aber es kann ein Problem sein, wenn man bei einer bestimmten Textnachricht nicht bedenkt, wer der Adressat ist. Ein offensichtliches Beispiel dafür ist das Setzen eines Punktes am Ende einer Textnachricht, die nur aus einem Satz besteht. Für ältere Leute ist das einfach grammatikalisch korrekt. Für jüngere Leute wirkt die Nachricht dadurch unaufrichtig und möglicherweise sogar passiv-aggressiv. Eine Studie ergab, dass Zeichensetzung in Textnachrichten Abruptheit vermittelt. Ich verwende die Zeichensetzung in meinen Textnachrichten immer bewusst, abhängig vom Empfänger. Wenn ich anderen Autoren, die älter sind, eine Textnachricht schreibe, achte ich penibel auf eine altmodische Zeichensetzung, damit sie nicht meinen, ich würde Fehler machen oder sei schlampig. Wenn ich meinen Freundinnen schreibe, bin ich zwangloser und wenn ich meinen Kindern schreibe, bemühe ich mich sehr, nicht als abrupt, zornig oder unfreundlich zu wahrgenommen zu werden, indem ich die Zeichensetzung begrenze, mehr Emojis verwende und eine entspanntere Sprache verwende.

Falls Sie sich Sorgen machen, dass die "Jugend von heute" aufgrund dieses Regelverlusts bei Textnachrichten nicht mehr richtig schreiben lernt, brauchen Sie keine Angst zu haben. Derzeitige Forschungsergebnisse deuten darauf hin, dass Jugendliche und junge Erwachsene zwar denkbar zwanglose Nachrichten verfassen können – mit einem Minimum an Buchstaben, begrenzter Zeichensetzung und vielen Emojis –, aber dass sie trotzdem wissen, wie man in anderen Umständen förmlicher schreibt. Diese unterschiedlichen

Arten der schriftlichen Kommunikation sind eigentlich eine Form von Code-Switching – und diese Beherrschung beider Kommunikationsformen weist auf eine Generation hin, die über ein ausgeprägtes soziales Bewusstsein, gute Beziehungen und eine Vielzahl an Fähigkeiten für eine Vielzahl von Situationen verfügt. Für Textnachrichtenschreiber aller Altersgruppen ist das Wichtigste, dass ein Potenzial für Fehlkommunikation besteht, weil Nachrichten über Gruppen hinweg falsch verstanden werden können. Und diese Gruppen definieren sich durch ihr Alter. Als die Lektorin der englischsprachigen Ausgabe dieses Buchs, Eileen Anderson, diesen Abschnitt zum ersten Mal las, kommentierte sie: „Ich bin ganz auf der Seite von, ‚Wie toll, dass Kinder heute Textnachrichten schreiben', weil es bedeutet, dass sie schreiben! Nicht auf der, ‚Oje, wohin kommen wir, wenn alle falsche Rechtschreibung und Abkürzungen verwenden! Ich verstehe die Welt nicht mehr!'-Seite." Ich musste lachen, weil sie es *natürlich* so sehen würde. Sie ist nicht nur Lektorin, sondern auch Hundetrainerin, weshalb sie die Kinder bei etwas erwischen möchte, was sie richtig machen. „Richtig machen" bedeutet in diesem Fall, überhaupt zu schreiben. Ich empfinde es genauso und billige alles, was schriftlich ist.

Manchmal ist Fehlkommunikation auch einfach das Ergebnis gegensätzlicher Stile. In meiner Familie neigen wir dazu, alle gleichzeitig und sehr lebhaft zu sprechen, während das Gespräch in der Familie meines Mannes viel ruhiger und mit meistens nur einem Sprecher gleichzeitig abläuft. Am Anfang war es schwierig, sich an diese Unterschiede zu gewöhnen und es gab einige peinliche Augenblicke. In meiner Familie erwarten wir generell, dass die anderen uns ins Wort fallen und mitreden, weil uns das sonst Desinteresse signalisiert. Meine frischgebackenen Schwiegereltern fanden meine Unterbrechungen allerdings unhöflich, während ich diesen Konversationsstil als enthusiastische und partizipative „überlappende Rede» empfand. Ich passte mich sehr bald an, weil ich schnell merkte, dass ich als unhöflich und aufdringlich empfunden wurde. Ich klinke mich immer noch mehr als der Rest ein, aber sehr viel weniger als früher – bevor mir bewusst wurde, wie mein Verhalten wirkte.

In dem Buch *Auf der Spur der Riesen: Die Grimm Akten*, das mein Sohn in der dritten Klasse las, gibt es eine Reihe von unsinnigen Konversationen aufgrund von Verständnisschwierigkeiten über Hintergrundlärm. In einem Beispiel haben eine alte Frau und ein junges Mädchen einen Wortwechsel.

„Legt eure Sicherheitsgurte an!"
„Was?"
„Was?"
„Ich kann dich nicht verstehen!"
„Mehr als sechs!"
„Sechs was?"
„Wahrscheinlich!"

Das ist ein bisschen extrem, aber wir alle hatten schon Gespräche, in denen wir nur begrenzt etwas verstanden, wissentlich oder nicht. Ein anderer amüsanter Austausch ging so:

„So ist es urgemütlich!"
„Ich liebe Delfine auch!"
„Nicht, seit ich mir an den Zehen wehgetan habe!"

Wann immer jemand in unserer Familie etwas sagt, das ganz klar zeigt, dass er das vorher Gesagte missverstanden hat, sagen wir: „Ich mag Delfine auch!" Dadurch machen wir unseren kollektiven Kommunikationszusammenbruch deutlich. Es dient einerseits als Stichwort, es noch einmal zu versuchen, ist aber auch als Witz gemeint.

Ethologie auf andere Tierarten anwenden

Meine Arbeit zu angewandter Verhaltensbiologie konzentriert sich zwar meistens auf Hunde, aber ich habe mich auch jahrelang mit Insekten befasst und konnte viele praktische Anwendungen aus dem Wissen über ihr Verhalten ziehen. Viele Insekten fliegen hoch, um einer Gefahr zu entrinnen, was praktisches Wissen ist, wenn man eine Wespe einfangen will, die sich ins Haus verirrt hat. Eine Wespe lässt sich am leichtesten fangen, indem man am Fenster einen Behälter über sie stülpt und diesen dann so kippt, dass man den Deckel auf der Unterseite anbringen kann, während die Wespe auf der Suche nach einem Fluchtweg hochfliegt. Würde ich versuchen, den Deckel auf den aufrechten Behälter zu setzen, könnte die Wespe mit sehr viel höherer Wahrscheinlichkeit hoch- und fortfliegen, bevor ich eine Chance hätte, sie nach draußen zu bringen.

Obwohl ich Insekten generell sehr gerne mag und besonders einige Arten liebe, werden mir Hirschlausfliegen wahrscheinlich nie ans Herz wachsen. Ich kann es nicht leiden, wenn sie um meinen Kopf herumschwirren und noch viel weniger mag ich die schmerzhaften Stiche, die sie austeilen. Diese Insekten werden von dunklen Farben angezogen, und da ich dunkelhaarig bin, wollen sie oft in meiner Nähe sein. Sie neigen aber auch dazu, zu dem größten warmblütigen Tier in der Umgebung zu fliegen, weshalb ich mich oft neben meinen Mann stelle, meinen Kopf einziehe, sodass ich weit unter ihm bin und dann abwarte, bis die Fliege Interesse an seinem Kopf zeigt. Dann ducke ich mich weg und entferne mich, womit die Fliegen-Übergabe abgeschlossen wäre. (Ich weiß, dass das gemein ist, aber als Professor, der sich mit Insekten befasst, weiß mein Mann, was ich tue – schließlich war er derjenige, der mir diese Technik beigebracht hat. Er und seine Brüder taten sich das in ihrer Jugend gegenseitig an und würden auch nicht zögern, den Trick bei mir anzuwenden.)

Viele andere Insekten werden von dunklen Farben angezogen, weshalb weiße oder helle Kleidung ein chemiefreier Tipp ist, um die Anzahl an Mückenstichen zu verringern. Auch Wespen und Bienen stechen eher dunkle als helle Objekte, weshalb helle Kleidung einen gewissen Schutz vor Angriffen bietet. Das ist ein Grund, warum Imkeranzüge weiß sind – der andere Grund ist Hitzeschutz. (Die Tendenz, dunkle Objekte anzugreifen hat möglicherweise mit der Fähigkeit dieser Insekten zu tun, Angreifer mit nur ein paar gezielten Stichen um die Augen herum zu vertreiben. Die Augen sind bei den meisten Wirbeltieren dunkel, so auch bei zwei der gefährlichsten Räuber von Wespennestern: Vögeln und Affen.)

Wenn Sie Bienenstiche gerne vermeiden möchten (wer möchte das nicht?), sind Sie gut beraten, nicht wie eine Banane zu riechen, wenn Sie an einem Bienenstock vorbeigehen. Der Geruch von Bananen enthält eine chemische Substanz, die das Alarmpheromon der Bienen freisetzt, was dazu führt, dass die Tiere zu einem Angriff angestachelt werden. Deshalb würde ich Sie bitten, von nun an keine Bananen mehr zu essen oder bei sich zu tragen, wenn Sie an einem Bienenstock vorbeigehen! Auf diese Weise können Sie das Risiko minimieren, das zu bekommen, was meine Schwester Marla U.U.E.E. (ungeplante, unerwünschte entomologische Erfahrung) nennt. Oft lassen sich Insektenbisse und -stiche besser durch Wissen als durch Ausrüstung vermeiden – wieder ein Beweis, dass Bildung niemals verschwendet ist.

Es bereitet mir die größte Freude, wenn ich mein Wissen über das Verhalten einer Tierart anwenden kann, um Probleme in der echten Welt zu lösen. Es war spannend, zu sehen, wie die Figur Hicks in dem Film *Drachenzähmen leicht gemacht* diese Technik in seinen Dienst stellt. Die Hauptfigur Hicks ist der Sohn eines Wikingerhäuptlings, aber im Gegensatz zu seinem Vater ist er ein körperlicher Schwächling, der keinen Spaß daran hat, Drachen zu töten und der kein überragender Krieger ist. Er macht sich in seinem Drachenkämpfer-Kurs nicht besonders gut, bis er seine Verhaltensbeobachtungen auf Ohnezahn anwenden kann – ein Drache, den er heimlich gerettet und gezähmt hat. Auf diese Weise schafft er es, gegen die Drachen zu gewinnen, die im Trainingskurs verwendet werden.

In anderen Worten, Hicks setzt sein Wissen über Drachen-Ethologie ein, um in seinem Drachenkämpferkurs zu brillieren, ohne dabei einen Drachen töten oder verletzen zu müssen. Hicks bemerkt zum Beispiel, dass Ohnezahn keinen Aal fressen möchte. Er schließt daraus, dass Drachen von Natur aus Angst vor Aalen haben (oder sie zumindest nicht mögen). Also setzt er in seinem Kurs einen Aal publikumswirksam ein und täuscht alle insofern, als er den Aal nur dem Drachen, nicht aber seinen Klassenkameraden zeigt – mit dem Ergebnis, dass diese glauben, der Drache hätte Angst vor *ihm*.

Ein anderes Mal beobachtet Hicks, wie Ohnezahn sich wie im Wahn auf seinem Rücken im Gras wälzt. Dadurch erkennt er, dass Gras auf Drachen dieselbe Wirkung hat wie Katzenminze auf manche Katzen. Er setzt daraufhin Gras ein, um einen Drachen in der Kampfklasse gefügig zu machen. Eine ähnliche Entdeckung – dass Ohnezahn ohnmächtig wird, wenn man ihn unter dem Kinn kratzt – kommt ihm während des Trainings zu Gute, da er die Technik dort einsetzt, um einen Drachen unschadlich zu machen, gegen den er und seine Klassenkameraden kämpfen. Schließlich setzt er das reflektierende Licht von seinem Schild ein, um einen Drachen abzulenken und in sein Gatter zu locken – in etwa so, wie man einen Hund mit einem Laserpointer im Raum herumführen kann. (Ebenso wie die meisten anderen Trainer und Verhaltenstherapeuten für Hunde empfehle ich nicht, Laserpointer zum Spielen mit Hunden einzusetzen. Es besteht eine zu hohe Wahrscheinlichkeit, dass der Laser negative Auswirkungen auf den Hund haben könnte

– entweder, indem er zu zwanghaftem Verhalten führt, oder aufgrund der unangenehmen, extremen Frustration, die der Hund bei einer Jagd ohne Erfolgserlebnis empfindet, weil er das Licht nie fassen kann.)

Dies ist eine perfekte Veranschaulichung der angewandten Verhaltensbiologie und einer von vielen Gründen, warum ich diesen Film liebe. Die Tatsache, dass Verhaltensbiologie, der Aufbau einer vertrauensvollen Beziehung, sowie positive Trainingsmethoden eine so wichtige Rolle in der Handlung dieses Films aus dem Jahre 2010 spielen (im Gegensatz zu Gewalt, Aggression und einer aversiven Einstellung zu Drachen), macht deutlich, dass diese neue Herangehensweise zunehmend an Popularität gewinnt, auch wenn sie noch nicht völlig etabliert ist. Hicks Erkenntnis: „Alles, was wir über euch [Drachen] wissen, ist falsch", zeugt davon, dass er gelernt hat, Drachen zu verstehen, wie noch niemand vor ihm.

Es ist kein Zufall, dass die Beziehung zwischen Hicks und Ohnezahn der eines Jungen zu seinem Hund ähnelt, denn Ohnezahns Verhalten wurde von Hunden inspiriert. Die Filmemacher wählten vermutlich ein Verhalten, das uns vertraut ist. Wenn Ohnezahn glücklich ist, wedelt er mit seinem Körper, spitzt seine Ohren und „verbeugt" sich wie bei einer Spieleinladung. Wenn Hicks etwas macht, das Ohnezahn nicht gefällt, reagiert er, indem er seine Augen verengt, seine Ohren nach hinten anlegt und seine Zähne zeigt. Je hundeähnlicher der Drachen ist, desto leichter fällt es uns, sich in ihn und seine Beziehung zu Hicks einzufühlen.

Hicks behandelt seinen Drachen auch wie einen Hund: In der Annäherungsphase wendet er immer seinen Blick ab, bevor er seine Hand ausstreckt, um den Drachen zu berühren oder zu streicheln. Hicks macht das toll – er übt nicht zu viel Druck auf Ohnezahn aus und verwendet Leckerlis (Fische), damit der Drache Vertrauen zu ihm aufbaut. Er gibt Ohnezahn einen ganzen Haufen Fische zur Beschäftigung, während er die Schwanzprothese befestigt, die er für seinen neuen Drachenfreund gemacht hat. Ganz so, wie ich einem Hund ein Kong-Spielzeug mit Futter geben würde, wenn ich ihm einen Verband anlegen müsste und er noch nicht darauf trainiert worden wäre, während so etwas still zu sitzen.

Verhaltensbiologie auf Mitglieder unserer eigenen Art anwenden, ganz gleich, welchen Alters

Je besser wir uns mit der hundebezogenen Verhaltenswissenschaft auskennen, desto eher finden wir heraus, wie sich Hundeverhalten am besten beeinflussen lässt. Was wiederum bedeutet, dass wir bessere Hundetrainer werden, wenn wir etwas über das natürliche Verhalten von Hunden lernen. Dasselbe gilt für andere Tierarten einschließlich Insekten: Was ich über sie gelernt habe, erleichtert es mir, ihr Verhalten zu beeinflussen, manchmal auch zu meinem eigenen Vorteil. Als Wissenschaftlerin liegt es mir in der Natur, Ethologie auf unterschiedliche Tierarten anzuwenden. Angewandte Verhaltenswissenschaft bedeutet, unser Wissen über Tierverhalten auf praktische Art einzusetzen, was eine wertvolle Fähigkeit ist. Abseits der Werbewelt oder der Welt der Psychologie gilt es oft als eher unwichtig, den Menschen als Gattung zu verstehen. Es sollte aber für alle Leute wichtig sein, die andere beeinflussen möchten. (Patricia McConnell's Buch *Das andere Ende der Leine* geht detailliert darauf ein, warum es in Bezug auf das Hundetraining so wichtig ist, natürliches Menschenverhalten zu verstehen.)

Es ist nur sinnvoll, auch etwas über das natürliche Verhalten von Menschen zu lernen, weil wir das Verhalten anderer dadurch effektiver beeinflussen können. Immerhin verbringen fast alle von uns mehr Zeit mit anderen Menschen als mit irgendeiner anderen Tierart und ich könnte wetten, dass wir mehr Frustrationen aufgrund von Menschenverhalten erleben als aufgrund des Verhaltens irgendeiner anderen Tierart. Mein wissenschaftlicher Hintergrund hat mir die Ansicht erleichtert, dass Menschen auch bloß eine Tierart sind. Eine logische Folgerung ist, dass man eine Art zuerst verstehen muss, wenn man diese beeinflussen möchte.

Ich möchte alle meine Klienten dahingehend beeinflussen, dass sie dem Plan folgen, den wir für ihren Hund entwickeln. Wenn der Plan befolgt wird, bringt dies Vorteile für die gesamte, aus unterschiedlichen Tierarten bestehende Familie. Kunden-Compliance ist in den unterschiedlichsten Branchen ein wichtiges Thema und ich nehme es immer auf mich, meinen Teil dazu beizutragen, um das Kundenverhalten in Richtung Compliance zu lenken. Ich habe wenig Geduld mit Verhaltensexperten oder Trainern, die sagen: „Ich habe Ihnen gesagt, was Sie machen sollen und Sie haben sich nicht daran gehalten. Es ist nicht meine Schuld, wenn der Hund keine Fortschritte macht!" Es ist leicht, einen Plan zu erstellen, der dem Hund helfen könnte, *wenn* er denn befolgt würde. Es ist aber viel schwieriger, einen Plan zu erstellen, den die Leute tatsächlich befolgen *können* und befolgen *werden*. (Es ist ähnlich wie bei Abnehm-Tipps. Jemand könnte zu mir sagen: „Weißt du, Karen, du könntest ganz leicht ein paar Kilo abnehmen, wenn du vor dem Schlafengehen am Abend Karotten statt Schokolade essen würdest und wenn du sonntags statt Pfannkuchen immer Großblatt-Haferflocken essen würdest." Das ist ein großartiger Plan, aber ich würde ihn nicht befolgen. Meine Compliance wäre niedrig, weshalb der Plan erfolglos bliebe.) Es ist meine Aufgabe, den Hund und die Situation einzuschätzen, einen Plan zu entwickeln, um dem Hund zu helfen *und* meine Kunden dazu zu bringen, den Plan anzunehmen. Nur so werden sie die notwendige Arbeit investieren, um das Verhalten des Hundes zu ändern und nur so können sie erfolgreich sein. Natürlich müssen auch die Klienten ihren Teil beitragen und dem Thema Zeit und Mühe widmen – wenn sie in ihrem Leben nicht an einem Punkt sind, an dem sie das überhaupt können, gibt es nicht viel, was ich (oder jemand anderes) tun kann. Nicht alle Leute sind bereit, in ihrem Leben Veränderungen vorzunehmen. Im Falle der meisten Klienten gibt es allerdings einiges, das ich tun kann, um ihre Erfolgschancen zu erhöhen. Und wissen Sie was? Eine der Hauptmethoden, die ich einsetze, ist direkt aus meinen Fachkenntnissen als Hundetrainerin hergeleitet: Ich nutze natürliches menschliches Verhalten für meine Zwecke. Verhaltenswissenschaften sind die Rettung!

Erwachsene

Es gibt ein ausgezeichnetes Buch mit dem Titel *Yes! Andere überzeugen – 60 wissenschaftlich gesicherte Geheimrezepte* von Noah J. Goldstein, Steve J. Martin und Robert Cialdini. Es fasst einige der wichtigsten Forschungsergebnisse zu der Frage zusammen, was Menschen (und damit meinen die Autoren eigentlich Erwachsene) dazu bewegt, Ja zu sagen oder so zu handeln, wie verlangt. Eine wunderbare Lektion in diesem Buch lautet, dass Menschen dann Folge leisten, wenn sie sich zu einer Vorgehensweise verpflichtet haben. Zum Beispiel konnte ein Restaurant die Anzahl der Personen, die trotz Reservierung nicht erschienen, von dreißig Prozent auf zehn Prozent drücken, einfach, indem es eine Phrase beim Reservierungsvorgang änderte. Statt, „Bitte rufen Sie uns an, wenn Sie den Tisch absagen müssen", stand da nun: „Werden Sie uns anrufen, wenn Sie den Tisch absagen müssen?" Sobald die Leute darauf mit „Ja" geantwortet hatten, hatten sie sich zu einer Vorgehensweise verpflichtet. Und es ist wahrscheinlicher, dass Menschen ihre eigenen Versprechen einhalten, als dass sie einer höflichen Bitte nachkommen.

In dieser Hinsicht besteht die „Lösung" darin, von den Klienten zu verlangen, sich zu einem Handlungsablauf zu verpflichten.

Dadurch erhöht sich die Wahrscheinlichkeit, dass sie sich an das Programm halten werden. Seit ich das gelernt habe, sage ich gerne: „Werden Sie das jeden Tag mit Ihrem Hund üben?“ oder, „Werden Sie das jedes Mal machen, wenn Ihr Hund sich in dieser Situation befindet?“ Meine Klienten setzen ihre guten Absichten so eher in die Tat um und machen schnellere Fortschritte mit ihren Hunden. Ebenso nützlich kann diese Phrase sein, wenn Ihr Ehepartner regelmäßig spät nach Hause kommt und Sie nie wissen, wann Sie ungefähr mit ihm zu rechnen haben. Die Wahrscheinlichkeit, dass er Ihnen Bescheid gibt, ist sehr viel höher, wenn Sie sagen: „Rufst du mich an, wenn es spät wird?“, als wenn Sie sagen: „Bitte ruf mich an, wenn es spät wird.“ Wenn Menschen sich vorher zu etwas bereit erklären, handeln sie danach so, als ob sie einen Vertrag unterschrieben hätten und es nun ihre Verpflichtung wäre, diesen einzuhalten. Sie handeln nicht so, als ob ihnen etwas aufgetragen worden wäre, das jemand anderes von ihnen will – denn dies ist für die meisten Menschen nicht sehr attraktiv.

Eines der besten Dinge, die ich aus diesem Buch über Überredungskunst gelernt habe, ist, dass das Zauberwort nicht „bitte“ ist – sondern „weil“. Menschen reagieren eher auf Bitten, die einen Grund angeben, selbst wenn dieser unsinnig ist. In anderen Worten, Sie können andere sehr viel eher davon überzeugen, etwas zu tun, wenn Sie einen Grund angeben, selbst wenn der keinen Sinn ergibt. Wenn Sie also in der Schlange vor dem Kopiergerät stehen und sagen: „Dürfte ich bitte vor, da ich das rechtzeitig für ein Meeting mit meinem Vorgesetzten erledigen muss?“, oder gar etwas Unsinniges, wie: „Dürfte ich bitte vor, weil die Busse so verspätet sind, dass man sich gar nicht mehr auskennt?“, ist die Wahrscheinlichkeit sehr viel höher, dass Ihrer Bitte nachgekommen wird, als wenn Sie nur sagen: „Dürfte ich bitte vor?“ Im Gegensatz zu den ersten beiden Bitten enthält die letzte keine Begründung und wird wahrscheinlich als frech empfunden werden, egal, wie verzweifelt Ihr Blick ist, während Sie Ihre Bitte vortragen.

Im Vergleich ist es wahrscheinlich ein Klacks, jemanden davon zu überzeugen, Sie in der Schlange vorzulassen, wenn Sie schon einmal jemanden davon überzeugen mussten, die Toilettenbrille nach Verwendung immer herunterzuklappen. Während meines Studiums teilte ich mir dreieinhalb Jahre lang ein Haus mit einem guten Freund und dieses äußerst klischeehafte Problem war ein Thema zwischen uns. Das Problem besteht in vielen Kulturen, besonders in vielen Ehen. Schon viele Frauen haben sich gefragt: „Ist es möglich, ihn dazu zu bringen, die Brille herunterzuklappen, bevor ich eines Tages hineinfalle?“ Die Antwort lautet: „Ja!“. Ich spreche aus Erfahrung, aber eine effektive ethologische Herangehensweise ist unabdinglich.

Mein Mitbewohner war Mathematikstudent, also ein ziemlich logisch denkender Mensch. Tatsächlich verwendete er Logik als ein Argument, um seine Position gegen das Herunterklappen des Toilettensitzes zu verteidigen. Er argumentierte, dass es in einem streng physikalischen Sinn mehr Arbeit für ihn sei, die Brille aufzuklappen, als für mich, sie hinunterzuklappen, da er ja gegen die Schwerkraft arbeiten müsse, während ich mit der Schwerkraft arbeiten würde. Ich stimmte ihm zwar formal zu, aber fand es trotzdem abscheulich, unabsichtlich auf einer Toilette ohne Brille sitzen zu müssen. Dieses Hick-Hack ging einige Wochen lang weiter, bis er mich fragte, warum mir das so wichtig sei und ich sagte: „Ich möchte, dass die Brille unten ist, weil ich manchmal nachts auf die Toilette muss und mich dann hinsetze und fast hineinfalle.“ Während der verbleibenden drei Jahre, die wir zusammen wohnten, klappte er den Sitz immer hinunter. Ich hoffe, seine Frau weiß es zu schätzen, dass sie ihn „antrainiert“ übernehmen durfte – aber ich habe den Verdacht, dass sie es tut.

In einem anderen Beispiel aus dem Buch geht es um Hotels, die versuchen, die Gäste dazu zu bringen, ihre Handtücher wiederzuverwenden. Denn dies ist gut für die Umwelt und spart dem Hotel Geld. Die Leute waren eher bereit, ihre Handtücher mehrmals zu verwenden, wenn auf dem zugehörigen Hinweisschild stand, dass andere Leute dies tun würden. Schilder, die darum baten, etwas Gutes für die Umwelt zu tun, waren sehr viel weniger effektiv als Schilder, auf denen einfach stand, dass die Mehrheit aller Hotelgäste bereit sei, ihre Handtücher mehrmals zu verwenden. Menschen möchten im Allgemeinen gerne das tun, was andere auch tun.

Menschen möchten auch gerne Dinge mit einem hohen Wert kaufen, was manchmal dem wirtschaftlichen Gesetz von Angebot und Nachfrage in die Quere kommt. Ich kenne eine Anwaltskanzlei, deren Anwälte so ausgebucht waren, dass es für sie unerträglich stressig wurde und ihre Fähigkeit beeinträchtigte, sich zeitgerecht mit ihren Klienten zu einem Beratungsgespräch zu treffen und sich für sie einzusetzen. Die Kanzlei ging natürlich davon aus, dass das Geschäft nach einer Preiserhöhung abflauen würde (die Nachfrage sinken würde), weshalb sie genau das taten. Sie hatte allerdings nicht mit der menschlichen Neigung gerechnet, immer das Beste zu wollen. Die Kanzlei gehörte nun zu den höchstpreisigen Anwälten in der Umgebung, was noch mehr Leute anzog – vermutlich aufgrund deren „Ich will das Beste“-Mentalität und der Annahme, dass die teuersten Anwälte auch die besten sein müssten. Ganz gleich, was Sie verkaufen: Es ist eine Überlegung wert, dass ein höherer Preis Ihr Produkt noch attraktiver machen könnte. In diesem konkreten Beispiel war das nicht das erwünschte Ergebnis, aber in vielen Fällen wäre es das.

Kenntnisse der menschlichen Ethologie lassen sich auf unzählige Wege einsetzen, um Verhalten zu beeinflussen – einschließlich Ihres eigenen. Forschungsergebnisse weisen klar darauf hin, dass unsere Bildschirmzeit unseren Körper beeinflusst und zu Einschlafproblemen führen kann, da unsere Körperchemie dadurch auf eine Weise verändert wird, die den Schlaf stört. Wenn wir dies wissen, können wir alle dementsprechend handeln und vor dem Schlafengehen keinen Computer, kein Handy und kein Tablet verwenden. Es liefert uns außerdem einen triftigen Grund, um das Verhalten unserer Kinder in dieser Beziehung zu regulieren. Es ist gut, die Wissenschaft auf unserer Seite zu haben, sodass wir in aller Aufrichtigkeit sagen können: „Bildschirmzeit vor dem Schlafengehen ist gutem Schlaf abträglich." Was bedeutet, dass wir niemals die schwer zu respektierende Phrase „Weil ich es sage!", in den Mund nehmen müssen – denn diese ist ebenso nutzlos wie ärgerlich.

Babys

Schon sehr junge Menschen lassen sich in ihrem Verhalten positiv beeinflussen, wenn wir ihre grundlegende Ethologie verstehen und mit dieser arbeiten, anstatt dagegen anzukämpfen. Ich bin sicher, dass alle Eltern und Nichteltern sich schon einmal gefragt haben: „Wie kann ich das Kind dazu bringen, mit dem Schreien aufzuhören, bevor ich wahnsinnig werde?" Die natürliche Auslese hat den Klang eines schreienden Babys deshalb dermaßen unangenehm für das Ohr gemacht, damit wir es nicht ignorieren können und alles tun werden, um es zu beenden. Wir können uns angesichts dieses Klangs nicht einfach anderen Dinge widmen, denn sein Zweck ist gerade, uns dazu zu bringen, alles Menschenmögliche zu tun, um uns um die jungen, hilflosen Mitglieder der Gesellschaft zu kümmern. Natürlich ist jedes Baby anders, aber die meisten Babys lassen sich mit ähnlichen Methoden beruhigen. Als Elternteil lernte ich einige der nützlichsten Ethologie-Lektionen kurz nach der Geburt meines ersten Sohnes. Ich lernte die Bedeutung von zwei gleichzeitig ablaufenden Bewegungsarten, um ein Baby zu beruhigen, das erst wenige Monate alt ist. Mein Sohn hörte am ehesten auf zu weinen, wenn ich auf- und abwippte, während ich gleichzeitig von Seite zu Seite schaukelte. Eine weitere großartige Technik war, ihn kuschelig zu pucken, um ruckartige Arm- und Beinbewegungen zu verhindern. Viele neue Eltern lernen dieselben zwei Lektionen und nachdem ich Jahre damit verbracht hatte, Techniken zur Hundeberuhigung zu lernen, fühlte ich mich bereit dafür.

Selbst wenn Sie kein Elternteil sind und auch nicht planen, jemals einer zu sein, kann dieses Wissen Ihnen schreckliche Peinlichkeit ersparen. Und zwar, wenn ein fröhlich lächelndes und glucksendes Baby herumgereicht wird, das beginnt, zu schreien, sich zu winden, rot anzulaufen und zu brüllen, sobald es bei Ihnen ankommt. Das ist für niemanden ein großer Spaß und es ist immer praktisch, wenn Sie wissen, was zu tun ist.

Wenn Babys ein bisschen älter werden, wird es wichtig, sie zu unterhalten, anstatt sie nur zu trösten. So wie viele Welpen Quitschspielzeuge, Zerr- und Apportierspiele oder Fangspiele mögen, haben auch menschliche Babys eine Vorliebe für unterschiedliche Aktivitäten. Die meisten Babys lieben Kuckuck-Spiele und finden aufgerissene Augen spannend – je größer Sie Ihre Augen machen können, desto faszinierender finden die meisten Babys es. Der Grund dafür ist vielleicht, dass sehr junge Babys noch nicht gut sehen und geweitete Augen für sie besser zu erkennen sind. Oder es könnte sein, dass Babys sehr offensichtliche und sogar übertriebene Gesichtsausdrücke leichter verstehen können, wie zum Beispiel den überraschten Ausdruck von weit aufgerissenen Augen. Es könnte auch etwas mit Kontrasten zu tun haben, ähnlich wie beim Kuckuck-Spiel, wo die Augen zuerst verdeckt und dann entblößt werden. In den letzten Jahren haben Studien ergeben, dass kleine Kinder das Kuckuck-Spiel hauptsächlich deshalb so lieben, weil sie glauben, dass sie irgendwie unsichtbar werden, wenn ihre Augen für andere nicht mehr sichtbar sind. Interessanterweise verstehen viele der Kinder, dass ihre Körper nach wie vor sichtbar sind, aber sie haben das Gefühl, dass ihr eigentliches „Selbst" nur sichtbar ist, wenn man ihnen in die Augen schauen kann. Ganz klar, Babys glauben das Gerede von „Augen als Spiegel der Seele".

Babys lieben es außerdem, wenn ihnen eine kühle Brise ins Gesicht weht, was in zweierlei Hinsicht für mich praktisch war. Erstens konnte ich meine Babys unterhalten, indem ich ihnen sanft ins Gesicht blies, während wir unterwegs waren. (Haben Sie das Wort „sanft" hier gelesen? Es handelt sich um ein *sehr* wichtiges Attribut, da die meisten Babys keinen Wind mögen, eine sanfte Brise aber schon.) Es war wunderbar, sie auf diese Weise unterhalten zu können, wenn ich keine freie Hand oder sonstige Utensilien hatte. Die andere praktische Anwendung bestand darin, dass ich die Wäsche falten konnte, während ich vor meinen Söhnen saß und jedes Kleidungsstück vor dem Zusammenfalten schüttelte. Meine Söhne warteten jedes Mal auf den Luftzug und kicherten immer, wenn er kam. Für mich bedeutete es, dass ich meine Kinder beschäftigen konnte, während ich gleichzeitig etwas erledigt bekam. Das mag wie eine Kleinigkeit erscheinen, aber mit Babys und Kleinkindern im Haus ist es an schlechten Tagen schon eine Leistung, wenn man es schafft, sich die eigenen Zähne zu putzen und zu duschen – von beruflicher Arbeit oder Hausarbeit ganz zu schweigen. Deshalb ist jede Möglichkeit zu Multitasking wertvoll. (Hier ist ein Beispiel, das illustriert, wie schwierig es sein kann, irgendetwas gebacken zu kriegen: In den ersten Wochen nach der Geburt meines ersten Sohnes, bevor ich wieder an meinen Arbeitsplatz zurückgekehrt war, fragte mich mein Mann einmal, was ich an dem Tag gemacht hatte. Ich antwortete: „Zwei Waschmaschinen gewaschen und darauf bin ich extrem stolz. Die Wäsche ist übrigens noch nicht gefaltet."

Krabbel- und Kleinkinder

Eine weitere Möglichkeit, um in der Anwesenheit kleiner Menschen (bis zum Alter von zirka fünf) noch andere Aufgaben zu erledigen, ist, mit ihnen zu sprechen, während man macht, was zu tun ist. Manchmal reicht irgendein Gebrabbel, um Kinder zu beschäftigen und bei der Stange zu halten. In dem Fall können Sie einfach frei darauf losschwatzen und sagen, was immer Ihnen in den Kopf kommt. In anderen Fällen müssen Sie alle Register ziehen, damit Ihr Kleinkind aufmerksam und fröhlich bleibt – und nicht aus Langeweile versucht, wegzurennen, während Sie versuchen, den Toaster zu reparieren, Brennholz zu stapeln oder einen Teil des Hauses zu putzen.

Zu solchen Gelegenheiten ist es praktisch, zu wissen, dass kleine Kinder (einschließlich Babys) Reime unterhaltsam und lustig finden. Wenn Sie die Aufmerksamkeit eines Winzlings *so richtig* fesseln müssen, dann sagen Sie einfach am laufenden Band: „Tee, See, weh, Fee, Schnee" oder sogar etwas hauptsächlich Unsinniges, wie „Gummi, Flummi, Schummi, Zummi, Brummi, Stummi". Das ist in dem Augenblick sehr viel einfacher als so ziemlich alles andere, was Sie machen könnten. Kinder lieben es auch, selbst zu reimen und die meisten machen als Krabbelkinder eine Phase durch, in der sie obsessiv Reime finden. Mein älterer Sohn begann gerne mit einem Tier, wie Hund („Mund, rund, bunt, Fund") oder Katze („Fratze, Tatze, Matratze, Glatze"), was alles bis zu dem Tag bestens lief, als er mit meinem Mann im Supermarkt war und mit Geiß begann („heiß, weiß, Reis … "). Am Ende sagte er genau das, was man erwarten würde. Glücklicherweise befand sich nur ein anderer Mann im Gang, und der lachte und sagte: „Ich liebe Kinder in dem Alter!" Studien haben ergeben, dass Kinder, die Reimwörter besser erkennen können, auch besser darauf vorbereitet sind, in der Schule lesen zu lernen. Kinder, die nicht in der Lage sind, einen Reim zu erkennen, tun sich in der Schule schwerer damit, Lesen zu lernen. Das gilt auch dann, wenn ansonsten keinerlei Unterschiede zwischen dem Bildungsniveau der Eltern, der Intelligenz der Kinder und deren Wortschatz bestehen. Reime erleichtern es Kindern außerdem, neue Wörter zu lernen und zu lernen, wie sie ihren Mund und Atem richtig einsetzen können, um die für eine korrekte Sprache notwendigen Töne zu erzeugen. Nichts davon erklärt, warum Kinder anscheinend wild auf Reime sind, aber es deutet sehr wohl daraufhin, dass es eine kluge Strategie ist, mit den eigenen Kindern in Reimen zu sprechen oder ihnen Reimbücher vorzulesen. Denn dadurch vermögen sie unterschiedliche sprachliche Fähigkeiten zu entwickeln.

Unerwartetes kann oft Aufmerksamkeit erzeugen und unterhaltsam sein. Wer lange Haare hat, könnte beim Kuckuck-Spiel statt den Augen manchmal ein Ohr oder die Kopfseite herzeigen. Viele kleine Kinder finden das lustig – weil sie verstehen, dass es witzig ist, wenn etwas anders ist als erwartet. Gleichermaßen amüsiert es viele kleine Kinder, wenn man sich etwas auf den Kopf setzt. Egal, ob Sonnenbrille, Portemonnaie, Kugelschreiber, ein Blatt Papier oder etwas anderes, das gerade zur Hand ist – viele Kinder werden darüber lachen. Das ist nützliches Wissen, wenn Sie in einer Schlange oder in einem Warteraum mit potenziell gelangweilten Kindern warten müssen und keine Spiele oder Bücher haben, um sie zu unterhalten.

Krabbelkinder neigen zu etwas, worüber alle Eltern Bescheid wissen sollten. Für mich steht diese Tatsache ganz oben auf der Kleinkind-Verhaltensliste. Wenn man kleinen Kindern eine Reihe von Wahlmöglichkeiten bietet, entscheiden sie sich mit höherer Wahrscheinlichkeit für den letzten Punkt als für eine andere Option. Wenn Sie also fragen: „Möchtest du in den Park oder ins Fitnessstudio gehen?“, dann besteht eine hohe Wahrscheinlichkeit, dass die Wahl auf das Fitnessstudio fällt. Das Gleiche, wenn Sie fragen:

„Möchtest du Äpfel, Trauben oder Birnen?“ Vermutlich entscheidet sich das Kind für die Birnen. Das bedeutet, dass Sie als Elternteil die Entscheidungen Ihres Kleinkindes beeinflussen können, indem Sie die Wahlmöglichkeiten in einer bestimmten Reihenfolge präsentieren. Jedoch Vorsicht, die Methode ist bei Weitem nicht narrensicher. Kleinkinder entscheiden sich nicht immer für die letzte Option, obwohl sie es öfter tun, als man durch puren Zufall erwarten würde. Wenn Sie eine milde Präferenz bezüglich der Entscheidung Ihres Kleinkindes haben, aber es aber *eigentlich* egal ist, dann können Sie auf diese Technik setzen. Der Vorteil besteht darin, dass das Kind sich etwas aussuchen darf, was die meisten Kinder gerne tun. Wenn Sie andererseits aber schon wissen, was Sie machen werden (ihm Birnen füttern, weil nichts anderes da ist), dann sollten Sie keinen Vertrauensbruch riskieren, indem Sie so tun, als ob es eine Wahl gäbe. Diese Technik funktioniert auch dann wahrscheinlich nicht, wenn die Wahlmöglichkeiten zu ungleich sind, wie zum Beispiel: „Möchtest du schwimmen gehen oder lieber ein bisschen schlafen?“ Ein Kind wird sich selten – wenn überhaupt – für „schlafen“ entscheiden, nur weil Sie es als letztes gesagt haben.

Jugendliche

Zwischen Jugendlichen und deren Eltern besteht eine Fülle an Missverständnissen – genau wie zwischen Hunden und Menschen. Erwachsene und Jugendliche unterscheiden sich in ihrem Verhalten, ihren Einstellungen, ihrer Interpretation der Wirklichkeit und in ihren Gehirnen. Der wissenschaftliche Standpunkt, nach dem das oft nicht nachvollziehbare Verhalten von Teenagern (und jungen Erwachsenen in ihren frühen Zwanzigern) auf Hormone zurückzuführen ist, hat sich in den letzten paar Jahrzehnten geändert. Es hat sich herausgestellt, dass das Gehirn – und nicht die Hormone – für einen Großteil des typischen Jugendverhaltens verantwortlich ist. Junge Menschen haben einfach nicht dasselbe Gehirn wie ältere, und jeder, der so tut, als ob es anders wäre, lebt in einer Traumwelt.

Wenn Sie jetzt oder in Zukunft einen Teenager in Ihrem Leben haben, ist es klug, wenn Sie einen ethologischen Standpunkt einnehmen, um die jungen Menschen und ihre Situation verstehen zu können. Auf diese Weise können sowohl die Erwachsenen als auch die Jugendlichen besser mit Missverständnissen umgehen. Wenn ein Elternteil sagt: „Ich habe das Gefühl, als ob ich ihn (oder sie) gar nicht mehr kenne!", dann spricht er eigentlich eine Wahrheit aus. Ein Teenager ist *nicht* derselbe, der er als Kind war. Das ist zu akzeptieren und sollte nicht betrauert werden. Aber er hat auch nicht das Gehirn eines Erwachsenen, was für die Erwachsenen im Bekanntenkreis eine weitere Herausforderung darstellt, weil es ihre Fähigkeit beeinträchtigt, ihn verstehen zu können.

Ich habe Jugendliche immer gerne gemocht und ich finde, dass sie oft unfair behandelt werden. Erwachsene sind Teenagern gegenüber generell immer misstrauisch, egal, ob sie sie kennen oder nicht. Ich glaube, dass die Leute immer eher sehen, was Jugendliche falsch machen, als was sie richtig machen – und das läuft meiner erklärten Einstellung zu dem Thema zuwider. Ich teile absichtlich viele Geschichten in den Sozialen Netzwerken und anderswo, in denen Teenager wundervolle Sachen machen. Oft schreibe ich ein Kommentar dazu, das ungefähr so klingt: „Und wieder ein Beispiel für Jugendliche, die großartige Entscheidungen treffen." Ich kann mir nur selbst die Daumen drücken, dass meine Haltung meine eigenen verbleibenden Jahre als Teenager-Mutter ein kleines bisschen leichter machen wird. Aber mir ist völlig klar, dass derzeitige und frühere Teenager-Eltern (die in dem Prozess schon weiter sind, als ich mit meinen 15 ½- und 17jährigen Söhnen) sich vielleicht vor Lachen den Bauch halten und etwas rufen werden, wie: „In deinen Träumen, Närrin!" Ich erkenne diese Möglichkeit an und kann nur sagen, dass ich die Hoffnung noch nicht aufgebe.

Im letzten Jahrzehnt oder so wurden wissenschaftliche Studien zu jugendlichem Verhalten und jugendlichen Gehirnen unglaublich populär, und was Wissenschaftler daraus gelernt haben, ist faszinierend und leicht umsetzbar. Hier kommen ein paar Schlussfolgerungen, die unsere Interaktionen mit Teenagern prägen sollten:

Der präfrontale Cortex (Frontallappen) im Gehirn von Jugendlichen ist nicht völlig ausgereift und das wirkt sich auf ihr Verhalten aus. Das ist deshalb wichtig, weil der Präfrontalcortex dafür verantwortlich ist, Entscheidungen abzuwägen und Handlungskonsequenzen in die eigenen Überlegungen miteinzubeziehen. Und wissen Sie was? Wenn diese Teile des Gehirns langsamer reagieren, weil sie schlechter vernetzt sind, dann reagieren Jugendliche nicht immer so, wie ein erwachsener Mensch es tun würde.

Trotzdem ist die Ansicht nicht ganz richtig, dass Jugendliche impulsiv und risikobereit seien und darüber hinaus schlechtes Urteilsvermögen besäßen. Sie ist auch nicht ganz unrichtig. Die Sache ist einfach, dass es komplexere Gründe gibt, warum Jugendliche sich so verhalten, wie sie es tun. Oft wird den Schattierungen von jugendlichen Reaktionen auf die Welt keine Beachtung geschenkt, weshalb sie alle ungerechterweise über einen Kamm geschoren werden.

Eine verbreitete Ansicht über das jugendliche Gehirn war früher, dass Jugendliche deshalb extrem anfällig für riskantes (aber potenziell lohnendes) Verhalten sind, weil ihre Gehirnsysteme extrem sensibel auf Lust oder Belohnung jeder Art reagieren, während das Urteilsvermögen noch nicht völlig ausgereift ist. Neuere Studien kommen zu einem anderen Schluss. Tatsächlich bedeutet die jugendliche Empfänglichkeit für Belohnungen, dass sie mehr Zeit damit verbringen, sich für etwas anzustrengen und mehr Aktivität in den entscheidungsfindenden Bereichen ihres Gehirns stattfindet, als das bei Erwachsenen unter ähnlichen Umständen der Fall ist. Was bedeutet das also für uns? Wenn Jugendliche die Chance bekommen, etwas Wertvolles zu lernen, wird ihr Gehirn hart (und sorgfältig!) arbeiten, um das zu erreichen. Hier ist ein weiterer Beleg dafür, dass es sinnvoll ist, positive Verstärkung bei Teenagern einzusetzen anstatt mit strengen und strafenden Taktiken zu arbeiten.

Es ist durchaus üblich, Jugendlichen etwas wegzunehmen, wenn sie etwas falsch machen oder versagen. Eine Frau in einer Fitnessklasse sagte einmal zu mir: „Du musst herausfinden, was ihre Währung ist." Sie erklärte mir daraufhin, dass ihr Sohn ständig seinen Zugang zu seinem wertvollsten Privileg (salzige Knabbereien) verlor und wie schwer dieser Verlust für ihn wog, weil es ihn wirklich wütend machte. Er verlor die Chance auf diese Knabberartikel deshalb ständig, weil er sein Bett nicht gemacht hatte, vergessen hatte, seine Hausaufgaben zu machen oder weil das Geschirr immer noch verkrustet war, nachdem er es abgewaschen hatte.

Ich hätte die Frau mit dem Sohn, der so wild auf salzige Knabbereien war, gerne gebeten, ein Experiment zu machen: Sie hätte die Knabbereien als ihre Währung für das positive Verstärken ordentlich erledigter Aufgaben einsetzen können anstatt sie als Währung für negative Bestrafung zu verwenden. Leider kannte ich sie nicht gut genug, als dass es mir angenehm gewesen wäre, einen Dialog darüber zu eröffnen. Was insofern schade ist, als sie bereits herausgefunden hatte, was ihm wichtig war. Er wäre wahrscheinlich hochmotiviert gewesen, die Dinge gut zu machen, wenn er sich damit sein geliebtes Essen hätte verdienen können.

Weil Jugendliche empfänglich für Verstärkung und die Gelegenheit sind, etwas zu *verdienen*, indem sie es „richtig machen" (gutes Verhalten), kann eine diesbezüglich positive Herangehensweise das Leben mit Teenagern verbessern. Studien deuten darauf hin, dass es sehr viel sinnvoller ist, Jugendliche für gute Entscheidungen zu belohnen, als sie für weniger brilliante Entscheidungen zu bestrafen. Dennoch gehen wir als Gesellschaft oft streng und kontrollierend mit Jugendlichen um und fragen uns dann, warum unser Verhältnis zu ihnen so feindselig ist.

Eine weitere Sache, die wir in Bezug auf Jugendliche verstehen müssen, ist, dass ihre hohe Risikobereitschaft situationsspezifisch sein kann. Deshalb ist es als Elternteil wichtig, zu wissen, was man von seinem Kind in unterschiedlichen Situationen erwarten kann. In einer Studie wurde das Verhalten von Jugendlichen und Erwachsenen in einer Fahrsimulation untersucht, in der die Ampel auf Gelb umsprang. Teenager gingen keine Risiken ein und überfuhren die Ampel nicht öfter als die erwachsenen Testpersonen – *wenn sie alleine getestet wurden.* Wurden sie jedoch in der Gegenwart ihrer Peer-Gruppe (andere Jugendliche oder junge Erwachsene) getestet, zeigten die Jugendlichen viel riskanteres Verhalten, während die Erwachsenen ihr Verhalten nicht änderten. Was schließen wir daraus? Das jugendliche Gehirn trifft unterschiedliche Entscheidungen in unterschiedlichen Umständen, weshalb sie nicht immer gleichermaßen dazu neigen, in allen Situationen ein Risiko einzugehen. Tatsache ist, dass sie Risiken mit besonders hoher Wahrscheinlichkeit dann auf sich nehmen, wenn sie mit anderen Jugendlichen zusammen sind. Das hat damit zu tun, wie ihr Gehirn in sozialen Situationen Entscheidungen trifft. Dass das Verhalten von Teenagern von der Anwesenheit ihrer Alterskonsorten beeinflusst wird, ist keine bahnbrechende Neuigkeit. Aber es kann unsere Entscheidungen lenken, wenn wir verstehen, wie sich dies auf ihre Risikobereitschaft auswirkt. Je nachdem, ob unsere Teenager alleine oder mit Freunden unterwegs sind, sollte es auch einen Einfluss auf unser Vertrauen in sie haben.

Jugendliche reagieren auch anders auf Gesichtsausdrücke als Erwachsene. Gesichtsausdrücke, die Erwachsene als emotional neutral deuten, werden von Teenagern manchmal als negativ empfunden. Wenn Jugendliche Gesichtsausdrücke interpretieren, ist der Mandelkern in ihrem Gehirn aktiver, als das bei Erwachsenen der

Fall ist – während Erwachsene für dieselbe Aufgabe ihren präfrontalen Cortex stärker einsetzen. Der Frontallappen ist unter anderem dafür zuständig, feine Unterschiede zu erkennen und schnelle emotionale Reaktionen zu verlangsamen, während der Mandelkern die Aufgabe hat, impulsive oder intuitive Reaktionen hervorzurufen. Derartige Reaktionen können uns vor Gefahr oder hochriskanten Situationen schützen, weshalb der Mandelkern dazu neigt, davon auszugehen, dass eine Situation oder Person hinter einem her ist oder eine Bedrohung darstellt. Wenn Ihr Teenager Ihnen nun also vorwirft, ihn böse anzustarren und Sie sich denken, dass Sie nur in seine Richtung geschaut haben, dann gibt es einen Grund für diese unterschiedliche Wahrnehmung. Gleichermaßen werden Fragen wie, „Wie war dein Tag?“ oder, „Was machst du gerade?“ oft als aufdringlich und vorwurfsvoll empfunden, selbst, wenn sie gar nicht so gemeint waren.

Es gibt Langzeitstudien, in denen wiederholte Hirnscans an Hunderten von Menschen vorgenommen wurden. Diese haben ergeben, dass während der Jugend riesige strukturelle Veränderungen in verschiedenen Bereichen des Gehirns stattfinden. Und zwar in Bereichen, die unerlässlich sind, um die Wünsche, Glaubenssätze und Absichten anderer Leute zu verstehen. Es ist wenig überraschend, dass Jugendliche die Handlungen und Worte anderer Menschen vor, während und nach diesen dramatischen Veränderungen im Gehirn unterschiedlich interpretieren. Aber es ist wichtig zu erkennen, dass die Jugendlichen ihre Eltern nicht absichtlich missverstehen. Viele Eltern sehen sich selbst gerne als unschuldig an, während sie glauben, dass der Fehler ganz bei ihren Jugendlichen liegt. In Wahrheit ist die Absicht der Signale sowie die Art, wie diese interpretiert werden, einfach deshalb unterschiedlich, weil Sender und Empfänger Menschen unterschiedlichen Alters sind. In anderen Worten, es gibt hier keinen Bösewicht. Es handelt sich einfach um ein Missverständnis.

Umwelt und Blickwinkel

Ich befand mich in der rechten Spur vor einem Stopp-Schild, und weil ein riesiger Geländewagen in der Links-Abbiegespur neben mir stand, war ich nicht in der Lage, zu sehen, ob von links Autos kamen. Der Fahrer eines riesigen LKWs hinter mir machte eine obszöne Handbewegung und hupte laut und anhaltend. Anscheinend hatte es eine Verkehrslücke gegeben und er war erzürnt darüber, dass ich nicht losgefahren war. Ich wäre so gern (*soo* gern!) ausgestiegen und hätte ihm erklärt, dass er den Verkehr von seinem erhöhten Blickwinkel aus zwar sehen konnte, ich aber neben einem wahren Panzer stand und deshalb keine Möglichkeit hatte, zu sehen, ob ein sicheres Abbiegen möglich war. (Allerdings bin ich in Los Angeles aufgewachsen, wo Menschen manchmal andere Menschen für so ein Verhalten erschießen. Da ich gerne noch ein bisschen länger leben würde, hielt ich mich also zurück.) Ich hörte mir einfach das Hupkonzert an, bis der Geländewagen neben mir links abbog, wartete dann auf eine Lücke im Verkehr (anscheinend mindestens die zweite) und bog ab. Es irritiert mich, wenn Leute annehmen, dass ich dasselbe sehe (oder spüre) wie sie, ohne überhaupt potenzielle Unterschiede des Blickwinkels oder der Wahrnehmung in Betracht zu ziehen.

Der Blickwinkel zählt. So wie unterschiedliche Sichtweisen manchmal zwischenmenschliche Verwirrung stiften, können sie auch für Hunde Probleme verursachen, weshalb ich mir dieser Unterschiede bewusst bin. Kleinere Hunde sehen die Welt ganz anders als größere Hunde, und beide haben einen anderen Blickwinkel als ihr zweibeiniger Gefährte. Als Hundetrainerin weiß ich, wie unterschiedlich wir die Dinge sehen. Für kleinere Hunde ist es eine ganz andere Erfahrung, durch hohes Gras oder flaches Wasser zu gehen. Wir sehen die Welt buchstäblich aus einem anderen Winkel, und das ist nicht egal.

Der Blickwinkel ist allerdings nicht der einzige Grund, warum wir die Welt unterschiedlich wahrnehmen. Denn wir können uns an genau demselben Ort befinden und die Dinge trotzdem anders sehen. Ich bin es gewöhnt, zu verstehen, dass mein Umfeld nicht immer dasselbe spürt – oder spüren kann – wie ich. Dabei geht es mir nicht darum, dass Hundetrtainer über eine besondere Beobachtungsgabe verfügen würden. Ich zeige lediglich auf, dass bereits Anfänger im Bereich des Hundetrainings lernen, wie unterschiedlich Blickwinkel und Wahrnehmung sein können. Es ist eine bekannte Tatsache der tierischen Verhaltenswissenschaften, dass nicht alle Tierarten die Welt gleich wahrnehmen, weil unsere Sinneswahrnehmung sich unterscheidet.

In verhaltenswissenschaftlichen Anfängerkursen wird es oft so erklärt: Wir sollten niemals davon ausgehen, dass das, was wir spüren können, tatsächlich die Realität widerspiegelt. Denn wir alle haben eine unterschiedliche Einschätzung dieser sogenannten „Realität". Jede Tierart lebt in ihrer eigenen Wahrnehmungswelt, die in der Verhaltensbiologie auch als „Umwelt" bezeichnet wird. In der Ethologie beschreibt dieser Begriff das „subjektive Universum" – das Phänomen, dass Organismen unterschiedliche Sinneserfahrungen haben, selbst, wenn sie in derselben Umgebung leben. Denn sie verfügen über unterschiedliche Wahrnehmungsfähigkeiten.

Für uns Menschen zählen hauptsächlich optische und auditorische Reize, aber unsere Hunde leben aufgrund ihres außergewöhnlichen Geruchsinns wahrlich in einer anderen Welt. Ich interpretierte das Verhalten unseres Hundes einmal falsch, da ich dies nicht berücksichtigte. Bugsy (halb schwarzer Labi, halb gutaussehender Unbekannter) war nicht der schlaueste aller Hunde. Wir lernten schließlich, es amüsant zu finden, wenn er wieder einmal bewies, wie wenig seine Hirnleistung mit der Einsteins konkurrieren konnte. Auf unserer Farm in Wisconsin begann er einmal, seine eigenen Pfotenabdrücke im Schnee zu beschnüffeln und sie sogar zirka hundert Meter zurückzuverfolgen. Ich lachte und sagte noch laut zu ihm: „Das sind deine eigenen Pfotenabdrücke, du Dummerchen!“ Schließlich drehte er von seiner eigenen Spur ab, aber verfolgte weiterhin eine Fährte. Genaueres Hinsehen ergab, dass er der Fährte eines Kaninchens folgte und dass er diese Fährte ursprünglich auf seinem eigenen Trittsiegel wahrgenommen hatte. Er war hundert Meter zuvor auf die Spur eines Kaninchens getreten und hatte danach noch Dutzende Schritte im Schnee gemacht, bevor er die Fährte witterte. Trotzdem waren noch genügend Geruchspartikel vorhanden, um seine Aufmerksamkeit zu erregen und es war ihm möglich, die Fährte zu verfolgen. Ich fragte mich daraufhin, wie viele andere Male ich sein Verhalten fälschlicherweise als das Ergebnis niedriger Intelligenz abgetan hatten, anstatt zu erkennen, dass er in einer anderen Sinneswelt lebte.

Ich konnte Bugsy besser verstehen, als ich seine Wahrnehmung der Welt berücksichtigte. Gleichermaßen muss man das Konzept der „Umwelt“ für jedes Tier anerkennen, das man auf einer tiefen Ebene verstehen möchte. Denn die Wahrnehmungswelt der Tiere bestimmt, welche Reize für sie eine Bedeutung haben. Wenn ein Tier etwas nicht wahrnehmen kann, dann bedeutet ihm diese Sache nichts. Tiere nehmen die Welt aber auch innerhalb derselben Sinnesmodalität unterschiedlich wahr. Zum Beispiel verfügen sowohl Honigbienen als auch Menschen über ein ausgezeichnetes Sehvermögen, aber wir nehmen leicht unterschiedliche Teile des elektromagnetischen Spektrums wahr. Wir beide können Orange, Grün, Gelb, Blau und Lila sehen. Wie die meisten Insekten können Honigbienen jedoch kein Rot wahrnehmen. Im Gegensatz zum Menschen können sie dafür im ultravioletten Bereich sehen. (Der für Menschen wahrnehmbare Bereich des elektromagnetischen Spektrums wird auch „sichtbares Spektrum“ genannt – ein offensichtlich menschenzentrierter Begriff.)

Außerdem können Bienen polarisiertes Licht entdecken. Das bedeutet, dass sie nicht nur die Wellenlängen des Lichts wahrnehmen können, die für dessen konkrete Farbe verantwortlich sind, sondern auch, in welche Richtung die Lichtwelle schwingt. Sie kann innerhalb von 360 Grad senkrecht zu ihrer Ausbreitungsrichtung in jede beliebige Richtung schwingen. Polarisiertes Licht ist nicht Teil des subjektiven menschlichen Universums, aber Bienen können es sehen und die Polarisationsmuster im Himmel für die Navigation nutzen.

Da ich gelernt habe, sowohl auf den Blickwinkel als auch auf das schwerer zu definierende Konzept der Umwelt zu achten, ziehe ich immer die Möglichkeit unterschiedlicher Wahrnehmung in Betracht. Wenn ich auf der Straße an einem anderen Auto vorbeifahre und die Person nicht zurückwinkt, ist sie möglicherweise von der Reflektion der Windschutzscheibe geblendet oder kann mich aufgrund meiner getönten Scheiben nicht erkennen. Mir ist ebenso klar, dass unsere Essenspräferenzen teilweise mit unserer Fähigkeit zu tun haben, bestimmte Geschmackstoffe zu erkennen. Wenn meine Kinder sich beschweren, dass der Kürbis bitter schmeckt und auch mein Mann beim Essen das Gesicht verzieht, obwohl ich finde, dass er völlig normal (sogar süß!) schmeckt, dann verstehe ich, dass der Grund dafür meine Unfähigkeit ist, einen niedrigen Gehalt an Cucurbitacinen (die Bitterstoffe in Kürbispflanzen) herauszuschmecken, während der Rest meiner Familie in dieser Hinsicht sensibler ist.

Mir ist bewusst, dass meine Kinder sich möglicherweise von hochfrequenten Tönen gestört fühlen, die für mich gar nicht mehr hörbar sind. Denn ich bin aufgrund meines höheren Alters gar nicht mehr in der Lage, diese Töne noch wahrzunehmen. Dieser altersbedingte Unterschied in der Fähigkeit, hohe Frequenzen zu hören, hat zur Entwicklung eines einzigartigen praktischen Geräts im Bereich der Technologie geführt. Es handelt sich um einen Ton, der laut abgespielt werden kann, um Teenager davon abzuhalten, in bestimmten Bereichen herumzulungern, wie zum Beispiel in Shoppingzentren, Wohnblöcken oder Parkgaragen. Der Ton ist unglaublich nervenaufreibend für diejenigen, die ihn hören können – normalerweise Menschen in ihren frühen Zwanzigern sowie Teenager und Kinder. Er hat einen ähnlichen Effekt wie Nägel auf einer Kreidetafel und führt dazu, dass die Jugendlichen flüchten. Für Menschen, die auf die dreißig zugehen oder älter sind, ist er aber nicht mehr wahrnehmbar. (Mir machen Hunde und Babys Sorgen, die nicht in der Lage sind, ihr Unbehagen zu verbalisieren, wenn sie sich in der Nähe dieses Pfeiftons aufhalten müssen. Viele Menschen, einschließlich mir, sind dagegen, junge Mitglieder unserer Gesellschaft mit diesem Ton zu quälen.) An vielen Orten verstößt dies nicht gegen die Lärmregulierungen, was deutlich macht, dass derartige Gesetze einer bestimmten Alters-Voreingenommenheit entsprechen. In manchen Städten ist dieses hochfrequente Störgeräusch mit einer Präferenz für ältere Personen allerdings verboten.

Es gibt eine Umkehrung, die die Gerechtigkeit in gewisser Weise wieder herstellt. Viele junge Menschen verwenden den Mosquito-Klingelton absichtlich auf ihrem Telefon, weil ihre Eltern und ältere Leute ihn nicht hören können. Indem sie die höchste Frequenz wählen, die sie noch gut wahrnehmen, können sie Anrufe oder Textnachrichten während des Unterrichts empfangen, ohne dass die Lehrer es merken. Fies, aber schlau. Wenn Teenager Ethologie verstehen und anwenden, kann ihnen das genauso helfen, mit ihren Eltern umzugehen, wie es ihren Eltern hilft, mit ihnen umzugehen. Die Nützlichkeit der angewandten Verhaltenswissenschaften kennt keine Altersgrenze.

Kapitel 7
Nützliche Aufgaben und Fähigkeiten beibringen

Wenn ein Hund es lernen kann,
warum nicht auch ein Mensch?

Es lassen sich nicht nur die allgemeinen Techniken und Grundsätze der Ethologie ganz leicht auf Menschen anwenden. Nein, auch konkrete Fähigkeiten, die wir Hunden beibringen, lassen sich oft auf überraschend positive Weise auf Menschen übertragen. Mir erscheint das ganz natürlich, weil ich meine Arbeit mit Hunden manchmal auf meine Interaktionen mit Menschen übertrage, ohne viel darüber nachzudenken. Folglich erlebte ich in der frühen Phase meiner Elternschaft einige peinliche Momente.

Anfänglich war es nichts, was ich bewusst machte – es war einfach so, dass ich Jahre damit verbracht hatte, mit Hunden zu arbeiten. Deshalb war ich sehr viel besser in der Aufzucht von Hunden bewandert als im Aufziehen von Kindern. Wenig überraschend behandelte ich meine Babys und Kleinkinder manchmal wie Welpen. Die Tatsache, dass ich Menschen und nicht Hunde geboren hatte, sickerte erst so richtig ein, als mein Jüngster drei und mein Ältester viereinhalb Jahre alt war. (Ich bin sicher, dass die meisten Eltern solche Dinge in kürzerer Zeit merken, aber das Wichtige ist, dass ich es schlussendlich begriffen habe.)

Wenn ich die Aufmerksamkeit meines Babys erregen wollte, machte ich Knutschgeräusche, klatschte in die Hände oder sagte „wuff, wuff". Denn alle diese Geräusche zeigen sehr gute Wirkung, wenn man versucht, die Aufmerksamkeit eines Hundes auf sich zu ziehen. Als mein Ältester zirka zehn Monate alt war, fragte mich eine Frau in der Bücherei, ob er schon laufen könne. Ich antwortete ihr, dass er oft auf seinen Hinterbeinen stünde und sich am Sofa festhalten würde – anstatt die für unsere Spezies angemessenere Antwort zu geben, dass er sich in der Krabbelphase befände. Sie blickte mich entsetzt an und ich hatte den Anstand, angemessen beschämt auszusehen (und mich so zu fühlen). Später verwendete ich die Begriffe „Töpfchentraining" und „Stubenreinheitstraining" als Synonyme, was meinen Freunden und meiner Familie extrem peinlich war.

Trotz dieser Fettnäpfchen hatte ich sowohl mein Herz als auch mein Hirn am richtigen Fleck. Viele der Fähigkeiten, die wir Hunden beibringen, sind für Menschen – besonders für Kinder – genauso sinnvoll und es ist mir absolut nicht peinlich, das zu sagen. (Leuten, die mich kennen, ist es das vielleicht schon, aber das ist wieder eine andere Geschichte.)

Nicht auf die Straße rennen

Eine der größten Ängste aller Eltern besteht darin, dass ihr Kind auf die Straße rennen und von einem Auto überfahren werden könnte. Wir können Kindern noch so sorgfältig beibringen, dass sie in beide Richtungen schauen müssen, bevor sie eine Straße überqueren – es bleibt das schreckliche Wissen, dass viele Kinder zwar verstehen, wie sie eine Straße sicher überqueren können – aber dass dieselben Kinder trotzdem auf die Straße laufen würden, wenn sie abgelenkt wären. Die Ablenkung könnte ein Ball sein, dem sie hinterherjagen oder sie könnten einem Freund über die Straße nachrennen oder ein Schmetterling hätte ihre Aufmerksamkeit gefesselt.

Obwohl diese Angst für meine Kinder immer präsent war, unternahm ich etwas Konkretes, durch das ich mich besser fühlte. Ich hatte nämlich bereits ein System entwickelt, um die Wahrscheinlichkeit zu minimieren, dass Hunde auf die Straße rennen. Nun wandte ich dieselbe Technik bei meinen Kindern an. Manche Hunde kann man in der Nähe einer Straße niemals beruhigt von der Leine lassen, aber viele lernen es wirklich gut, nicht auf die Straße zu rennen. Leider bringen sich selbst manche dieser Hunde in Gefahr, wenn sie auf der Straße oder auf der gegenüberliegenden Seite etwas sehen, dass sie extrem interessiert. Zu derartigen

Verlockungen zählen Eichhörnchen, Fahrräder, eine Person, die der Hund kennt und liebt oder ein anderer Hund.

Man muss das Anhalten vor dem Straßenrand sehr viel üben, wenn man Hunden beibringen möchte, den Garten auch ohne Umzäunung oder andere physische Barriere nicht zu verlassen. Wenn Sie möchten, dass Ihr Hund auf Ihrem Grundstück bleibt, müssen Sie oft üben, an der Grenze anzuhalten. Jedes Mal, wenn Sie das machen, verstärken Sie das Verhalten, dass diese Linie nicht überschritten werden darf. In anderen Worten, wir bringen einem Hund teilweise bei, nicht auf die Straße zu rennen, indem wir ihn dort einfach nicht hinlassen. Für die Zuverlässigkeit dieses Grenzlinien-Trainings wäre es am allerbesten, wenn Sie Ihr Grundstück niemals zu Fuß mit dem Hund verlassen – aber das ist für die meisten Leute nicht machbar. Wenige Klienten würden den Ratschlag befolgen, ihren Hund jedes Mal ins Auto zu setzen und mit ihm zu fahren, wenn sie die Grenzlinie mit ihm überschreiten wollten. (Ich würde es zum Beispiel nicht befolgen!)

Bei Kindern wäre es natürlich höchst unrealistisch (und offen gesagt auch ein bisschen eigenartig, wie in dem Film *Die Truman Show*), zu glauben, dass sie Ihr Grundstück niemals verlassen und die Straße überqueren sollten. Das grundlegende Prinzip aber bleibt dasselbe: Man übt eine Grenzlinie ein. Bei Krabbelkindern und Kleinkindern hat es sich sehr bewährt, immer an einem konkreten Punkt vor der Straße stehen zu bleiben. Ich begann das mit meinen Kindern zu üben, sobald sie in der Lage waren, einige Meter ohne ständiges Hinfallen zu laufen. (Wir übten in unserer asphaltierten Einfahrt, weshalb es mir zu der Zeit ein Anliegen war, Kopfverletzungen zu vermeiden.) In den anfänglichen Trainingsphasen hielt ich sie an der Hand und wir gingen gemeinsam zum Rand des Bürgersteigs, wodurch noch einige Meter Einfahrt als Schutzzone verblieben, bevor die Straße begann. Dann hielten wir an und ich lobte sie und gab ihnen etwas Gutes zu essen, wie Blaubeeren oder ein kleines Stück Mäusespeck. Daraufhin drehten wir wieder um und gingen die Einfahrt hoch. Wir machten dies oft zwei- oder dreimal hintereinander, um das Anhalten als Muster zu etablieren.

Als die Kinder das gut konnten, gingen wir immer noch gemeinsam zu dem Punkt hinunter, aber nun, ohne uns an den Händen zu halten. Sie führten das Verhalten nun unabhängig von mir aus, obwohl ich immer noch in der Nähe war, um sie im Notfall fassen zu können. Auf diese Weise konnte ich einen Schritt hinter ihnen bleiben, um sicherzustellen, dass sie nicht einfach nur mir hinterherliefen und mein Verhalten nachahmten. Denn das wäre kopflos und sie würden so nicht lernen, in der Nähe des Randsteins anzuhalten. Stehenbleiben, nur weil ich das tat, reichte nicht – sie sollten stehenbleiben, weil sie in die Nähe der Straße kamen. Wir steigerten den Schwierigkeitsgrad allmählich, bis sie die Einfahrt zur Grenzlinie alleine hinuntergingen – und schließlich hinunter rannten. Am Anfang übten wir das Rennen, indem wir uns an den Händen hielten. Dann rannten wir gemeinsam, aber hielten uns nicht mehr an den Händen. Und schließlich rannten sie allein und blieben am richtigen Punkt stehen. Diese Vorgehensweise folgt der bekannten Leitlinie aus dem Hundetraining, nach der man immer nur an einem Aspekt gleichzeitig arbeitet. In diesem Fall bestand das Verhalten bis dahin aus zwei Hauptteilen: Wie nahe die Kinder an ihrer Mama waren und wie schnell sie sich bewegten. Eine dritte Variable war der Ablenkungsgrad, aber an dem arbeiteten wir zum Schluss. Ich rollte einen Ball die Einfahrt hinunter, und wenn sie den Ball erwischten, bevor er die Grenzlinie überrollt hatte, durften sie ihn nehmen und wir spielten eine Weile damit. Wenn der Ball auf die Straße rollte, bevor sie ihn einholen konnten, dann hielten sie an und ließen den Ball rollen. Ich überquerte die Straße dann vorsichtig, um den Ball zu holen und wir spielten eine Weile damit, nachdem ich ihn zurückgebracht hatte. Während der ersten Trainingseinheiten mit dem Ball mussten die Kinder langsam gehen, weil ich ihren Erregungsgrad kontrollieren und die Wahrscheinlichkeit erhöhen wollte, dass sie stehenbleiben würden. Aber schon bald durften sie so schnell laufen, wie sie wollten.

Fast zwei Jahre lang übte ich das so: Jedes Mal, wenn wir wohin fahren wollten, öffnete ich zuerst das Garagentor, ließ die Kinder die Einfahrt hinunter und wieder zurück laufen, und erst dann ins Auto einsteigen. Auf diese Weise übten sie sehr oft, zum Rand des Bürgersteigs zu laufen, anzuhalten und dann zurückzukommen. Die Übung machte ihnen Spaß und sie hatten nichts dagegen, kleine Botengänge zu machen, weil sie am Anfang immer einmal zum Spaß rennen durften. Ich musste zu diesem Zeitpunkt gar keine Verstärkung mehr anbieten, weil die Aktivität selbst ihnen so großen Spaß machte.

Der ganze Sinn und Zweck dieser komplizierten Übung war, das Anhalten an der Grenzlinie gut einzuüben. Meine Hoffnung dabei war, dass sie aus reiner Gewohnheit auch dann stehenbleiben würden, wenn sie einmal einem Ball hinterherjagten oder einen Freund oder Hund auf der anderen Straßenseite erblickten. Natürlich hätte ich sie trotzdem nicht einmal im Traum unbeaufsichtigt vor dem Haus spielen lassen, bis sie generell reif genug waren. Als sie dann alt genug dafür waren, war ihr „Training" für mich immer noch eine Rückversicherung und ich hoffte, dass es gewirkt hatte. Denn manchmal machen Kinder gerade dann einen tragischen Fehler, wenn sie alt genug sind, sodass wir nicht mehr damit rechnen würden. Ich wollte meine Kinder vor dieser Gefahr schützen, weshalb ich zusätzliche Sicherheit durch das strukturierte Grenzlinien-Training schuf. Obwohl wir meistens bei uns vor dem Haus übten, ließ ich sie manchmal auch an anderen Orten rennen und dann am Straßenrand stehenbleiben. Ich ging dabei nicht so methodisch wie zuhause vor, aber ich bot ihnen zusätzliche Gelegenheiten, um dieses Verhalten zu üben und zu lernen, dass es bei allen Straßen gilt und nicht nur bei unserer.

„Bei mir"

Ich habe sowohl Kinder als auch Hunde gerne in Körperkontakt und nah bei mir, wenn Autos eine Gefahr darstellen. Mit Kindern und Hunden sind Parkplätze und Straßen die unheimlichsten Orte der Welt. In der Hundewelt gibt es dafür Leinen und Bei-Fuß-Gehen. Bei meinen Kindern bin ich in dieser Beziehung ein Tyrann. Ab ihrem Krabbelalter bestand die Regel, dass sie meine Hand halten oder das Auto berühren mussten, wenn wir uns auf der Straße oder auf einem Parkplatz befanden. Das lässt sich mit dem Anleinen oder Anbinden eines Hundes vergleichen. (Ich habe sogar schon von Müttern gehört, die ihren Kindern beigebracht haben, einen Punkt am Auto zu berühren, der mit einem Magneten markiert wurde. Das ist sehr ähnlich, wie einem Hund beizubringen, ein Target mit einem konkreten Körperteil zu berühren.) Als meine Kinder ein bisschen älter wurden (zirka drei oder vier Jahre alt), brachte ich ihnen das Verhalten „Bei mir" bei. Ich habe Videos von meinen Kindern, in denen mein Dreijähriger meine Hand hält, während mein Vierjähriger „bei mir" bleibt, was ganz so aussieht, als ob er bei Fuß gehen würde. Und eigentlich war der einzige Grund, warum ich das Signal „Bei mir" anstatt „Bei Fuß" verwendete, dass ich nicht komische Blicke von anderen Müttern oder Nachbarn ernten wollte.

Im Jahr 2008 nahm ich ein Video auf, das für einen Vortrag mit dem Titel „Wie wir Hundetraining auf unsere menschlichen Beziehungen anwenden können" bei der Konferenz der Association of Professional Dog Trainers (APDT, US-amerikanischer Verband professioneller Hundetrainer) bestimmt war. Danach wollte mein dreijähriger Sohn „Bei mir" üben, denn ich hatte kürzlich begonnen, mit ihm daran zu arbeiten. Genau wie bei Hunden arbeite ich immer nur mit einem Schüler gleichzeitig, wenn ich etwas Neues beibringe. Deshalb passte mein Mann auf unseren älteren Sohn auf, während ich unseren Jüngeren mit auf die andere Straßenseite nahm.

Beim ersten Versuch, auf unserer ruhigen, sicheren Wohnstraße „bei mir" zu bleiben (nachdem wir es davor im Haus und im Garten geübt hatten) hüpfte mein Sohn die ganze Strecke über die Straße (das heißt, er ging nicht, er sprang). Mein erster Instinkt war, anzuhalten und noch einmal von vorne anzufangen, aber dann überlegte ich es mir anders. Es ist genauso, als ob ich das Verhalten eines Hundes allmählich forme, indem ich mich dem eigentlich gewollten Verhalten immer mehr annähere. Wie Sie wissen, würde man einem Hund ein Verhalten – zum Beispiel die Verbeugung – beibringen, indem man anfangs selbst das kleinste Neigen des Kopfes belohnt und sich dann Schritt für Schritt vortastet, wobei jeder kleinste Fortschritt belohnt wird. Auf die Weise würde der Hund seine Vorderbeine zuerst vielleicht ganz leicht beugen, dann ein bisschen stärker, dann würde er seinen Kopf näher in Richtung Boden bringen – bis man schlussendlich das Verhalten verstärken könnte, das man eigentlich will: Eine Verbeugung, bei der die unteren Vorderbeine am Boden aufliegen und der Kopf tief gehalten wird, während das Hinterteil hochsteht. Als ich meinem Sohn „Bei mir" beibrachte, bestand die erste Annäherung darin, dass er nicht weglief, sondern im Großen und Ganzen neben mir blieb und sich in die richtige Richtung bewegte.

In den darauffolgenden Versuchen arbeiteten wir daran, das Hüpfen durch Gehen zu ersetzen. Auch sollte er mehr auf mich und meine Bewegungsrichtung achten. Sobald ich mich in diesem Hundetrainer-Modus des Shapings befand, begann ich, sorgfältige Kriterien zu setzen und darüber nachzudenken, was als Nächstes kommen sollte. Meine Hundetrainer-Stimme kam heraus, als ich ihn lobte – ich sagte tatsächlich immer wieder „Fein!" zu ihm, wie ich es bei einem Hund machen würde, der gelobt werden will. Ich war schon Hundetrainerin, bevor ich Mutter wurde und das zeigt sich manchmal auf eine Weise, die manchen Mitgliedern der Gesellschaft vielleicht unbehaglich ist. Aber andere Leute könnte es vielleicht auf eine nützliche Idee bringen.

Die Progression von „meine Hand halten und bei mir bleiben" – was eine körperliche Verbindung ist – hin zu „Bei mir" – was ein Signal ist, das ihm genau mitteilt, was er zu tun und wo er zu sein hat – ist genau das Gleiche wie die Progression von „ohne Ziehen an der Leine gehen" hin zu „ohne Leine bei Fuß gehen". Das Verständnis einer Progression – also, wie man von einer Sache zur anderen fortschreitet – war für mich eine genauso wichtige Lektion, die ich vom Hundetraining auf meine Kindererziehung übertrug wie die individuelle Fähigkeit des „Bei mir" / „Bei Fuß". Im Hundetraining lautet ein allgemeiner Grundsatz für die Sicherheit des Hundes, ihm nicht mehr Freiheiten zu lassen, als er bewältigen kann. Ich würde nie von einem Hund verlangen, ohne Leine an einer Straße bei Fuß zu gehen, wenn ich nicht überzeugt wäre, dass er das auch kann. Das bedeutet, wir müssen ihm die Fähigkeit beibringen, bevor wir sie von ihm verlangen. Dasselbe galt für meine Kinder. Wir übten „Bei mir" im Haus und im Garten, bevor wir es auf einem Parkplatz oder beim Überqueren der Straße probierten. Und wenn ich einmal das Gefühl hatte, dass einer meiner Söhne abgelenkt war, dann fasste ich ohne Zögern wieder seine Hand, nur für den Fall der Fälle. Genauso würde ich einem Hund eine Leine anlegen, der unter vielen Umständen zwar ohne Leine gehen kann, aber dieses eine Mal vielleicht überfordert ist. Da ich auf der sicheren Seite sein möchte, lege ich immer eine Leine an, wenn es so viele Ablenkungen gibt, dass ich mir Sorgen mache. Ich würde niemals das Leben eines Hundes auf diese Fähigkeit verwetten, wenn auch nur der geringste Zweifel besteht, und ich vertrat dieselbe konservative Ansicht in Bezug auf meine Kinder.

Für unsere Kinder sind wir Lehrer und Vorbilder, weshalb ich große Freude empfand, als ich mir das Video ansah, in dem ich erstmals mit meinem jüngeren Sohn an „Bei mir" gearbeitet hatte. Mir fiel nämlich auf, dass ganz am Ende des Videos mein älterer Sohn seinen jüngeren Bruder dafür lobte, es gut gemacht zu haben. Kindererziehung gehört eigentlich nicht zu der Sorte von Abenteuern, bei denen man ständig die Gelegenheit bekommt, auf die eigenen Anstrengungen stolz zu sein. („Erniedrigt" und „überfordert" sind wesentlich häufigere Gefühle, Verwirrung wird zu einem ständigen Begleiter und Unsicherheit ist der normale Geisteszustand.) Weshalb sich ein gelegentliches Anzeichen, dass man etwas richtig macht, wirklich wunderbar anfühlt. Für mich ist es befriedigend, Anzeichen zu sehen, dass sie meinem Vordbild nacheifern, weil ich ihnen wohl genügend positive Interaktionen vorlebe. Ebenso empfand ich es als eher erfreulich als peinlich, als mein Sohn bei einem gemeinsamen Besuch einer öffentlichen Toilette zu mir sagte: „Gut gemacht, Mami!", nachdem ich das WC benutzt hatte. Er lernte gerade selbst, das WC zu benutzen und ahmte die positiven Rückmeldungen nach, die er von mir erhielt. Die anderen Frauen dort waren sich uneinig – einige verdrehten die Augen, während andere mich freundlich anlächelten. In jüngerer Zeit empfand ich dieselben Glücksgefühle nach einer Fahrstunde mit meinem jüngeren Sohn. Ich sagte: „Gut gefahren!", woraufhin er antwortete: „Gut am Herzinfarkt vorbeigeschrammt!" Positivität ist Positivität!

Mehrmals hochdrehen, um zur Ruhe zu kommen

Ich weiß, dass es sehr viele Studien gibt, aus denen hervorgeht, dass Kinder von Zucker nicht hyperaktiv werden. Ich kann dazu nur sagen, dass offensichtlich keine der Daten für diese Studien mit meinen Kindern oder den Kindern meiner Freunde erhoben wurden. Okay, vielleicht sind andere Inhaltsstoffe in den zuckerhaltigen

Lebensmitteln das Problem, aber da ich meinen Kindern niemals Zucker direkt aus der Packung gebe, ist es schwierig, den genauen Auslöser zu finden. Sie nehmen ihren Zucker auf die normale Art auf – in der Form von Geburtstagstorten, Halloween-Süßigkeiten, Wer-weiß-was-für-Quellen bei Schulfesten und die allgegenwärtigen Süßigkeiten, die ihnen bei diversen Verkaufsstellen angeboten werden. (Falls Sie meine erzieherischen Fähigkeiten nun in Frage stellen, lassen Sie mich bitte betonen, dass ich bewusst versuche, meinen Kindern viele gesunde Lebensmittel zuzuführen. Ich habe aber keinerlei Illusionen, dass sie sich perfekt ernähren und hoffentlich können Sie, liebe Leser, es dabei belassen.)

Wie auch immer – sei es aufgrund von Zucker oder weil Außerirdische gelegentlich in das Hirn meiner Kinder eindringen –, manchmal sind sie extrem aufgedreht und nicht in der Lage, sich selbst hinreichend zu kontrollieren. Daraufhin folgt häufig der Versuch, sie zur Ruhe zu bringen, indem man eine friedliche Aktivität wie Lesen oder Zeichnen initiiert, und manchmal funktioniert das auch. Es gibt jedoch eine Lektion aus dem Hundetraining, die mir einen effektiveren Weg aufgezeigt hat, um mit Situationen mit einem hohen Erregungsgrad umzugehen. Dies gilt besonders, wenn es sich um eine große Gruppe von Kindern bei einem Kindertreff oder einem Kinderfest handelt.

In Hundeschulkursen gibt es manchmal Hunde, die sich nur schwer beruhigen können. Das könnte daran liegen, dass sie ihre Energie nicht kontrollieren können oder auch an mangelnder Impulskontrolle. In beiden Fällen helfe ich ihnen gerne auf indirekte Weise, sich zu beruhigen. Ich trage den Besitzern auf, die Hunde dreißig bis vierzig Sekunden lang noch mehr hochdrehen zu lassen. (Sie sollen machen, was auch immer ihr Hund besonders lustig und stimulierend findet.) Das könnte irres, aufgeregtes Reden und Herumspringen sein, ein kurzes Fang-, Zerr- oder Apportierspiel oder auch ganz etwas anderes. Der Punkt ist, der Energie des Hundes nicht nachzugeben, sondern diese noch weiter hochzuschrauben. Dann sollen die Besitzer ungefähr eine Minute damit verbringen, den Hund nach besten Möglichkeiten zu beruhigen. Dafür könnten sie beruhigend auf ihn einreden, ihn streicheln, sein Gesicht oder seinen Bauch kraulen oder ihn auch einfach ignorieren. Wir wiederholen dieses Muster zwei-, drei- oder viermal, wobei der Beruhigungsteil immer erfolgreicher wird, während der Hochdreh-Teil immer weniger Erfolg zeigt. Je wilder es in einem Kurs am Anfang zugeht, desto wirksamer ist diese Technik, und ich habe festgestellt, dass dasselbe Muster bei Kindern funktioniert. Es ist leichter, sie zur Ruhe zu bringen, wenn man ihrer Energie und Albernheit nachgibt, anstatt den direkten Weg zur Ruhe zu wählen. Kindern trage ich auf, zu schreien und zu springen oder herumzurennen und allgemein „irre" zu sein. Dann sollen sie zu einer „Salzsäule" erstarren, was die meisten Kinder lieben, obwohl es schwer für sie ist. Ich lasse sie fünf bis zehn Sekunden lang erstarren und dann wieder dreißig Sekunden lang in den „Irre"-Modus gehen, bevor ich das „Salzsäule"-Signal wiederhole. Drei oder vier Wiederholungen genügen normalerweise, um alle zu beruhigen.

Diese Methode ist so effektiv, dass ich Schwierigkeiten hatte, ein Video davon mit meinen eigenen Kindern aufzunehmen. Ich schaffte einen „Sei irre"- und „Ruhe"-Ablauf, hatte aber leider meine Kamera um neunzig Grad verdreht (das war, bevor ich ein iPhone besaß, das mich vor derartigen Fehlern bewahrt). Ich musste sie bitten, es noch einmal zu machen, sodass ich die Szene für eine geplante Vorlesung aufnehmen konnte. An dem Punkt waren sie bereits ziemlich ruhig, da die Methode allzu gut funktionierte. Als ich es noch einmal versuchte, waren sie nicht mehr aufgeregt genug, um eine Verhaltensänderung demonstrieren zu können. Zucker als Rettung! Ich verabreichte jedem eine Handvoll Jelly Beans, wartete ein paar Minuten lang und schon waren sie wieder bereit für die

Kamera. (Und schon wieder ein Beweis, dass es zahllose Möglichkeiten gibt, um Verhalten zu beeinflussen!)

Es ist sowohl für Hunde als auch Kinder wichtig, dass sie lernen, zur Ruhe zu kommen und ich bringe dies auch beiden gerne bei. Es ist ganz wichtig, dass sie lernen, sich zu beruhigen, wenn sie, im Falle von Hunden, „ruhig", oder, im Falle von Kindern, „Beruhige dich" hören. Wenn sie nur ein bisschen energiegeladen sind, ist das eine großartige Gelegenheit, diese Selbstkontrolle einzuüben. Die „Sei irre"-Hochdrehmethode eignet sich besonders für Situationen, in denen Erregung und Aufregung den Grad überschritten haben, bei dem das betreffende Individuum sie noch ohne Hilfe kontrollieren kann. Diese „Hochdrehen, um sich zu beruhigen"-Methode bietet ihm so lange die nötige Unterstützung, bis es älter und reifer ist oder mehr Übung mit einem bestimmten Erregungs- und Aufregungsgrad in einer konkreten Situation hat.

Meine Kinder apportieren Dinge

Erschrecken Sie nicht: Ich habe meinen Kindern beigebracht, Apportierspiele miteinander zu spielen. Viele meiner Leser werden wahrscheinlich trotzdem entsetzt sein, aber zu meiner Verteidigung: Apportierspiele sind gut für die Fitness, es handelt sich um ein gemeinschaftliches Spiel, bei dem die Kindern lernen, sich abzuwechseln und wir alle verdienen ein paar pikante Kindheitserlebnisse, die wir später mit unserem Therapeuten besprechen können. Außerdem gehe ich soundso immer davon aus, dass die Leute sich derartige Szenen in unserem Zuhause vorstellen, wenn ich ihnen erzähle, das ich Anleihen aus dem Hundetraining für meine Kindererziehung genommen habe.

Eines Abends stellte es sich als unerwartet praktisch heraus, dass meine Kinder Apportierspiele sowohl in der Werfer- als auch Bringer-Rolle beherrschten. Wir befanden uns auf einem Fest, bei dem die Kinder mit einem ebenfalls anwesenden Hund „Hol's" spielten. Genau in dem Augenblick, als ein bestimmtes Kind an der Reihe gewesen wäre, mussten die Leute mit dem Hund aufgrund eines familiären Notfalls fahren. Das Kind, das nicht mehr an die Reihe gekommen war, wollte nicht aufhören, zu weinen. Keine andere Aktivität konnte es trösten – sie wollte unbedingt „Hol's" spielen. Ich fragte meine Söhne, ob sie bereit wären, abwechselnd den Hund für sie zu spielen, und sie stimmten zu. Den Eltern dieses kleinen Mädchens rettete dies definitiv den Abend und meine Kinder waren zu klein, um sich noch daran zu erinnern. Weshalb ich mir sicher sein kann, dass sie es mir nicht vorwerfen werden!

Aufgrund meiner vielen Jahre als professionelle Hundetrainerin liebe ich Apportierspiele mit Hunden so sehr, dass es nicht weiter verwunderlich ist, warum ich dieses Spiel auch meinen Kindern beigebracht habe. Für Hunde sind Apportierspiele eine wundervolle Art, um viele wertvolle Fähigkeiten und Aktivitäten zu vereinen. Hunde lernen oft, ihre eigene Erregung während des Spiels zu kontrollieren. Sie lernen, sanft mit ihrem Maul zu sein und den Ball auf das Signal ihrer Besitzer loszulassen. Für das Spiel ist Zusammenarbeit nötig und es bietet Mensch und Hund eine Gelegenheit, gemeinsam Spaß zu haben – was ein ganzer wichtiger Aspekt für die Entwicklung und Stärkung der Beziehung ist. Für Hunde kann es ein mächtiger Verstärker sein. Ich könnte noch viel mehr über die Vorteile des Apportierens schreiben, aber hauptsächlich finde ich es erstaunlich, dass nicht sehr viel mehr Leute Apportierspiele mit ihren Hunden spielen *und* dass nicht mehr Leute dieses Spiel bei ihren Kindern fördern. Wahrscheinlich bin ich in dieser Hinsicht einfach komisch.

„Bleib bitte hier“

Sollten Sie immer noch befürchten, dass meine Kinder in ihrer Therapie eines Tages nicht genügend interessante Themen und Erfahrungen zu verarbeiten haben werden, kann ich Sie beruhigen. Meine Kinder werden sagen können, dass sie zusätzlich zu „Hol's“ auch „Bleib“ als konkretes Signal lernen mussten. Die meisten Eltern machen das nebenbei, indem Sie den Kindern regelmäßig sagen: „Ich möchte, dass du genau hier bleibst.“ oder „Du darfst nicht vom Tisch aufstehen, bis du die Erlaubnis hast.“ Ich brachte ihnen das einfach ganz offiziell bei, und ich übte es ein.

Ich sagte regelmäßig zu ihnen: „Bleib bitte hier“ und verstärkte sie dafür. Zum Beispiel brachte ich ihnen einen Augenblick später ein neues Zeichenbuch, ihre Lieblingsbeeren oder ein Buch, das ich ihnen so oft vorlesen würde (wenn auch widerwillig, obwohl ich versuchte, meine mangelnde Begeisterung zu verstecken), wie sie wollten. (Eltern wissen, was für ein Opfer es ist, dasselbe Buch immer wieder vorzulesen und welch große Freude das den meisten kleinen Kindern bereitet.) Meine Kinder lernten, dass „Bleib bitte hier“ bedeutete, dass sie an Ort und Stelle auf etwas Gutes warten sollten. Das machte es sehr viel einfacher, weil die Kinder eine Motivation hatten, am selben Fleck zu bleiben, anstatt gegen ihre inneren Impulse ankämpfen zu müssen und das Gefühl zu haben, dass sie zu etwas Unangenehmen gezwungen würden – und mit „unangenehm“ meine ich langweilig. Manchmal gab ich ihnen etwas, um sie von Anfang an zu beschäftigen, was es ihnen noch leichter machte, so lange wie nötig still zu sitzen. Aber hin und wieder brachte ich ihnen trotzdem noch etwas Tolles mit. Ihre Anstrengung, am richtigen Ort zu bleiben, sollte sich schließlich lohnen.

Wenn meine Kinder an ihrem Platz bleiben, sehen sie meistens aus wie wohlerzogene Kinder und ich scheine eine (halbwegs) vernünftige Mutter zu sein. Aber einmal war ich während einer Besorgung sehr in Eile und mein innerer Hundetrainer kam heraus. Eine Freundin und ich gingen zur Bank, um dem Coach unserer örtlichen Laufgruppe eine Visa-Geschenkkarte von den Spenden aller Mitglieder zu besorgen. Die Schlange war sehr lang und ich wusste, dass es meinen Kindern (damals viereinhalb und sechs) schwer fallen würde, in ihr zu warten. (Tatsächlich fiel das Warten auch uns Erwachsenen nicht leicht, aber wir schafften es gerade noch.) Ich dachte mir, dass es am besten wäre, wenn meine Kinder an einem Ort stillsitzen würden, an dem ich sie ständig im Blick hätte. Denn gemeinsam mit uns in der mühsamen Schlange wäre es ihnen wahrscheinlich schwer gefallen, sich gut zu benehmen.

Ich wählte einen Platz neben dem riesigen Weihnachtsbaum der Bank aus und gab ihnen Stickeralben zum Spielen, während sie dort sitzen mussten. Als zusätzliche Unterhaltungsquelle erlaubte ich ihnen außerdem, den gesamten Weihnachtsschmuck zu untersuchen, wenn sie wollten. Leider führte ich sie dorthin, trug ihnen auf, sich hinzusetzen und sagte: „Bitte bleibt hier", wobei ich das Handsignal verwendete, das ich normalerweise bei Hunden einsetze: ein im rechten Winkel erhobener Unterarm mit der Handfläche nach innen für „Sitz" und ein erhobener Arm mit der Handfläche nach außen (wie ein Verkehrspolizist) für „Bleib". Seufz. Die Weihnachtssaison macht mich manchmal ganz wirr, was erklären (wenn auch nicht entschuldigen) könnte, warum sich die Grenze zwischen meiner Elternschaft und meiner Hundetrainerwelt verwischte und ich sie überschritt, ohne es überhaupt zu merken. Meine Freundin findet das wahrscheinlich heute noch lustig, aber das Positive ist, dass sie ihre Hunde Marley und Saylor in guten Händen weiß, wenn wir hin und wieder die große Freude haben, auf die beiden aufzupassen.

Egal, ob Hund oder Mensch, das Leben mit Individuen, die ein solides „Bleib" beherrschen hat den großen Vorteil, dass es leichter ist, ihre Sicherheit in potenziell gefährlichen Situationen zu gewährleisten. Mein Hund Bugsy befand sich gerade in der Küche, als ich einmal eine große Backform aus Glas fallen ließ, sodass die Scherben in der gesamten Küche herumspritzten. Es gab keinen Weg in die Sicherheit des Wohnzimmers oder einen anderen Raum, der nicht über die Glasscherben in der Küche geführt hätte. Glücklicherweise befand sich Bugsy an einem freien Fleck nahe der Wand. Ich sagte „Bleib" zu ihm, kehrte dann die Scherben weg, wischte den gesamten Bereich mit nassen Küchentüchern auf und bedeckte den Boden mit Handtüchern. Erst dann gab ich Bugsy das Auflösesignal und rief ihn zu mir, wobei ich ihn über die Handtücher leitete. Danach gab ich ihm im Wohnzimmer ein gefülltes Kong-Spielzeug zur Beschäftigung, während ich die Küche noch einmal mit dem Besen und nassen Küchtüchern durchwischte, um sicherzugehen, dass er sich nicht die Pfoten an einer übersehenen Glasscherbe aufschneiden würde.

Da ich zu der Zeit alleine zuhause war, wäre es wirklich schwierig gewesen, Bugsys Sicherheit zu gewährleisten, wenn ich ihm nicht „Bleib" beigebracht gehabt hätte. Aber so war es möglich, ihn für den Zeitraum der Putzaktion an seinem Platz zu halten. Natürlich hätte ich auch seine knapp dreißig Kilo durch die Küche ins Wohnzimmer tragen können, wobei ich barfuß über die Scherben hätte gehen müssen, aber ich bin froh, dass das nicht nötig war. Sein solides „Bleib" bot mir eine sehr viel angenehmere Möglichkeit.

Ich habe ähnliche Notfälle mit Kindern erlebt, wenn auch in der Flüssigvariante. Es war wunderbar, sagen zu können: „Stopp! Niemand bewegt sich! Ich meine „bleibt bitte hier", als ich eine Flasche Chlorbleiche fallen gelassen hatte und definitiv nicht wollte, dass die Kinder durch die Chlorpfütze liefen. Dieselbe Anweisung war einmal unglaublich praktisch, als eine eben geöffnete Literflasche mit reinem Ahornsirup aus dem Kühlschrank fiel und zerplatzte. Niemand wünscht sich, dass das eigene Kleinkind durch eine derart klebrige Masse hindurchkrabbelt. Natürlich können die meisten Eltern selbst Kleinkindern schon sagen, dass sie „wegbleiben" oder etwas „nicht anfassen" sollen, aber „bleib bitte hier" hat den Vorteil, dass es den Kindern nicht nur sagt, was sie *nicht* machen sollen. Im Gegenteil, sie erhalten Informationen darüber, was sie *sehr wohl* machen sollen: an Ort und Stelle bleiben und sich nicht bewegen. Das erleichtert das Putzen (und macht es sicherer, sollte man darüber besorgt sein), solange Ihre Anweisung klar ist und die Kinder nicht abwandern und in der-Himmel-weiß-was-für-Schwierigkeiten geraten, während Sie damit beschäftigt sind, Ahornsirup aufzuwischen. (Mir kommen immer noch die Tränen, wenn ich daran denke, wieviel teurer Sirup verschwendet wurde. Aber zumindest bleiben mir schreckliche Erinnerungen an Kinder erspart, die in dem Zeug baden oder damit Fingermalerei betreiben.)

„Teilen!" bedeutet für die meisten Kinder dasselbe wie „Aus" für die meisten Hunde (und das ist ein Problem)

Ich befand mich in einer Spielgruppe unseres örtlichen „Mom Clubs", als ich beobachtete, wie eine andere Mutter auf ihren Sohn zuging. Dieser presste gerade ein Spielzeug mit dem typischen Eifer eines Zweieinhalbjährigen an sich, der seinen wertvollen Besitz für sich behalten will. Sie sagte sehr ruhig zu ihm: „Brady, du musst teilen", nahm es ihm aus der Hand und gab es dem kleinen Mädchen, das bereits eine Weile lang erfolglos versucht hatte, das Spielzeug zu ergattern. Brady weinte. Glaubt irgendjemand, dass Brady positive Gefühle für dieses Konzept hegt, das seiner Meinung nach „Teilen" bedeutet? Natürlich nicht, weil „Du musst teilen", für ihn bedeutet, dass er nun beraubt wird. Das, was er gerade in den

Händen hält, wird ihm nun mit Sicherheit weggenommen und er muss zusehen, wie ein anderes Kind damit spielt.

Trotz meines Mitgefühls für Brady musste ich fast lachen, als ich diese Szene beobachtete, weil sie mir so vertraut war. Ich habe Hunderte von Hunden gesehen, denen unbeabsichtigt beigebracht wurde, dass „Aus" das Signal für ein Ausweichmanöver ist – weil der Schatz, den sie gerade in ihrem Maul halten, ihnen nun weggenommen werden wird. Hundebesitzer bringen ihrem Hund das nicht absichtlich bei, aber es kommt allzu oft vor. Die Folge ist, dass Hunde wegrennen oder anderweitig ausweichen, wenn sie „Aus" hören. Denn sie wollen absolut nicht aufgeben, was sie gerade im Maul halten.

Der typische Hund hört den Begriff „Aus" in einem konkreten Zusammenhang: Der Hund hat einen besonderen Schatz ergattert, aber der Mensch möchte nicht, dass er diesen behält. Möglicherweise handelt es sich um einen Wertgegenstand und der Mensch befürchtet, dass der Hund diesen beschädigen könnte. Das könnte ein Lederstiefel, das Lieblingsstofftier eines Kindes, oder – wie in einem erinnerungswürdigen Fall mit einem panischen Klienten am Telefon – die Zulassungsbescheinigung für das Auto sein. Es könnte sich auch um etwas potenziell Gefährliches für den Hund handeln: ein Spielzeug, das so klein ist, dass der Hund sich daran verschlucken könnte eine Tablettenschachtel oder ein totes Tier in einem wirklich unappetitlich fortgeschrittenem Stadium der Verwesung.

Was genau nach dem „Aus" kommt, variiert, aber das übliche Ergebnis ist, dass der Hund den Besitz seines Schatzes aufgeben muss. Vielleicht lässt er es von selbst fallen oder vielleicht nimmt der Mensch es ihm weg, aber in beiden Fällen verliert der Hund etwas, das er behalten möchte. Das Problem wird oft noch durch die Emotionen in dieser Situation verschlimmert. Menschen sagen „Aus" oft mit einer zornigen Stimme und zusammengebissenen Zähnen, weil die Situation sie so aufregt. Alle diese Faktoren tragen dazu bei, dass die meisten Hunde sich schlecht fühlen, wenn sie „Aus" hören. Weshalb es in der Zukunft immer schwieriger wird, sie dazu zu bringen, einen Gegenstand von selbst fallen zu lassen oder ihn ihnen wegzunehmen. Manche Hunde neigen sogar dazu, verstohlener zu werden und ihre Schätze zu einem Versteck zu tragen oder zumindest an einen Ort, wo sie unentdeckt bleiben. Was die Wahrscheinlichkeit erhöht, dass der Hund einen Gegenstand beschädigt oder von einem Gegenstand beschädigt *wird.* Manche Hunde beginnen auch, ihre Objekte zu behüten. Sie versteifen sich, knurren oder beißen sogar zu, wenn sie einen wertvollen Besitz haben und Menschen sich nähern oder „Aus" sagen.

Nichts davon sollte eine Überraschung sein. Denn der Hund hat gelernt, dass „Aus" eine Warnung ist, die bedeutet: Du wirst gleich etwas verlieren, das du hast und vermutlich behalten willst. Für ihn ist es eine Warnung vor einem bevorstehenden Raubüberfall, bei dem er das Opfer ist. Dasselbe Problem ergibt sich aus genau demselben Grund, wenn Kindern gesagt wird: „Du musst teilen!". Für sie bedeutet das: Ihr derzeitiges Lieblingsspielzeug wird ihnen gleich aus den Händen gerissen, oder noch schlimmer, einem anderen Kind gegeben.

Die Lösung ist für Hunde wie Kinder dieselbe: Bringen Sie den Mitgliedern beider Gruppen bei, dass „Aus" und „Du musst teilen" bedeuten, dass sie gleich etwas noch Besseres erhalten werden – und nicht, dass sie gleich beraubt werden. Hunden bringe ich „Aus" bei, indem ich den Gegenstand gegen etwas Höherwertiges eintausche. Das bedeutet: Wenn ich möchte, dass ein Hund einen Tennisball fallen lässt, damit ich ein Apportierspiel beginnen kann, dann werfe ich dafür einen größeren Ball oder eine Wurfscheibe. Auf diese Weise wird der Hund froh sein, dass er das erste Objekt fallen gelassen hat. Manchmal verlange ich „Aus" von einem Hund, der ein Stofftier hält und verstärke ihn mit einem echten Markknochen. Mit Übung bringt man die meisten Hunde dazu, auf das Signal „Aus" hin alles begeistert fallen zu lassen (oder auszuspucken), das sie in ihrem Maul halten – weil dieses Verhalten in der Vergangenheit konsequent verstärkt wurde. Eine andere Möglichkeit wäre, einem Hund das Signal „Aus" zu geben, wenn er zum Beispiel einen Kauartikel im Maul hat, ihm dafür ein Leckerchen zu geben und dann den Kauartikel *zurückzugeben*. Dadurch wird das „Aus" von dem beständigen Gefühl entkoppelt, etwas aufgeben zu müssen. Stattdessen lernt der Hund, dass auf „Aus" gute Dinge folgen und dass er seinen Besitz nicht an gierige Menschen abgeben muss. Selbst wenn das Signal aus einer Notwendigkeit heraus erfolgt, weil der Hund beispielsweise die Klarinette eines Familienmitglieds im Maul hat oder den Metallsockel einer Glühbirne (beides wahre Beispiele aus meiner Praxis), möchte ich den Hund gerne mit etwas Besserem verstärken, wenn das irgendwie möglich ist. Ich möchte, dass der Hund bereit ist, dann angemessen auf „Aus" zu reagieren, wenn es tatsächlich nötig ist, und nicht nur in Situationen, die ich künstlich herbeigeführt habe.

Aber es kann auch notwendig sein, einem Kind oder Hund etwas wegzunehmen, während Sie noch daran arbeiten, positive Assoziationen mit dem Loslassen von Dingen auf Signal zu schaffen. Es wäre allerdings klug, die negativen Gefühle und die sich daraus ergebenden Probleme in Bezug auf „Aus" oder „Du musst teilen" nicht noch zu verschlimmern. Hier ist ein einfacher Tipp: Vermeiden Sie es, diese Worte in Situationen zu verwenden, in denen das Individuum traurig darüber sein wird, seinen Schatz zu verlieren. Anstatt zu sagen „Du musst teilen", könnten Sie sagen: „Jetzt ist dein Bruder dran." Anstatt „Aus" zu sagen, könnten Sie Ihrem Hund ein Leckerli unter die Nase halten, sodass er das Objekt fallen lassen wird, um die Belohnung zu erhalten. Auf diese Weise verkoppeln Sie nicht ein Signal mit einer negativen Konsequenz. In anderen Worten, Sie vermeiden das, was wir Hundetrainer auch als „vergiftetes Signal" bezeichnen.

Achten Sie darauf, das Signal nicht zu vergiften!

Im Hundetraining sagen wir, dass ein Signal „vergiftet" wurde, wenn der Hund etwas Unangenehmens mit diesem Signal verbindet. „Aus" wird zu einem vergifteten Signal, wenn der Hund es damit assoziiert, einer Sache „beraubt" zu werden. Gleichermaßen ist „Du musst teilen" ein vergiftetes Signal für all die Kinder da draußen, für die es bedeutet, dass ihnen ihr Spielzeug gleich weggenommen und einem anderen Kind gegeben wird. Ein ebenfalls häufig vergiftetes Signal ist „Komm", da so viele Menschen etwas Unangenehmes darauf folgen lassen – wie zum Beispiel: ein Bad, das Ende vom Spaß draußen und die Rückkehr ins langweilige Haus, Krallenschneiden oder die Hundebox, wenn der Hund dort gerade lieber nicht hin möchte.

Während meiner Universitätszeit kannte ich ein Paar, die ein Problem mit einem vergifteten Signal hatten. Wenn sie die Aufmerksamkeit des anderen erregen wollten, verwendeten sie genauso häufig diverse Spitznamen wie ihre echten Namen. (Ein Name kann als Signal gelten, wenn er den Zweck hat, die Aufmerksamkeit des Individuums auf das zu lenken, was folgt.) Die Ehefrau hatte sich angewöhnt, „Schatz" als Kosewort zu verwenden, wenn sie eine Beschwerde anbringen wollte. So sagte sie beispielsweise: „Schatz, hättest du auf dem Heimweg nicht Milch besorgen sollen?" oder: „Schatz, du hast die nasse Wäsche über Nacht in der Waschmaschine gelassen." Oder: „Schatz, denk doch bitte daran, die Heizung runter zu drehen, wenn wir aus dem Haus gehen. Du hast das gestern vergessen." Nach nicht allzu langer Zeit begann der Mann, immer ein bisschen zusammenzuzucken, wenn er seine Frau „Schatz" sagen hörte, weil dieses aufmerksamkeitsheischende Signal für ihn vergiftet worden war. Er verband es mit etwas Unangenehmem – einer Beschwerde über etwas, das mit seinem Verhalten zu tun hatte. Es dauerte ebenfalls nicht sehr lange, bis alle in unserer Freundesgruppe begannen, zu sagen: „Ich bin „geschatzt" worden", wenn unser eigener Partner etwas nicht unbedingt Positives über unser Verhalten angemerkt hatte.

Viele Hundenamen sind auf dieselbe Weise vergiftet worden: „Max, aus!", „Max, nein!", „Max, runter!", „Max, du weißt, dass du das nicht darfst. Pfui!", „Max, raus da!" Ich schäme mich, es zuzugeben, aber es gab vor Jahren eine Zeit, als ich merkte, dass ich selbst nah dran war, den Namen meines Sohnes zu vergiften. In der Früh sagte ich ständig seinen Namen, gefolgt von einem Kommentar oder einer Frage, der oder die ihm Stress bereitete. „Evan, bitte putz dir deine Zähne, wir sind spät dran für die Schule!" „Evan, weißt du, wo dein anderer Schuh ist? In der Truhe sehe ich nur einen." „Evan, hätte ich nicht eine Erlaubniserklärung unterschreiben sollen, die du heute abgeben musst?" „Evan, wann hast du dein Referat?" Ich war zwar nicht im klassischen Sinn streng oder negativ, aber er begann meine Erwähnung seines Namens mit dem Hinweis auf ein Problem zu assoziieren, das ihn nervös machte. Ich merkte gar nicht, was vorging, bis ich eines Morgens „Evan?" sagte und sah, wie seine Schultern sich vor Anspannung hoben und seine Augen weit wurden. Mir wurde klar, dass er sich davor fürchtete, was ich als Nächstes sagen würde. Mein unmittelbarer Gedanke war: „Oh mein Gott. Warum habe ausgerechnet ich nicht gemerkt, was ich hier angerichtet habe?" Dann brach ich fast in Tränen aus, weil es mir so leid tat – sowohl für ihn als auch für mich. Nun versuche ich, es zu vermeiden, diese Art von Aussage mit seinem Namen zu koppeln. Ich lasse den Namen einfach aus und reserviere dessen Verwendung für Aussagen wie: „Evan, morgen bist du zu einer Geburtstagsparty eingeladen" und: „Evan, heute darfst du den Film aussuchen!"

Schüchterne und ängstliche Individuen begrüßen

Da ich auf Aggression und andere ernsthafte Verhaltensprobleme bei Hunden spezialisiert bin, arbeite ich regelmäßig mit Hunden, die – vorsichtig ausgedrückt – nicht leicht Freundschaften schließen. Ich muss ihr Vertrauen gewinnen, damit sie sich entspannen können und warm mit mir werden. Nur so kann ich mit ihnen arbeiten und gleichzeitig meine Sicherheit und die Sicherheit meiner Klienten gewährleisten. Ich muss in der Lage sein, bis zu einem gewissen Grad eine Verbindung zu jedem Hund aufzubauen, um meine Arbeit effektiv verrichten zu können. Um dieses Ziel zu erreichen, ist eine angemessene Begrüßung ein unglaublich wichtiger Aspekt. Dies trifft besonders auf schüchterne oder ängstliche Individuen zu, denn die Mehrheit aller Hunde, mit denen ich arbeite, verhält sich aggressiv, weil sie Angst haben.

Solch einen Hund angemessen zu begrüßen ist eine ganz konkrete Fähigkeit, für die Wissen und Übung nötig sind. Wenn man es richtig macht, steht das zukünftige Arbeitsverhältnis schon einmal auf guter Pfote (wie wir in unserer Branche sagen). Man hat nur einmal die Chance, einen ersten guten Eindruck zu machen, weshalb es wichtig ist, das richtig hinzukriegen – denn alles, was nicht ganz perfekt ist, kann die zukünftige Arbeit sehr erschweren. Läuft eine Begrüßung aber gut, dann betrachten meine Klienten mich von Anfang an als eine Person, die mit ihrem Hund arbeiten kann, selbst wenn andere vor mir gescheitert sind. Es kommt täglich vor, dass Klienten zu mir sagen: „Wow, er ist so brav bei Ihnen! Er ist normalerweise nie so!“ Das ist das Ergebnis dessen, was ich mache, wenn ich dem Hund das erste Mal begegne.

Jeder kann diese Begrüßungsstrategie lernen, um die Art von Person zu werden, zu der Hunde sich hingezogen fühlen, aber den meisten Menschen fällt dies von Natur aus nicht leicht. Denn die

Strategie ist anspruchsvoll und verlangt, dass man sich ein bisschen weniger wie ein normaler Mensch verhält und ein bisschen mehr wie ein Hund. Der erste Schritt besteht darin, sich selbst auf eine bestimmte Art darzustellen, um nicht einschüchternd auf den Hund zu wirken. Hunde finden Menschen sympathischer und attraktiver, wenn sie keinen Hut, keinen Rucksack und keine Sonnenbrille tragen und darüber hinaus nichts in den Händen halten (Bücher, Klemmbrett, Einkaufstüten, Werkzeugkoffer, ein Kind). Der Grund ist, dass viele Hunde erschrecken, wenn die menschliche Silhouette verändert ist. Deshalb besteht ein guter erster Schritt darin, sicherzustellen, dass Sie aussehen wie ein Mensch und nicht wie ein eigenartig geformtes Monster.

Der zweite Schritt besteht darin, Hunde mit angemessenem Verhalten zu begrüßen. Viele Hunde reagieren am besten, wenn wir Menschen ihnen gegenüber nicht übermäßig interessiert oder aufdringlich erscheinen. Es ist eine gute Strategie, den Hund zu ignorieren und ihn kommen zu lassen, wenn er sich wohl damit fühlt. Wenn wir Menschen einander begegnen, neigen wir dazu, uns nach vorne auszurichten und direkt auf die andere Person zuzugehen. Wir beugen uns daraufhin zu der anderen Person vor, stellen Blickkontakt her, während wir eine Hand zum Schütteln ausstrecken und rufen ein lautstarkes „Hallo!“. Das mag in menschlicher Gesellschaft als höflich gelten, aber auf Hunde wirkt es unhöflich und bedrohlich. Wenn Sie die Zuneigung von Hunden gewinnen möchten, sollten Sie Hunde so begrüßen, wie sie sich gegenseitig begrüßen. (Keine Panik – ich werde *nicht* vorschlagen, dass Sie am Hinterteil des Hundes schnüffeln! Mir geht es darum, was Hunde machen, bevor sie zu diesem typischen Teil des Hundeverhaltens kommen – welchen ich übrigens absolut empfehlen würde, in der Hundewelt zu belassen.) Das bedeutet, sich leicht auf die Seite zu drehen, sich leicht vom Hund wegzuneigen und sich kleiner zu machen, indem man sich hinhockt, wenn das sicher ist. Starren Sie den Hund nicht an, strecken Sie nicht Ihre Hand aus, um den Hund zu berühren, sprechen Sie leise, und lassen Sie den Hund zu sich kommen, anstatt zu ihm hinzugehen. Es ist wichtig, zu betonen, dass ein Vermeiden von Körperkontakt bei den meisten Hunden die richtige Strategie ist. Viele Menschen geben der Versuchung nach, einen Hund zu streicheln, der das nicht möchte - zumindest noch nicht - und das ist ein Fehler. Ich verstehe die Schwierigkeit, der Verlockung zu widerstehen, jeden süßen Hund anfassen zu wollen - aber widerstehen müssen wir ihr! Eine gute Faustregel lautet, Hunde nur dann zu berühren, wenn sie selbst den Erstkontakt hergestellt haben.

Der dritte Schritt besteht darin, dem Hund proaktiv ein gutes Gefühl zu vermitteln, und zwar bevor er eine Gelegenheit hat, negative Gefühle in Ihrer Anwesenheit zu verspüren. Was immer der Hund am liebsten mag, funktioniert. Für die meisten Hunde bedeuten Futterbelohnungen wie Steak, Hähnchen oder gefriergetrocknete Leber ein Stück vom Himmel (trockene Hundekekse können nichts!). Tappen Sie aber nicht in die Falle, zu denken, dass Futter allmächtig ist und alles richten kann. Äußerst futtermotivierte Hunde lassen sich vielleicht von Futter anlocken und werden auf Sie zugehen, um sich das Futter abzuholen - aber bekommen möglicherweise *dann* Angst und beißen zu. Es ist sehr viel besser, dass Futter von sich wegzuwerfen, um den Hund auf Distanz zu halten. Erlauben Sie dem Hund dann, auf Sie zuzugehen, weil er bereit dazu ist, und nicht, weil er unbedingt ein Leckerchen möchte. Manche Hunde ziehen Bälle oder Quietschspielzeuge dem Futter vor und gelegentlich gibt es Hunde, bei denen Streicheln die beste Wirkung zeigt. Wir alle können den magischen Touch mit Hunden haben und von ihnen geliebt werden, wenn wir uns ordentlich präsentieren, sie höflich begrüßen und ihnen ein gutes Gefühl vermitteln.

Ich möchte gerne auch abseits meiner Arbeit bei Hunden beliebt sein, weshalb ich in sozialen Situationen dasselbe mache wie im

Beruf. Diese Techniken sind bei Hunden mit ernsthaften Verhaltensproblemen ebenso effektiv wie bei einer Lassie, aber die größte Wirkung zeigt sich oft bei schüchternen und ängstlichen Hunden. Bei geselligeren Hunden kann eine begeisterte, energiegeladene Begrüßung völlig in Ordnung und möglicherweise sogar vom Hund erwünscht sein. Es hängt sehr viel vom individuellen Hund ab, aber die ruhigere, niederschwelligere Begrüßung ist normalerweise die sicherere Option, die sich bei einer großen Bandbreite von Hundepersönlichkeiten bewährt hat.

Ebenso wichtig ist es, Menschen angemessen zu begrüßen – obwohl ich an dieser Stelle ehrlich zugeben muss, dass ich darin nicht immer so gut bin wie in Hundebegrüßungen. Trotzdem ist mir bewusst, was ich machen sollte und es ist etwas, woran ich arbeite – besonders an dem Aspekt der individualisierten Begrüßung je nach Persönlichkeit. Ich komme aus einer Familie sozial extrovertierter, freundlicher Menschen und wir beherrschen die Kunst, anderen das Gefühl zu vermitteln, dass sie willkommen und miteinbezogen sind. Wir stellen uns Neuankömmlingen schnell vor und stellen ihnen auch andere Gruppenmitglieder vor. Viele Leute haben mir gesagt, dass sie sich dank meiner Hilfe bei einer Konferenz willkommen gefühlt hätten, obwohl sie dort niemanden kannten. Als ich jünger war, half ich in der Schule am ersten Schultag oft neuen Kindern auf die gleiche Weise. Andererseits gibt es auch Freunde, die mir gesagt haben, dass sie mich beim ersten Kennenlernen ein bisschen viel fanden – auch wenn sie diesen Aspekt meiner Persönlichkeit inzwischen zu schätzen wissen.

Weil es in meiner Natur liegt, direkt und freundlich zu sein, muss ich mir in Erinnerung rufen, dass meine Art auf manche Menschen überwältigend und abschreckend wirken kann. Hier helfen mir meine Fähigkeiten in Bezug auf Hunde. Bei manchen Menschen ist dieselbe niederschwellige Strategie des „lass sie zu dir kommen“ nützlich. Für Menschen, die schüchtern sind oder die sich inmitten einer großen Anzahl von neuen Leuten nicht wohl fühlen, kann eine weniger überschwängliche und aufdringliche Begrüßung sehr angenehm sein. Dazu gehört, körperlichen Kontakt zu vermeiden, der dem anderen unangenehm sein könnte. Das könnte bedeuten, gar keinen Körperkontakt aufzunehmen oder auch nur statt einer Umarmung die Hände zu schütteln – immer abhängig davon, wer die zu begrüßende Person ist. Ich habe in eine Familie eingeheiratet, in der manche Menschen eine ruhigere, weniger energiegeladene Version meiner selbst vorziehen, zumindest bei der ersten Begrüßung am Anfang eines Besuchs. Um diesem natürlichen Unterschied gerecht zu werden, bemühe ich mich, meine Hundetrainingsfähigkeiten zu aktivieren und meine Begrüßung etwas abzuschwächen – obwohl meine Art aus der Sicht der anderen Person wahrscheinlich immer noch ein bisschen übertrieben wirkt. Eine angemessene Begrüßung ist ein wichtiger erster Gradmesser für unsere Interaktion mit Hunden, und dasselbe gilt für Menschen. Unterschiedliche Persönlichkeiten mögen unterschiedliche Begrüßungsstrategien, unabhängig davon, welcher Spezies sie angehören.

Ein Aspekt von Begrüßungen, der über unterschiedliche Persönlichkeitstypen und Kulturen hinweg relativ konstant bleibt, ist, dass man mit den passenden Worten beginnen sollte. Das ist etwas, das mir erst kürzlich so richtig bewusst wurde, aber in den meisten Kulturen und für die meisten Menschen ist es wesentlich, jegliche Interaktion mit einem „Hallo“, „Guten Morgen“, oder einer ähnlichen Phrase einzuleiten. In meiner überaus sozialen, überschwänglichen Familie gelten alle Menschen als vertraut, weshalb wir dazu neigen, diese Einleitung zu überspringen und direkt zur Sache zu kommen. Aber seit mir bewusst wurde, wie essenziell diese Phrasen für viele Menschen sind, bemühe ich mich sehr, diese immer auszusprechen – anstatt einfach zu den Menschen hinzugehen und zu sagen, was ich sagen will, wie: „Ich habe gehört, dass du nach Berlin fährst! Wir waren gerade dort und es hat uns sehr gefallen!“

oder „Ich glaube, dieses Buch gehört Ihrem Sohn. Er hat es letztes Wochenende bei uns vergessen." Um nur zwei Beispiele aus der jüngeren Vergangenheit zu nennen, bei denen ich mich vergaß und in meine alten Gewohnheit zurückfiel, den „Begrüßungsteil" einfach komplett auszulassen.

Aufmerksamkeit, bitte!

Hunde lernen das Signal „Sitz" häufig vor allen anderen Signalen und in gewisser Weise macht das Sinn: Es handelt sich um ein typisches Verhalten, welches fast alle Hunde oft zeigen (ich sage „fast alle" Hunde, was jeder verstehen wird, der mit einem Greyhound lebt). Das Signal ist leicht beizubringen und lässt sich leicht unter Signalkontrolle bringen. Hunde, die sitzen, können verschiedene andere Dinge nicht mehr tun, wie Amok laufen, etwas vom Tisch stehlen und zerkauen oder Sie anspringen. (Sie können immer noch bellen oder winseln, aber hey, das Leben ist nicht perfekt.) Eines der besten Dinge an einem korrekt ausgeführten „Sitz" ist, dass der Hund danach oft zu Ihnen aufsieht. Das bedeutet, dass Sie seine Aufmerksamkeit haben, was gut ist.

Sobald ich die Aufmerksamkeit des Hundes habe, kann ich in Hinsicht auf Training und Interaktion sehr viel mit dem Hund machen. Tatsächlich finde ich es so wichtig, die Aufmerksamkeit eines Hundes zu haben, dass dies eines der ersten Dinge ist, die ich auf Signal setze. Es ist wesentlich, Hunden Aufmerksamkeit beizubringen, weil dies die Grundlage jedes Trainings bildet. Man kann einem Hund so gut wie alles beibringen, wenn man seine Aufmerksamkeit hat, aber es ist eigentlich unmöglich, einem Hund irgendetwas beizubringen, wenn die Aufmerksamkeit nicht da ist. Für professionelle Trainer ist es eine höchste Priorität, die Aufmerksamkeit eines Hundes verlangen zu können, weshalb dies in Kursen oder Privatstunden oft auch die erste Fähigkeit ist, die gelehrt wird.

Sie können einem Hund auf viele Arten beibringen, Ihnen seine Aufmerksamkeit zu schenken, aber die beiden häufigsten Signale dafür sind „Schau" sowie der Name des Hundes. Trainer setzen beide Optionen häufig ein, um den Hund dazu zu bewegen, Blickkontakt aufzunehmen. Sobald Sie die Aufmerksamkeit Ihres Hundes haben, fällt es ihm leichter, auf andere Signale zu reagieren – darunter „Platz", „Bleib" und „Komm" – oder Ihnen auch einfach nur auf einem Spaziergang in eine neue Richtung zu folgen.

Für die meisten Hunde stellt es im Grunde einen schwierigen Trick auf hohem Niveau dar, Ihnen auf Signal Aufmerksamkeit zu zollen, wenn es da draußen eine ganze Welt voller Aufregungen gibt, die sich im Wettstreit mit Ihnen befindet. Für den Erfolg sind daher langfristige Trainingsbemühungen mit konsequenter Verstärkung und einer systematischen, allmählichen Erhöhung des Ablenkungsgrads notwendig – bis der Hund verlässlich auf das Signal reagieren kann, egal, was sonst noch um ihn herum los ist.

Da mir die Aufmerksamkeit von Hunden so viel bedeutet, war es für mich nur natürlich, diese Einstellung auch auf meine Kinder zu übertragen. Mir erschien es nur logisch, dass ich ihre Aufmerksamkeit haben musste, um etwas von ihnen zu verlangen oder ihnen etwas mitzuteilen. Ich wusste, dass es weitgehend Zeitverschwendung wäre, sie um etwas zu bitten oder ihnen etwas Wichtiges zu sagen, wenn sie nicht aufpassten. Ich wünsche mir manchmal, ich hätte mehr darüber nachgedacht, wie ich ihre Aufmerksamkeit verlange – denn das Signal, das sich bei uns zuhause entwickelt hat, ist nicht ganz so höflich und angenehm wie ich es mir heute wünschen würde. (Ich könnte es ändern, aber das wäre Arbeit, und ich kann nur an so und so vielen Aufgaben, Verhaltensweisen und Ideen gleichzeitig arbeiten.) Hier ist, was ich sage, damit sie aufpassen: „Hey". Das bedeutet, dass man mich oft „Hey, Jungs" sagen hört, wenn ich beide Kinder anspreche, oder „Hey, Brian“, oder „Hey, Evan“, wenn ich nur von einem der beiden Aufmerksamkeit möchte. Es klingt in meinen Ohren schlecht, wenn ich darüber nachdenke, aber ich bin so daran gewöhnt, dass ich selten darüber nachdenke. Und um das klarzustellen, ich sage „Hey“ einfach nur. Ich brülle es nicht und ich klinge nicht zornig dabei. Manchmal sage ich auch einfach nur ihre Namen, was die normale Art ist, in der normale Menschen die Aufmerksamkeit ihrer Kinder (oder anderer Menschen) auf sich lenken. Ich habe „Hey“ einfach deshalb hinzugefügt, weil dies bedeutet, dass ich gerne ihre Aufmerksamkeit hätte und dass mehr Informationen folgen werden. Wir verwenden unsere Namen so viel im Gespräch, dass ich das Gefühl hatte, dies wäre nicht konkret genug. Ich merkte bald, dass ich dazu neige, ihre Namen mit „Hey“ einzuleiten. Also wurde dies zu unserer abgekürzten Standardversion von: „Hör zu. Es gibt etwas, was ich sagen möchte.“ Wenn meine Söhne „Hey“ hören, spitzen beide die Ohren, um zu erfahren, was folgt. Als ich das Signal erstmalig einführte, folgte auf das Signal immer etwas Erfreuliches für sie, wenn sie mit Aufpassen darauf reagierten. Als sie klein waren, sagte ich zum Beispiel „Hey, Jungs“ zu ihnen und daraufhin: „Wir gehen in den Park“, „Ihr könnt einen Keks haben“ oder „Genug aufgeräumt. Ihr könnt jetzt spielen.“

„Komm“ und „Bleib“ Signale: Ohne Wenn und Aber!

Obwohl ich möchte, dass Hunde auf alle meine Signale reagieren, gibt es nur zwei Signale, bei denen ich mich zu hundert Prozent bemühe, sie für alle Umstände in allen denkbaren Situationen zu generalisieren – und das sind „Komm“ und „Bleib“. Diese zwei sind meine „nicht verhandelbaren“ Signale, weil es dabei um Sicherheit geht. „Komm“ und „Bleib“ können Lebensretter auf eine Weise sein, in der das andere Signale nicht sind. Signale wie „High Five“ oder „Rolle“ sind süß, lustig und sogar nützlich, aber in einer Notsituation haben sie wahrscheinlich keine große Bedeutung. Wenn die Leine aber auf einer verkehrsreichen Straße reißt oder der Hund ein Reh über ein Maisfeld jagt, welches gerade mit einem Mähdrescher abgemäht wird, dann handelt es sich um potenziell lebensbedrohliche Situationen. Ich könnte jede der beiden mit einer Kombination meiner beiden nicht-verhandelbaren Signale in den Griff bekommen.

Wenn ich einem Hund „Bleib“ sagen kann und dieser reagiert, indem er sich nicht vom Fleck rührt oder wenn ich ihm „Komm“ zurufen kann und er immer mit absoluter Verlässlichkeit folgt, dann kann ich diesen Hund vor Schaden bewahren. Welches der Signale am besten funktioniert, hängt ganz von der Situation ab. Hat ein Hund beispielsweise bereits die Straße überquert, sodass wir uns nun auf unterschiedlichen Straßenseiten befinden, dann wäre es vielleicht zu gefährlich, ihn zu mir zu rufen. Mit dem Signal „Bleib“ kann ich ihn aber dazu bringen, dort zu bleiben, bis entweder ich zu ihm kommen kann oder bis ich sicher bin, dass er die Straße gefahrlos zurücküberqueren kann.

„Bleib“ bedeutet für mich: „Du darfst dich nicht vom Fleck rühren, selbst wenn dein bester Kumpel oder eine läufige Hündin vorbeiläuft“. „Komm“ bedeutet: „Es ist mir egal, ob du gerade eine ganz Scheune voller Markknochen gefunden hast. Du *musst* deine pelzige kleine Persönlichkeit sofort zu mir bewegen.“ Die Hunde wissen, wie sie auf diese Signale zu reagieren haben, weil ich sehr viel Arbeit in deren Training und Generalisierung stecke. Der Trainingsprozess zielt darauf ab, dass der Hund von selbst die richtige Reaktion auf diese lebenswichtigen Signale zeigen *möchte*, weshalb ich Belohnungen der höchsten Qualitätsstufe einsetze. Auf diese

Weise ist es möglich, die perfekte Reaktion in allen Situationen zu erhalten. Die Strategie ist deshalb von Erfolg gekrönt, weil „Bleib" aus Hundesicht bedeutet: „Ich sollte hier bleiben, das wird sich für mich auszahlen", während „Komm" bedeutet: „Oooh, was auch immer da drüben auf mich wartet, sie hat dort etwas noch Besseres für mich."

Es ist nicht so, als ob mir nicht *alle* Signale wichtig wären, die ich Hunden beibringe. Aber ich generalisiere Hunde normalerweise nicht, damit sie eine Rolle in der Hundezone machen, bei einem Umzug kriechen oder durch meine Beine Slalom laufen, während es an der Tür klingelt. Es ist nicht nötig, dass Hunde diese Verhaltensweisen unter diesen Umständen zeigen, aber „Bleib" und „Komm" übe ich sehr wohl in derartigen Situationen, zusätzlich anderer ablenkungsreicher Schauplätze, die eine Herausforderung darstellen. Ich mache das, damit die Hunde in der Lage sind, auf diese Signale zu reagieren, komme was wolle – zu ihrer eigenen Sicherheit.

Gleichermaßen ist nicht jedes Verhalten, das ich meinen Kindern beibringe, unter allen Umständen essenziell. Es regt mich nicht besonders auf, wenn sie ihre Tischmanieren vergessen und als Siebenjährige bei einer Geburtstagsparty mit vollem Mund reden oder wenn sie vergessen, im Urlaub ihr Bett zu machen oder die letzten eineinhalb Minuten auf der Spielkonsole fertig spielen, obwohl sie eigentlich schon zu Tisch kommen sollten. Diese Dinge begeistern mich auch nicht und ich muss vielleicht weiter daran arbeiten. Es ist jedoch in Ordnung für mich, dass viele Verhaltensweisen irgendwie immer „in Arbeit" sind, während andere es gar nicht wert sind, ihnen überhaupt viel Beachtung zu schenken. Im Großen und Ganzen bin ich gut darin, mir zu sagen: „Kein Ding" – und es manchmal sogar selbst zu glauben.

Allerdings gibt es zwei Signale, auf die meine Kinder *immer* reagieren müssen, und zwar sofort. Eines der beiden lautet „Stopp!" und wird fast immer in einem alarmierten Zustand verwendet –

wenn sich beispielsweise ein Fahrrad auf dem Bürgersteig nähert, das mein Sohn auf dem Weg zum Briefkasten nicht gesehen hat. Oder wenn jemand barfuß ist und ich merke, dass sich noch Scherben von der gestern zerbrochenen Glühbirne auf dem Boden befinden, obwohl ich hätte schwören können, bereits alle aufgekehrt zu haben. „Stopp!" war nützlich, als wir in Costa Rica lebten, weil es dort ziemlich beängstigend war, die Straße zu überqueren. Autos haben dort Vorrang und viele Leute fahren, als ob sie ein Formel-1-Rennen gewinnen wollten. Deshalb war ich sehr nervös und übervorsichtig, als wir dorthin zogen, obwohl meine Kinder die Straße bereits seit Jahren alleine überqueren konnten. Ich brachte ihnen bei, korrekt auf das Signal „Stopp!" zu reagieren, indem ich es viel von ihnen verlangte und dann mit den Lieblingsdingen von kleinen Kindern verstärkte – Seifenblasen, Sticker, eine zusätzliche Gute-Nacht-Geschichte, die Gelegenheit, einen Videofilm anzusehen, Süßigkeiten und so weiter. Ich übte das in immer schwierigeren und ablenkungsreicheren Situationen, wobei ich unterschiedliche Stimmlagen einsetzte. Es ist ziemlich einfach, dieses Signal zu generalisieren und in einer echten Notsituation einzusetzen. Die meisten Kinder neigen dazu, stehenzubleiben, wenn das Signal mit lauter, abrupter Stimme gesprochen wird – genau so, wie Eltern es oft sagen, wenn sie um die Sicherheit ihrer Kinder besorgt sind.

Das andere Signal, auf das meine Kinder reagieren müssen, lautet: „Alles in Ordnung?" Die Antwort darauf sollte „Ja" lauten, wenn alles in Ordnung ist und „Nein", wenn es das nicht ist, in welchem Fall ich sofort zu ihnen kommen und die nötige Hilfe leisten würde. Wenn keine Antwort erfolgt, gehe ich davon aus, dass sie nicht in Ordnung sind und schalte in den Krisenmodus. Ich habe dieses Signal schon eingesetzt, nachdem jemand sich beim Essen verschluckt hatte oder nachdem ich einen lauten „Rums" gehört hatte, der klang, als ob ein Möbelstück umgefallen sei sowie nach einem Fahrradunfall. Ich brauche eine verbale Bestätigung, dass alles in Ordnung ist, sonst gehe ich davon aus, dass ein Problem vorliegt. Ich habe das Signal sogar einmal während eines Versteckspiels verwendet, als ich Angst bekam, dass mein Dreijähriger in Not sein könnte. Da er bei dieser Gelegenheit entsprechend antwortete und damit sein Versteck verriet, belohnte ich seine Leistung mit einem Jackpot: Wir machten einen Ausflug, um die Pferde in unserer Nachbarschaft zu besuchen. Er sollte froh über seine Reaktion sein – nicht verärgert, dass er sich während eines Versteckspiels verraten hatte müssen. Ich brachte meinen Kindern dieses Verhalten anhand von Capturing bei. Ich begann, sie zu fragen: „Alles in Ordnung?", ohne einen Plan zu haben, dass dies ein Signal werden würde, auf das sie reagieren müssen. Aber wenn sie „Ja" antworteten, verstärkte ich dieses Verhalten. Um ehrlich zu sein, sagen sie selten „Nein", sondern meistens, „Ja …", mit einer zusätzlichen Erklärung, wie zum Beispiel, dass es sich nur um ein heruntergefallenes Buch handele oder um einen kleinen Schnitt am Finger oder um ein aufgeschürftes Knie.

Es ist eine feste Regel in unserer Familie, dass auf „Alles in Ordnung?" immer eine Antwort erforderlich ist, da dies eine Frage der Sicherheit ist. Keine Antwort wäre ein Zeichen, dass etwas ernsthaft nicht in Ordnung ist und dass entsprechende Schritte einzuleiten sind. Es kam ein paar Mal vor, dass das Signal nicht gehört wurde, weshalb meine erste Reaktion auf eine Nicht-Antwort immer ist, die Frage noch einmal lauter zu wiederholen. (Ich habe den Verdacht, dass meine panische Stimme in Reaktion auf eine ausbleibende Antwort zumindest teiweise dafür verantwortlich war, dass sie lernten, zu reagieren – obwohl es nicht meine Absicht war, sie zu alarmieren.) Diese zwei Signale, auf die unter allen Umständen reagiert werden muss, sind meine Strategie, um die Sicherheit meiner Kinder zu gewährleisten, ohne gleichzeitig roboterhafte Reaktionen von ihnen zu erwarten. Ich bin bei vielen Dingen flexibel, aber nicht, wenn es um „Stopp!" und „Alles in Ordnung?" geht.

Kapitel 8

Zusätzliche Trainingsmethoden für eine erweiterte Anwendung

Nicht komisch, sondern einfach effektiv!

Viele der häufig verwendeten Ausdrücke im Hundetraining sind eigentlich eine Kurzform für bewährte Methoden, die Profis anwenden, um Verhalten zu ändern. Die Möglichkeiten, die diese Methoden für die Verhaltensbeeinflussung bieten, sollten nicht nur auf Hunde begrenzt sein. Manche dieser Herangehensweisen sind so offensichtlich vom Hundetraining auf andere Situationen übertragbar, dass sie bereits häufig bei Menschen eingesetzt werden. Andere sind zwar Standard in der Hundewelt, aber etwas Neues in der Menschenwelt. Allen gemeinsam ist, dass sie viele Anwendungsmöglichkeiten besitzen.

Machen Sie ein Spiel daraus

Ich habe eine Freundin, die sich (bereits seit Jahren) von ihrem Mann genervt fühlte, weil er seine Kleidung nie in den Wäschekorb legte. Es war eine Quelle ständigen Konflikts zwischen ihnen. Sie fand, dass er seine Kleidung einfach in den Korb legen könnte, nachdem er sich am Abend ausgezogen hatte („Himmelherrgott! Wie schwer kann das sein?"). Er hingegen fand es unwichtig, aber meinte, dass sie die Kleidung ja selbst aufheben und in den Korb legen könne, wenn es sie so störte. („Wo ist das Problem? Sie braucht nur ein paar Sekunden am Tag, um meine Kleidung in den Korb zu werfen. Sie ist diejenige, die das unbedingt möchte.") Meine Freundin wandte sich mit der Frage an mich, ob ich mit ihr gemeinsam einen Trainings- und Verstärkungsplan entwerfen könne, um sein Verhalten zu ändern. (Weil ich immer denke wie ein Hundetrainer, ist es für mich nur natürlich, Hundetrainingstechniken auch in anderen Bereichen den Lebens einzusetzen und meine Freundin hatte das bereits vor langer Zeit anerkannt.) Sie war bereit, ihn zu verstärken: Mit seinen Lieblingsspeisen, seinen Lieblingsfilmen, indem sie ihn ermutigen würde, mit seinen Kumpels auszugehen … was auch immer nötig wäre. Ein Teil von mir dachte, dass es rücksichtsvoll von ihm gewesen wäre, ihr einfach den Gefallen zu tun, da es ihr so wichtig war. Ein anderer Teil dachte, dass es wirklich schnell und leicht für sie gewesen wäre, die Kleidung selbst hineinzuschmeißen und dass sie sich hätte denken können: „Er ist ein guter Mann, aber nicht perfekt. Ist es wirklich so wichtig, ob er seine Schmutzwäsche in den Korb legt?“ Meine innere Hundetrainerin dachte jedoch, dass ein zu veränderndes Verhalten auch immer ein Rätsel ist, das gelöst werden will. Und dass es egal, ist, wer es ändern möchte und warum, so lange es nichts Unmoralisches ist. Wichtig ist, einen Weg zu finden, um das Verhalten zu erhalten, das wir haben wollen. Ich fand, dass es in diesem Fall einen besseren Weg geben müsse als direkte positive Verstärkung, obwohl ich mich auch hier auf meine Wurzeln als Hundetrainerin verließ.

Ein Spiel aus etwas zu machen, ist eine unglaublich mächtige Art der Verhaltensbeeinflussung und es kann manchmal ziemlich einfach sein. Es ist einfacher, jemanden dazu zu bewegen, ein Verhalten auszuführen, wenn dieses Verhalten als Spaß und nicht als Arbeit angesehen wird. Das ist zwar ein offensichtlicher Punkt, aber Spiele werden trotz ihrer Effektivität in der menschlichen Verhaltensbeeinflussung viel zu wenig eingesetzt. Hundetrainer setzen Spiel zum Zweck der Verhaltensverbesserung schneller ein als die durchschnittliche Bevölkerung, aber ich finde trotzdem, dass die Möglichkeit auch in unserer Branche zu wenig genutzt wird. Ich schreibe und spreche regelmäßig darüber, was für ein mächtiges Werkzeug Spiel ist, um Hundeverhalten in allen möglichen Fällen zu verbessern. Ein einfaches Beispiel ist ein Versteckspiel, für das ich ein paar Leckerchen im Zimmer verstecke, während der Hund in einem anderem Raum oder außer Sichtweite „Bleib“ macht. Ich gebe dem Hund das Signal zur Suche, indem ich sage: „Such dein Leckerli!“ Der Hund sucht dann nach den Leckerchen. Viele Hunde üben ein „Bleib“ sehr viel lieber ein und halten es auch länger, wenn es Teil eines Spiels ist – im Gegensatz zu einer typischen Trainingseinheit. Für den Hund mag der Zweck der Übung darin bestehen, das Spiel zu spielen und die Leckerchen zu finden, aber für den Hundetrainer ist es eine solide Arbeit am „Bleib". Indem wir „Bleib" zum Teil eines Spiels machen, verbessern wir die entsprechende Leistung des Hundes.

Ein anderes Beispiel wäre, dem Hund „Komm" auf Zuruf beizubringen. Wenn Sie sich umdrehen und wegrennen, während Sie Ihrem Hund „Komm" zurufen, haben Sie ein Fangspiel daraus gemacht und es ist sehr viel wahrscheinlicher, dass Ihr Hund das richtige Verhalten ausführen wird, indem er in schnellem Tempo in Ihre Richtung rennt. Warnung: Dies könnte manche Hunde dazu veranlassen, das Spiel von „zu meinem Besitzer rennen" zu „meinen Besitzer in die Waden beißen" abzuändern, weshalb es nicht bei allen Hunden ratsam ist und ich generell zur Sicherheit davon abrate, Kinder dieses Spiel spielen zu lassen. Es gibt Wege, um dieses Problem zu vermeiden: Unter anderem könnten Sie schon lange, bevor Ihr Hund bei Ihnen ankommt, stehenbleiben. Wenn Sie dieses Problem haben, ist es am besten, einen professionellen Hundetrainer oder Verhaltensexperten zu kontaktieren, um die beste Lösung für die Situation und Ihren konkreten Hund finden zu können.

Wie bringen Sie also jemanden dazu, gerne Kleidung in den Wäschekorb zu legen? Mein Rat an meine Freundin lautete, einen großen Basketballkorb über den Wäschekorb zu hängen, so dass ihr Mann seine Kleidung in den Korb schießen könne. Für ihn wurde diese einfache Hausarbeit dadurch zu einem Spiel, das er nur zu gerne „spielen" wollte. Außerdem war es für ihn eine Frage des Stolzes, nicht daneben zu schießen. Wenn er den Korb doch einmal verfehlte, wollte er ganz sicher nicht, dass seine Kleidung der stumme Beweis für seinen schlechten Schuss wäre – weshalb seine Kleider *immer* im Wäschekorb landeten.

Ein anderes Spiel, um Unordnung und Chaos unter Kontrolle zu halten, ist mit Kindern „im Wettlauf gegen die Zeit aufzuräumen". Sie müssen einfach einen Timer stellen, um eine „Kinder gegen Uhr"-Aufräum-Challenge zu initiieren. Die Kinder „gewinnen" das Spiel, wenn sie die Uhr schlagen und alles aufgeräumt haben, bevor der Alarm losgeht. Ich lasse meine Kinder jedes Mal wissen, was das Ziel für dieses konkrete Spiel mit dem Timer ist und stelle klar, dass die Gewinnentscheidung von mir (der Jury) getroffen wird und unwiderruflich ist. Kurze Spiele funktionieren am besten, weshalb ich den Timer normalerweise auf irgendetwas zwischen fünf und zwölf Minuten einstelle – abhängig vom Zustand des Hauses und unserem Programm an diesem Tag. (Wie die meisten Familien quetschen wir manchmal ein bisschen Hausarbeit zwischen Hausaufgaben und Fußballtraining oder zwischen Trompeten/Saxophonstunden und Gästen zum Abendessen rein.) Manchmal lasse ich die Kinder aussuchen, welche Aufgaben sie in der Zeit erledigen wollen und dann schätzen sie, wie lange es dauern wird und wir stellen den Timer entsprechend. Ein riesiger Vorteil dieser Aufräum-Strategie – abgesehen vom Spiel – ist, dass die Kinder lernen, wie viel in kurzer Zeit erledigt werden kann. Wenn Sie noch nie einen Timer gestellt und geputzt haben, bis er piept, ist Ihnen vielleicht nicht klar, wieviel in fünf, acht oder elf Minuten gemacht werden kann.

Die Kinder müssen so lange weiter aufräumen, bis der Alarm losgeht oder bis ich sage, dass es reicht, selbst wenn der Timer noch nicht läutet. In zweiten Fall dürfen sie früher aufhören, aufzuräumen, was sie als sehr lohnend empfinden. Ich räume immer gemeinsam mit ihnen auf, weil ich es ihnen gegenüber fairer finde, wenn ich mitarbeite, um die Uhr zu schlagen. Obwohl ich sehr viel mehr Hausarbeit erledige als den kleinen Teil, den wir gemeinsam machen, glaube ich, dass sie die gemeinsame Zusammenarbeit als wichtig empfinden – gerade, weil es ein Spiel sein soll.

Ein inkompatibles Verhalten beibringen

Jeden Tag beobachte ich, wie Kinder im Supermarkt nach Kaugummi, Süßigkeiten, Batterien, Feuerzeugen, Zeitschriften und vielen anderen Impulsartikeln greifen, die absichtlich dort platziert wurden, um die Verkaufszahlen zu steigern. Diese Praxis steigert aber auch das Fehlverhalten von Kindern sowie den Stress und Ärger ihrer Eltern. Für Kinder ist es eine riesige Herausforderung, vor der Kasse in der Schlange zu warten, weil es so langweilig ist – und noch dazu befinden sich so viele interessante Sachen auf Augenhöhe und in Greifweite, die sie nicht anfassen dürfen. Ich schenkte dem Verhalten von Kindern an der Kasse wenig Beachtung, bevor ich selbst Mutter war. Sobald mein älterer Sohn soweit war, dass er neben mir laufen konnte, anstatt im Einkaufswagen zu sitzen oder von mir getragen zu werden, merkte ich: Wir haben hier potenziell ein Problem. Als er das allererste Mal neben dem Wagen stand, während ich die Lebensmittel auf das Band legte, zeigte er auf eine Schachtel Tic-Tac und begann auf- und abzuhüpfen. Ich hatte nur aufgrund seines altersgemäßen Mangels an Koordination genügend Zeit, um ihn daran zu hindern, Dinge aus den Regalen zu nehmen (ich nahm ihn hoch und pustete auf seinen Bauchnabel, um ihn zum Lachen zu bringen und abzulenken). Glücklicherweise bietet eine Technik aus dem Hundetraining eine naheliegende und weit bessere Lösung für diese chronische Schwierigkeit im täglichen Leben von Eltern.

Hier ist ein nützliches Werkzeug im Umgang mit unerwünschtem Hundeverhalten: Man bringt dem Hund bei, ein inkompatibles Verhalten genau dann zu zeigen, wenn er etwas machen will, was einem nicht gefällt. Das häufigste Beispiel wäre vielleicht ein Hund, der lernt, Sitz zu machen, wenn Gäste zur Tür hereinkommen, damit er sie nicht anspringen kann. Das unerwünschte Verhalten des Anspringens ist mit Sitzen nicht kompatibel, weil ein Hund nicht gleichzeitig sitzen und springen kann. Ebenso könnte man einem Hund beibringen, ein Spielzeug zu bringen, wenn Gäste kommen, weil er nicht auf Menschen zurennen und sie anbellen kann, während er von der Tür *fort*rennt, um ein Spielzeug zu holen.

Diese Technik lässt sich unter vielen Umständen auch direkt auf Kinder anwenden. Als Mutter habe ich sie oft bei meinen Kindern angewandt – ganz besonders an Supermarkt-Kassenschlangen, als sie klein waren. Sobald wir in der Schlange standen, gab ich meinen Kindern einen Artikel aus dem Wagen, den sie halten sollten. Ich nahm dabei immer etwas, für das sie beide Hände brauchten, wie eine Topfpflanze, einen Sack Reis, zwei Äpfel oder eine Cornflakes-Schachtel. Ich brachte ihnen bei, diesen Artikel direkt dem Kassier zu geben und in eine unserer Tüten zu packen, sobald er durchgezogen war. Uff! Ich hatte sie sicher an der Impulskaufzone vorbeimanöviert, die solch eine unfaire Herausforderung für das gute Benehmen von Kindern und die Geduld deren Eltern darstellt. Nicht nur konnten sie nicht nach Kaugummi und Süßigkeit greifen, sie konnten auch einander nicht belästigen. Kinder können sich nicht gegenseitig knuffen und schubsen, wenn ihre Hände voll sind! Ein weiterer Vorteil dieser Technik besteht darin, dass meine Kinder gerne „behilflich" waren. Sie waren stolz, dass ihnen wichtige Aufgaben anvertraut wurden und sie sogen das Lob der Kassiererinnen und Tütenpacker auf, die regelmäßig bemerkten, wie hilfsbereit und wohlerzogen meine Kinder seien.

Ihnen eine Aufgabe zuteilen

Es gibt eine weitere Technik aus dem Hundetraining, die hilfreich ist, damit Kinder sich an der Kasse im Supermarkt ordentlich benehmen. Diese Technik ist selbst außerhalb der Branche weithin bekannt, weil der Gedanke, dass Hunde eine Aufgabe brauchen, selbst unter Ersthundebesitzern zu einem Schlagwort wurde, als Border Collies erstmals als Haustiere in Mode kamen. Vor nicht allzu langer Zeit gehörte diese Rasse fast ausschließlich Leuten, die sie brauchten, um Vieh zu hüten. Diese Hunde wurden dazu gezüchtet, im Grenzgebiet zwischen England und Schottland in unwegsamem Gelände und bei kühlem Wetter stundenlang zu rennen und die komplexen Entscheidungen zu treffen, die für das erfolgreiche Treiben von Schafen notwendig sind. Ein derartiger Hund wird einen zwanzigminütigen Spaziergang und fünf Minuten Apportieren pro Tag als nicht ganz ausreichend empfinden, um seinen körperlichen und geistigen Fähigkeiten und Energien gerecht zu werden.

Müßige Pfoten sind in dem Fall wahrlich des Teufels Ruhebank: Ich bettelte einen Klienten mit sechs Border Collies regelrecht an, zwölf Schafe für seine kleine Farm zu kaufen. Sowohl Langeweile als auch aufgestaute Energien sind die Feinde eines braven Hundes, und Kinder unterschieden sich in dieser Hinsicht kaum.

Es ist langweilig, an der Kassenschlange zu warten und für Kinder stellen die Verlockungen von Spielzeugautos, Hochglanzmagazinen und Süßigkeiten ein sicheres Rezept für schlechtes Benehmen dar – es sei denn, Sie haben einen Plan. Als meine Söhne aus dem Alter heraus waren, in dem sie es interessant fanden, einen einzelnen Artikel zu halten und diesen dem Kassierer zu geben, verschaffte ich ihnen eine Beschäftigung, indem ich sie bat, den Wagen auszuladen. Das war einfach ein Weg, um ihnen eine Aufgabe zu geben. Die Arbeit beschäftigte sie körperlich und verlangte von ihnen, Entscheidungen zu treffen („Wie viele Äpfel kann ich auf einmal aufheben?" „Wo kann ich das Brot hinlegen, so dass es nicht zerquetscht wird?" „Wie halte ich die Eier am besten, sodass der Kartondeckel geschlossen bleibt?"). Dadurch sank die Wahrscheinlichkeit drastisch, dass sie eine Beschäftigung finden würden, die nicht in meinem Sinne wäre. Ich denke, dass meine Kinder – so wie die meisten Kinder – Gefallen daran fanden, eine Aufgabe zu haben.

Wenige Leute würden dem Gedanken widersprechen, dass Kinder eine Aufgabe brauchen und die meisten Leute glauben gerne, dass ein gelangweiltes Kind genauso zerstörerisch sein kann wie ein gelangweilter Hund. Gemeinhin weniger akzeptiert ist, dass es Vorteile haben kann, wenn man Erwachsenen unter bestimmten Umständen eine Aufgabe zuteilt. Wenn wir Erwachsenen eine Aufgabe geben, kann das viel mehr, als nur Langeweile beheben oder verhindern – genau wie bei Kindern lässt sich so problematisches Verhalten vermeiden.

Wir tun Leuten einen Gefallen, wenn wir sie helfen lassen, während sie bei uns zu Gast sind – und meine Freundin Keri ist eine Meisterin dieser Disziplin. Sie ist immer perfekt vorbereitet, wenn Leute zu Besuch kommen und zu ihrem freundlichen, herzlichen Vorbereitetsein gehört es, Aufgaben für diejenigen parat zu haben, die gerne helfen würden: wie zum Beispiel Servietten falten, ein paar Dinge aus dem Kühlschrank holen, den Tisch decken oder Besteck neben jeden Teller legen.

Genau wie Tischgäste wissen es auch Hausgäste zu schätzen, wenn sie durch ihre Hilfe etwas beitragen können. Dazu gehören meine Eltern und Schwiegereltern, wenn sie zu Besuch kommen. Sie alle fragen, was sie machen können und bieten ihre Hilfe so begeistert an, dass ihr Wunsch, etwas beitragen zu können, ganz offensichtlich ist. Wir wollen außerdem vermeiden, dass sie sich langweilen und anfangen, auf eigene Faust zu entscheiden, was im Haus gemacht werden muss. Glücklicherweise gibt es mehr als genug Arbeit in einem Haushalt mit zwei Kindern und im Laufe der Jahre haben wir gelernt, wie wir diese Arbeiten verteilen. Wir delegieren die Aufgaben einerseits, weil wir uns über die Hilfe freuen, aber auch, weil unsere Eltern so gerne helfen *wollen*. Von dieser

Aufgabenverteilung profitieren alle. Wenn unsere Eltern zu Besuch sind, dann kochen sie, putzen, gehen einkaufen, passen auf die Kinder auf, erledigen kleinere Reparaturarbeiten und nähen alles an, was auseinanderfällt oder kürzlich abgefallen ist. Natürlich profitieren wir von der zusätzlichen Hilfe bei alltäglichen Aufgaben und längerfristigen Projekten, aber wir sind nicht die einzigen, die etwas davon haben. Meiner Einschätzung nach machen unsere Eltern sich gerne nützlich. Zusätzlich hält es sie davon ab, die Initiative bei Arbeiten zu ergreifen, die wir möglicherweise gar nicht erledigt haben wollen.

Jeder kann davon profitieren, eine Aufgabe zu haben und ich verschaffte einmal meinem Mann eine Aufgabe, als er es nötig hatte. Vor der Geburt unseres ersten Kindes hatte ich eine Fehlgeburt erlitten und nach diesem Verlust konnte ich sehen, dass mein Mann nicht wusste, wie er mich trösten sollte. Vermutlich waren alle Hormone in meinem Körper in extremer Aufruhr, was in Hinsicht auf die eigene emotionale Verfassung niemals hilfreich ist. Wir beide wussten, dass es für mich sehr viel schlimmer war als für ihn. Ich hatte die Sorge, dass ich niemals ein Baby haben würde – dass ich vielleicht nicht in der Lage wäre, eines zu bekommen – während er die Sache logischer betrachtete. Eine von vier Schwangerschaften endet mit einer Fehlgeburt, weshalb meine nächste hoffentlich erfolgreich sein würde. Ihm gingen meine Gefühle näher als die Fehlgeburt selbst. Ich widerstand meinem ersten Impuls, der gewesen wäre, ihm zu sagen, dass er nichts tun könne und dass ich mich einfach schrecklich fühlen müsse, bis es vorüber wäre. Ich merkte, wie es ihn belastete, dass er nichts tun konnte, damit ich mich zu der Zeit besser fühlte – obwohl er überhaupt nichts dafür konnte. Ich würde mich einfach nicht besser fühlen, bis ich wieder schwanger wäre. Um uns beiden zu helfen, sagte ich ihm schließlich, dass ich gerne von schönen Dingen umgeben wäre und dass er so lange frische Blumensträuße im Haus aufstellen solle, bis ich wieder schwanger wäre. Er nahm dies sehr ernst, tat genau, was ich verlangt hatte und kam dieser wichtigen Verantwortung während der (glücklicherweise sehr kurzen) drei Wochen bis zu meiner nächsten Schwangerschaft (diesmal mit unserem Sohn Brian) äußerst gewissenhaft nach. Ich freute mich über die Blumen, aber auch darüber, dass er sich genügend um mich sorgte, um das für mich zu tun. Und er war glücklich, dass er helfen konnte. Das alles, weil ich machte, was jeder gute Hundetrainer machen würde – ich verschaffte ihm einen Job! (Ich konnte zu der Zeit noch nicht wissen, wie herrlich kurzzeitig die Aufgabe sein würde).

Unerwünschtes Verhalten unter Signalkontrolle bringen

Wenn Sie schon einmal an einem Arbeitsplatz beschäftigt waren, wo die Motivation niedrig und die allgemeine Stimmung negativ war, dann wissen Sie, wie sehr die Nörgeleien anderer Leute einem die Laune verderben können. Ich weiß nicht, warum Erwachsene in unserer Gesellschaft so viel jammern dürfen, ohne dass dies eingedämmt wird. Bei Kindern tolerieren wir dieses Verhalten überhaupt nicht, an vielen Arbeitsplätzen grassiert es jedoch. Vielleicht nörgeln die Leute an Ihrem Arbeitsplatz wenig, aber nicht alle haben dieses Glück. Möglicherweise gibt es einen Arbeitskollegen, der so viel meckert, dass es sich auf alle anderen auswirkt, oder vielleicht ist es Teil der gesamten Geschäftskultur. Eine Nachbarin erzählte mir, dass die ständige Jammerei ihrer Arbeitskollegen sie in den Wahnsinn treiben würde. Sie erschienen jeden Tag zur Arbeit und verbrachten den Rest des Tages damit, herumzujammern. Laut meiner Nachbarin ging es dabei nicht einmal vorrangig um die Arbeit: ihr Arbeitsplatz ist eigentlich ziemlich nett und die Leute sind mit ihren Stellen im Allgemeinen zufrieden.

Es war alles andere: das Wetter, die jeweiligen Ehepartner, der Bürostuhl, der hohe Preis von Bioware, die Tatsache, dass ihre Lieblingsserie bei Netflix eingestellt wurde, als sie mitten in der dritten Staffel waren, und so weiter und so fort. Jammern gehörte mittlerweile so sehr zu ihrem Arbeitsalltag wie die Arbeit selbst, und dieses unerwünschte Verhalten führte dazu, dass meine Nachbarin sich in an ihrem Arbeitsplatz sehr viel weniger wohlfühlte, als das ansonsten der Fall gewesen wäre.

Es gibt eine gebräuchliche Hundetrainingstechnik, um unerwünschtes Verhalten zu beenden: Man bringt das ungeliebte Verhalten unter Signalkontrolle und gibt das Signal dazu dann nur selten, wenn überhaupt. In anderen Worten, man bringt dem Hund bei, ein unerwünschtes Verhalten auf ein Signal hin zu zeigen und lehrt ihn außerdem, dass das Verhalten nur dann verstärkt wird, wenn er es auf Signal zeigt – nicht, wenn es spontan geäußert wird. Meiner Erfahrung nach funktioniert dies am besten bei Verhaltensweisen, die der Hund unter konkreten Umständen zeigt.

Stellen wir uns zum Beispiel vor, ein Hund würde immer in die Luft springen, wenn Sie seinen Futternapf in die Hand nehmen. Selbst, wenn der Hund Sie dabei nicht mit seinen Pfoten berührt, ist es nervig und potenziell gefährlich, einen Futternapf tragen und auf den Boden stellen zu müssen, während der Hund neben Ihnen auf- und abhüpft wie ein Jo-Jo. Natürlich ist es möglich, dem Hund ein inkompatibles Verhalten wie „Sitz" beizubringen, wie im vorherigen Abschnitt in Bezug auf Gäste beschrieben. Aber das ist nicht die einzige Option. Ein weitere Möglichkeit besteht darin, das Verhalten unter Signalkontrolle zu bringen. So könnten Sie zum Beispiel ein Handsignal verwenden, „Hüpf!" sagen, oder ein ganz anderes Signal verwenden, um Ihrem Hund zu bedeuten, dass er in die Luft springen soll. Sie könnten ihn anfangs vier oder fünfmal vor dem Füttern springen lassen, wobei Sie die ersten Sprünge mit Leckerlis belohnen und den letzten mit seiner Futterschüssel. Wenn der Hund springt, ohne, dass Sie das Signal dazu gegeben haben, verstärken Sie ihn nicht. Geben Sie ihm nur dann Leckerchen (oder sein Futter), wenn er Ihrem Signal gehorcht.

Sobald das Verhalten verlässlich unter Signalkontrolle gebracht wurde, können Sie beginnen, die Anzahl der Sprünge zu verringern, die Sie vor jedem Füttern verlangen. Schleichen Sie die Sprünge im Zuge mehrerer Übungseinheiten langsam aus, bis Sie nur noch einen Sprung verlangen, und dann gar keinen mehr. Da der Hund es gewöhnt ist, das Signal für dieses Verhalten zu erhalten und dafür dann Leckerchen oder Futter zu bekommen, wird er wahrscheinlich auf Ihr Signal warten und ohne dieses Signal nicht springen. (An diesem Punkt könnten Sie ein anderes Signal einführen, auf das er reagieren sollte, um sein Futter zu erhalten – jedes Signal für eine ruhige Verhaltensweise würde hier funktionieren.) Für dieses Beispiel könnten Sie sich überlegen, das Springsignal unter anderen Umständen zu geben, sobald der Hund nicht mehr vor dem Füttern in die Luft springt (was unerwünscht ist). Denn ein sportlicher, schöner Luftsprung ist an und für sich ein Trick, mit dem sich angeben lässt.

Es kann funktionieren, ein Verhalten auszuschalten, indem man es unter Signalkontrolle bringt, aber es funktioniert nicht bei allen Verhaltensweisen. Ein häufiger Ratschlag lautet, diese Technik einzusetzen, um einem Hund das Bellen abzugewöhnen. Aber dies funktioniert meist nur, wenn es sich um ein aufmerksamkeitsheischendes Bellen handelt. Es besteht eine sehr viel geringere Wahrscheinlichkeit, dass diese Methode bei wachsamen Bellern oder bei Gewohnheitskläffern funktioniert. Denn in beiden Situationen bietet das Bellen dem Hund einen Nutzen (Verstärker!), der nicht von Ihnen kommt. Anders ausgedrückt, der Hund hat etwas von dem Bellen, egal, ob Sie es nun absichtlich verstärken oder nicht. Um ein ungewolltes Verhalten mit Hilfe der Signalkontrolle abzustellen, ist es wesentlich, dass der Hund nur dann verstärkt wird, wenn Sie das Signal zu dem Verhalten gegeben haben. Wenn der Hund auch verstärkt wird, ohne dass Sie die Quelle der Verstärkung sind, funktioniert es nicht. Um zu dem vorherigen Beispiel mit dem zur Fütterungszeit in die Luft springenden Hund zurückzukehren: Auch hier funktioniert die Signalkontrolle am besten, wenn der Hund nicht auf irgendeine Art für das Springen belohnt wird, die sich außerhalb Ihrer Kontrolle befindet.

In der Praxis können Sie Verhaltensweisen, die Sie abschalten wollen, auch bei Menschen unter Signalkontrolle bringen. Diese Technik kann sehr nützlich sein, um Arbeitskollegen vom Jammern abzuhalten. Wenn Sie für Jammern und Meckern ein Signal einführen, können Sie dieses Verhalten dadurch signifikant verringern. Sie könnten eine „Mecker-und-Nörgel"-Session an Ihrem Arbeitsplatz organisieren, vielleicht hin und wieder am Tagesanfang, wenn alle Kaffee trinken und sich auf den Tag vorbereiten. Abhängig von der Struktur Ihres Arbeitstages und Ihres Büros könnten Sie damit beginnen, jeden Tag kurze Zeitperioden festzulegen, in denen gejammert werden darf. Dafür ist organisatorisches Talent nötig und es funktioniert vielleicht am besten, wenn Sie sich diese Aufgabe mit einem oder mehreren Mitarbeitern teilen, die das ständige Meckern ebenfalls satt haben. Führen Sie ein Signal ein, wie zum Beispiel: „Erzähl mir, was dich irre macht.", oder, „Was ist Ihnen in der letzten Zeit auf die Nerven gegangen?", oder „Lassen wir unseren ganzen Frust einmal heraus" und hören Sie sich dann die Antworten an. (Das ist der Verstärker – Ihre ungeteilte Aufmerksamkeit.) Während die Leute sich daran gewöhnen, auf eine Einladung zum Nörgeln zu warten, können Sie beginnen, immer größere Abstände für derartige Sessions einzuführen, bis Sie das Verhalten irgendwann fast gar nicht mehr ermutigen. Es ist wichtig, Meckern nicht zu verstärken, wenn Sie einer Person nicht das Signal dazu gegeben haben. Wenn Leute beginnen, herumzujammern, obwohl kein Signal dazu gegeben wurde, dann schenken Sie Ihnen keine Aufmerksamkeit. Seien Sie in Eile, antworten Sie auf etwas auf Ihrem Telefon, gehen Sie auf die Toilette – irgendetwas, das Sie davon abhält, die Jammerei durch Beachtung zu verstärken. Meine Nachbarin tat genau dies und innerhalb eines Monats nörgelten die Leute an ihrem Arbeitsplatz in ihrer Gegenwart nur noch selten, wodurch sie ihren Arbeitsplatz sehr viel mehr genießen konnte.

Erschrecken und Umlenken

„Hilfe! Wird mein Freund jemals aufhören, so zu reden wie Beavis?" Meine Hundetrainerkollegin und Freundin Patricia McConnell dachte sich das oft. Ihr damaliger Freund Dmitri Bilgere ahmte gerne die Stimme von Beavis nach, was ihr auf die Nerven ging. Aber Versuche, ihm das einfach zu sagen und ihn zu bitten, damit aufzuhören, fruchteten nicht. Dann löste ihre zufällige Reaktion bei einer Gelegenheit das Problem. Eigentlich zeigte es nur deshalb Wirkung, weil sie Hundetrainerin ist und den Effekt ihrer unbeabsichtigten, aber wirkungsvollen Aktion bemerkte und darauf aufbauen konnte.

Meine Kollegin hatte ungewollt die sogenannte „Erschrecken und Umlenken"-Technik angewandt, die sehr häufig eingesetzt wird, um Welpen eine Beißhemmung anzutrainieren. Sie spielt auch oft eine Rolle beim Abtrainieren von repetetiven Verhaltensweisen wie ständiges Sich-im-Kreis-drehen oder Schwanzjagen.

Welpen verwenden einander als Kauspielzeuge, weshalb es nur natürlich ist, dass sie ihr Maul auch dann noch viel einsetzen, nachdem sie von ihren Geschwistern getrennt wurden und sich mehr in menschlicher Gesellschaft aufhalten. Das Problem dabei ist nur, dass wir Menschen sehr empfindliche Haut haben, die von einem kauenden Welpen verletzt wird – was niemandem sehr gut tut.

Es gibt viele Ansätze, um Welpen das Zwicken und Schnappen abzugewöhnen, aber nicht alle funktionieren für jeden Welpen. Meine Lieblingsmethode – und diejenige, die ich als erste Standardtechnik für das Angewöhnen einer Beißhemmung betrachte – ist die „Erschrecken und Umlenken"-Technik. Die Strategie besteht darin, einen hohen Schrei von sich zu geben, der man am besten als „AUUU!" buchstabieren könnte. Dieser Ton jagt den meisten Welpen so einen Schreck ein, dass sie loslassen. Dann lenken Sie das Maul des Welpen auf ein passenderes Objekt um, wie ein Kauspielzeug oder ein anderes Spielzeug. Viele Menschen denken gleich daran, den Welpen zu erschrecken, aber vergessen dann, seine Aufmerksamkeit auf etwas zu lenken, das bekaut werden darf. Das Ergebnis dieses Fehler ist, dass der Welpe wieder beginnt, nach der Hand oder Kleidung der Person zu schnappen, woraufhin diese zur Überzeugung gelangt, dass die Technik nicht funktioniert. Die Technik funktioniert *sehr wohl* für viele Welpen, aber wenn man nur die Hälfte davon ausführt, kann es so wirken, als ob sie *nicht* funktionieren würde.

Dieselbe „Erschrecken und Umlenken"-Methode lässt sich einsetzen, um Hunden zu helfen, die eine schwach bis mittelstark ausgeprägte Form von Schwanzjagen oder ständigem „Kreiseln" zeigen. (Bei schwereren Fällen hilft diese Methode im Allgemeinen nur wenig, aber glücklicherweise gibt es nur selten ganz schwere Fälle.) Auch hier kommt wieder dieselbe einfache, zweiteilige Strategie zum Einsatz: Erschrecken Sie den Hund mit einem Geräusch, das seine Aufmerksamkeit erregt (ihm aber keine Angst einjagt) und lenken Sie seine Aufmerksamkeit dann auf etwas anderes, wie eine Trainingseinheit, ein Spiel oder einen Spaziergang.

Ein lautes Geräusch kann oft auch ein schreiendes Kind kurz beruhigen, aber auch hier muss die Aufmerksamkeit nach dem Aufschrecken umgeleitet werden, damit das Kind nicht wieder zu schreien beginnt. Ein Kind lässt sich relativ leicht ablenken, indem man ihm ein Spielzeug gibt, „Kuckuck“ spielt oder ihm ein Lied vorsingt. Eltern, die versuchen, ihr schreiendes Kind durch Erschrecken und Umlenken zu beruhigen, folgen oft demselben eigenartigen Muster wie Besitzer von „mauligen“ Welpen. Bei den ersten paar Versuchen lenken sie die Aufmerksamkeit des Kindes um, nachdem sie einen überraschenden Ton erzeugt haben und freuen sich über ihren Erfolg. Aus mir nicht verständlichen Gründen lassen sie den „Umlenk“-Teil dann aus ihrer Strategie aus, setzen nur noch den „Erschrecken“-Teil ein und behaupten daraufhin, dass die Technik nicht mehr funktioniert. Die Technik funktioniert nach wie vor – die Leute haben nur aufgehört, die zweite Hälfte davon auszuführen.

Wie hat also meine Kollegin und Freundin ihren Freund mit Hilfe dieser „Erschrecken und Umlenken“-Methode – oft so nützlich bei Hunden und Babys – dazu gebracht, nicht mehr wie Beavis zu reden? Als er wieder einmal Beavis nachahmte, schnaubte sie unabsichtlich. Er hörte sofort auf, wahrscheinlich, weil er erschrocken war. Wie so oft bei peinlichen Geräuschen in der Öffentlichkeit taten beide so, als ob sie es nicht bemerkt hätte. Sie begann sofort ein Gespräch zu einem neuen Thema (lenkte ihn um!), aber ihr fiel auf, dass er aufgehört hatte, die Beavis-Stimme zu verwenden. Als er die Stimme das nächste Mal zum Besten gab, schnaubte sie wieder – diesmal absichtlich – und lenkte seine Aufmerksamkeit auf ein neues Gesprächsthema. Innerhalb von drei Tagen nahm die Häufigkeit dieser nervigen Angewohnheit beträchtlich ab. Schließlich fiel es ihm auf und er sagte: „Du machst das absichtlich!“ Es sprach für ihn, dass er nicht beleidigt war, sondern es witzig fand, dass sie eine Technik aus dem Hundetraining eingesetzt hatte, um sein Verhalten zu ändern.

Ungewollte Verhaltensweisen ignorieren

Bei dieser Technik schalten wir ungewolltes Verhalten aus, indem wir es ignorieren. Dies ist eine der wenigen Methoden, die auch außerhalb der Welt des Hundetrainings bekannt ist. Wie die meisten Strategien funktioniert sie nicht bei jedem Problemverhalten. Sie verspricht den größten Erfolg bei der Gruppe von Verhaltensweisen, die dazu dienen sollen, Aufmerksamkeit zu erregen oder eine soziale Interaktion zu erzwingen. Wenn eine bestimme Verhaltensweise das Ziel hat, eine Interaktion zu beginnen und dies nicht funktioniert, dann erfährt das Verhalten keine Verstärkung und wird mit der Zeit verschwinden.

Oft hört man den Rat, man solle einen Hund ignorieren, der völlig durchdreht, wenn man nach Hause kommt. Einige altmodische Ratschläge gehen sogar so weit, dass man dem Hund beibringen solle, das eigene Heimkommen nicht als Highlight seines Tages anzusehen und deshalb vor Freude völlig durchzudrehen. Eine landläufige Meinung lautet, dass man den Hund beim Nachhauskommen völlig ignorieren und erstmal einen Kessel Wasser aufstellen solle. Den Hunde solle man erst dann beachten, wenn das Wasser kocht. Obwohl ich diesen Vorschlag extrem finde, ist schon etwas dran, dass ein Hund vor lauter Erregung wahrscheinlich seine Manieren vergisst, wenn man ihm beim Eintreten zu viel Beachtung schenkt. Ein Hund, der verzweifelt nach Aufmerksamkeit giert, wird versuchen, diese zu bekommen, indem er wild herumrennt, hüpft und bellt. Wenn das aber nicht funktioniert, wird er hoffentlich etwas anderes versuchen oder sich beruhigen, und das ist der Moment, wenn wir ihm Aufmerksamkeit schenken. So bringen Sie Ihrem Hund aktiv bei, nicht völlig durchzudrehen, wenn er Beachtung möchte, indem Sie alles unkontrollierte Verhalten ignorieren und nur ruhiges Verhalten beachten (verstärken). Genau wie bei der „Erschrecken und Umlenken"-Methode gilt auch hier, dass es nicht funktioniert, wenn Sie nur die Hälfte davon ausführen. In anderen Worten, es ist von wesentlicher Bedeutung, dass Sie Ihrem Hund Beachtung schenken, sobald er unauffälliges und ruhiges Verhalten zeigt – genauso, wie Sie ihn ignorieren sollten, wenn er wildes und chaotisches Verhalten zeigt.

Menschen springen im Versuch einer Kontaktaufnahme zwar meistens nicht wild herum oder drehen durch, aber manche Arten der Interaktion können durchaus als nervig empfunden werden. Ein Beispiel wären meckernde Arbeitskollegen – sie zu ignorieren ist eine Art, um dieses Verhalten zu verringern. Beschwerden werden oft eingesetzt, um einen sozialen Zusammenhalt zu schaffen, insbesondere am Arbeitsplatz, wo es mit anderen Kollegen oder der Chefin möglicherweise einen gemeinsamen Feind gibt. Wenn Ihnen dieses Verhalten von anderen nicht behagt, könnten Sie versuchen, es durch Ignorieren zu verringern. Dadurch lernen Ihre Arbeitskollegen, dass ihr Jammern und ihre Beschwerden über den Arbeitsplatz ignoriert werden, während Sie sich bei anderen Themen sehr sozial und interessiert zeigen. Die Folge ist, dass viele Ihrer Kollegen auf Gespräche umsteigen werden, anhand der sie mit Ihnen interagieren können.

Ich wandte diese Ignorier-Technik kürzlich bei einer Supermarkt-Kassiererin an, die ich als ziemlich mühsam empfand, und die Strategie zeigte guten Erfolg. Vielen Menschen wäre ihr Verhalten überhaupt nicht negativ aufgefallen, weshalb ich ganz ehrlich zugeben muss, dass vielleicht auch ich ein bisschen überempfindlich und schwierig bin. Trotzdem ärgerte mich ihr Verhalten und ich wollte wirklich, dass es aufhört. Das nervige Verhalten bestand darin, dass sie meine Einkäufe ständig auf eine Art kommentierte, die anklingen ließ, dass sie wüsste, was ich kochen würde. Als ich im Frühling einmal viele Eier kaufte, sagte sie: „Ich weiß, wer am Wochenende Ostereier färben wird!" (Ich bin Jüdin, weshalb das nicht stimmte.) Als ich viele Schokodrops kaufte, sagte sie: „Da plant jemand, Schoko-Cookies zu backen!“ Auch das stimmte nicht. Sie waren einfach im Angebot und ich habe immer gerne welche als Topping für Pfannkuchen oder Eis zuhause – außerdem sind sie eine Hauptzutat für mein Lieblings-Brownierezept. Als ich einmal Gemüse für einen großen Salat kaufte, den ich zu einer Einladung mit fünfundzwanzig Leuten mitbringen wollte, kommentierte sie: „Ich weiß schon, wessen Kinder schlimm waren und heute Abend ihr Gemüse essen müssen!“ (Da wir gesundheitsbewusste Sportler sind, essen wir immer viel Gemüse und mir mißfiel die Vorstellung, frische Lebensmittel als Strafe zu sehen.) Ich weiß nicht, warum es mich so unglaublich stört, dass sie meine Einkäufe kommentiert – vielleicht, weil sie fast immer falsch liegt oder vielleicht, weil ich sie als aufdringlich und voreingenommen empfinde – aber es ärgert mich dermaßen, dass ich begann, ihre Kasse nach Möglichkeit aktiv zu meiden. Dann entschied ich mich dazu, jeden Kommentar zu meinen Einkäufen und meinen entprechenden Kochplänen zu ignorieren – in der Hoffnung, dass sie aufhören würde, meine Einkäufe zu analysieren.

Wann immer sie etwas in Bezug auf meine offensichtlichen Essens- oder Kochpläne erwähnte, tat ich so, als ob ich sie nicht hören würde. Ich konzentrierte mich auf mein Portemonnaie, mein Telefon, meine Uhr oder etwas anderes in der Schlange und reagierte einfach nicht darauf. Die ersten Male, als ich dies tat, wiederholte sie ihre Bemerkung zwei- oder sogar dreimal, aber nach zirka sieben bis acht Einkäufen an ihrer Kasse hörte sie auf, Bemerkungen zu meinen Lebensmitteln zu machen. Die Ignoriertaktik funktionierte deshalb, weil es ihr Versuch war, freundlich zu sein und ins Gespräch mit mir zu kommen. Als dies nicht mehr funktionierte, versuchte sie es mit anderen Taktiken, was in diesem Fall bedeutete, dass sie andere Gesprächseinstiege fand. Ich verhielt mich ihr gegenüber immer freundlich und höflich und achtete darauf, mich zu bedanken und zu lächeln. Ich reagierte einfach nicht auf Kommentare zu meinen Lebensmitteln. Ich reagierte aber sehr wohl (und tue es immer noch) auf Kommentare zu Sport, Wetter oder anderen üblichen Smalltalk-Themen. Mir bleibt es nun nur erspart, mir ihre Interpretationen zu meinen Einkaufsgewohnheiten anhören zu müssen. Am Anfang fühlte es sich komisch an, sie zu ignorieren, weil ich das Gefühl hatte, unhöflich zu sein. Aber dies war trotz allem die mildeste Methode, die mir einfiel.

Verwenden Sie einen gefüllten Kong!

Keine Aufzählung bekannter Hundetrainingstechniken ist vollständig, ohne das gefüllte Kong-Spielzeug zu besprechen. In Bezug auf Hundetraining und -verhalten gibt es ein paar Weisheiten, von denen ich denke, dass sie so oft wie möglich erwähnt werden sollten. Eine davon ist der Wert eines gefüllten Kongs. Es gibt viele Werkzeuge, um unser Leben und das Leben unserer Hunde zu erleichtern, aber keines ist so vielseitig anwendbar wie der Kong. Sie können ihn sich als das Hundetrainingsäquivalent des bekannten ärztlichen Ratschlags denken: „Nehmen Sie zwei Aspirin und rufen Sie mich morgen früh an!“

Ein Kong ist im Grunde ein Gummi-Spielzeug, dass selbst Hunde mit sehr kräftigem Gebiss fast nicht zerstören können. Es ist ein sicheres Spielzeug, da die große Größe, die Schneemann-Form und die Löcher an beiden Enden ein Verschlucken weniger wahrscheinlich machen. Ein mit Futter und Leckerli befülltes Kong kann einen Hund sehr glücklich machen, wenn man es ihm gibt. Kongs sind eine wunderbare Option, um Hunde so zu füttern, dass sie lange beschäftigt sind. Wenn das Futter im Kong sehr dicht gepackt ist oder vielleicht sogar eingefroren wurde, braucht der Hund länger, um alles herauszubekommen. Dies verschafft dem Hund eine bessere Gelegenheit, um Problemlösungen zu finden, sich geistig zu betätigen und das Maul so einzusetzen, wie es vielen Hunden ein Bedürfnis ist.

Das ist deshalb wertvoll, weil Hunde oft mehr geistige Anregung brauchen als wir ihnen im Alltag bieten. Die Mehrheit aller Hunde empfindet es als viel zufriedenstellender, Futter aus einem Spielzeug herauszuarbeiten, als es direkt aus dem Napf zu fressen – da die meisten Hunde das hierfür nötige Kauen und Schlecken sehr genießen. So bleibt der Hund lange beschäftigt und hat die Gelegenheit, sich lange Zeit an einem Problem und an einer Aufgabe abzuarbeiten, wodurch Durchhaltevermögen und Frustrationstoleranz trainiert werden.

Es ist auch für uns praktisch, wenn ein Hund sich an seinem Kong abarbeitet. Denn auf die Weise können wir die Probleme proaktiv vermeiden, die zu bestimmten Tageszeiten vorhersehbar auftreten. Viele Hunde wirken besonders am späten Morgen und am späten Nachmittag gelangweilt und rastlos, weshalb viel Fehlverhalten zu diesen Zeiten auftritt. Wenn wir dem Hund schon vor der Zeit ein gefülltes Kong geben, in der er voraussichtlich nicht in seiner Bestform sein wird, können wir uns alle viele Nerven sparen.

Ebenso könnten Sie einen gefüllten Kong vorbereiten, wenn Sie wissen, dass Besucher Ihren Hund übermäßig aufregen. Geben Sie Ihrem Hund das Spielzeug, kurz bevor die Gäste hereinkommen. Wenn der Hund bereits freudig mit diesem Schatz beschäftigt ist, wird er die Gäste wahrscheinlich nicht mehr allzu wild begrüßen, was ein Vorteil für alle ist. (Wenn Ihr Hund dazu neigt, besondere Gegenstände oder Futter zu verteidigen, dann wäre es klug, ihn in seiner Hundebox oder in einem anderen Zimmer zu lassen, wenn Besuch kommt – sicher ist sicher.)

Ich gebe Hunden auch oft einen gefüllten Kong, bevor ich ihre Krallen schneide, damit sie zu beschäftigt sind, um sich zu sträuben. Ein Hund, der gerade zufrieden Erdnussbutter aus einem Kong schleckt oder sich anstrengt, um Leckerchen herauszubekommen, lässt mich wahrscheinlich seine Pfoten halten und seine Krallen schneiden, selbst, wenn er die Prozedur nicht allzu gerne mag. Dieselbe Technik kann sehr hilfreich sein, wenn ein Hund Kletten im Fell hat oder eine andere Form der Fellpflege benötigt.

Natürlich adaptierte ich diese Methode auch für die menschliche Anwendung, als eines meiner Kinder sich zum ersten Mal einen Holzsplitter einzog. Statt einem Kong gab ich meinem Sohn einen Lutscher, woraufhin er es gleichmütig ertrug, dass ich seine Fingerkuppe abtastete, während er seinen Schlecker genoss – obwohl es für ihn nicht allzu angenehm war. Es dauert lange, bis man mit einem Lutscher fertig ist und er hatte die Aufgabe noch nicht zu Ende gebracht, als ich bereits einen sehr kniffeligen Splitter entfernt hatte.

Ich bin eine Person, die einem System immer gerne treu bleibt, wenn es für mich funktioniert. Deshalb setzte ich Lutscher für eine Vielzahl von ähnlichen Aufgaben ein, am öftesten davon für das Nägelschneiden. Kinder lieben es normalerweise nicht gerade, ihre Nägel geschnitten zu bekommen, aber das war auch nicht mein Ziel. Mein Ziel war, meine Kinder dazu zu bewegen, während des Nägelschneidens stillzusitzen. Auf die Weise bin ich in der Lage, schneller und genauer zu arbeiten, ohne die Haut versehentlich zu ritzen. (Die Koordination der Eltern zieht im Vergleich zu strampelnden Kindern immer den Kürzeren.) Inzwischen habe ich manchen Müttern im Bekanntenkreis sogar den Rat gegeben, jemand anderen die Nägel ihres Babys schneiden zu lassen, während sie ihm die Brust geben. Es gibt nur weniger Babys, die sich von irgendetwas bei ihren Mahlzeiten stören lassen.

Meine Schwägerin Amy ist Vorschullehrerin und hat als solche eine ganz konkrete Verwendung für Lutscher. Als sie in der Klasse zum ersten Mal für eine Notfall-Ausgangssperre übten, merkte sie, was für eine Herausforderung es ist, eine große Gruppe kleiner Kinder so lange ruhigzustellen. Sie benötigte zusätzliche Strategien außer denen, die sie in einer normalen Schulstunde einsetzte. (Zum Beispiel sagte ein Kind mit sonderpädagogischen Bedürfnissen immer wieder: „Wir sind hier drinnen!“ und „Wer ist da?“) Amy machte sich zu Recht Sorgen, da sie sich im Falle einer echten Notsituation vielleicht über längere Zeit in der Schule verstecken müssten – und jedes Kind, das Lärm machte, könnte die Sicherheit aller gefährden. Ihre Lösung? „Lockdown-Lutscher“. Sie machte Lutscher zu einem Teil der Lockdown-Notration der Klasse, mit dem Ergebnis, dass die Kinder während der nächsten Lockdown-Übung zu sehr mit ihren Lutschern beschäftigt waren, um zu reden. Potenzielle Gefahrensituation wurden erfolgreich vermieden. Zusätzlich bedeutete der Pawlow'sche Effekt, dass die Kinder begannen, den Übungen mit positiven Gefühlen entgegenzusehen, da diese nun Süßigkeiten versprachen. (Anmerkung: Meine Schwägerin hat ihre allgemeine Strategie seitdem weiter verfeinert und verwendet nun Zitronenbonbons in einer Dose, um das Rascheln der Verpackung zu vermeiden und um zu verhindern, dass neugierige Kinder ihren Lutscher auf den Boden halten, um in dem schwachen Licht vom Türspalt zu sehen, welche Farbe sie bekommen haben.)

Lutscher und andere Süßigkeiten lassen sich also gut als Kong-Ersatz verwenden, um Kinder zu beschäftigen, während man eine Notsituation probt, Holzsplitter entfernt oder ihre Nägel schneidet. Um Kinder während langer Autofahrten zu beschäftigen, kommen auch andere Lebensmittel als Kong-Ersatz in Frage. Lange Autofahrten mit Kindern können absolut angenehm sein, aber nicht durch Zufall. Man braucht einen Plan, um die Kinder zu beschäftigen. Sobald Kinder kurz vor der Pubertät stehen oder im Jugendalter sind, ist das Problem gelöst – sie können sich selbst mit Büchern, Gesprächen und Filmeschauen unterhalten. Aber als meine Jungs kleiner waren, war die Technologie für das Ansehen von Filmen noch nicht ausgereift und abgesehen davon wäre ihre Aufmerksamkeitsspanne zu kurz gewesen, als dass derartige Optionen ewig funktioniert hätten. Ich musste eine Million Tricks parat haben. Einer dieser Tricks beruhte auf meinem Wissen über Hunde und Kongs. Hunde können sich richtig lang daran abarbeiten, Futter aus einem Kong zu ziehen, weshalb man es ihnen nicht zu leicht machen sollte – sie sollen ja nicht innerhalb von Sekunden fertig sein. Ich fand ganz viele Knabbereien, die meine Kinder öffnen mussten, bevor sie sie essen konnten. Die meisten Kinder genießen die Herausforderung und den Erfolg, danach sagen zu können: „Ich hab es selbst geschafft!" Es bringt nur Vorteile, den Kindern kleine Zwischenmahlzeiten zu geben, deren Verpackung einigermaßen schwer zu öffnen ist. Ich hatte zum Beispiel kleine Orangen dabei, die sie schälen mussten, Fruchtgummis in einer schwer zu öffnenden Plastikverpackung sowie eine Sorte Müsliriegel, die für Kleinkinder ebenfalls halbwegs schwer aufzukriegen sind. Da sie ihre Snacks vor dem Essen selbst öffnen mussten, verdoppelte sich die Zeit, die sie für jeden Snack brauchten. Abgesehen davon beschäftigte es sie im Kopf, war eine gute Geschicklichkeitsübung und bot ihnen die Gelegenheit, sich einer Herausforderung mit Beharrlichkeit zu stellen und am Ende erfolgreich zu sein.

Wäre ich eine Dichterin, ich würde wahrscheinlich ein wunderschönes, tiefempfundenes episches Gedicht mit dem Titel „Ode an einen Kong" schreiben. Da ich aber bei meiner Prosa bleibe, begnüge ich mich damit, den großen Wert eines Kongs zu betonen: Ein gefüllter Kong kann viele Probleme vermeiden und andere lösen, und überdies lassen sich die Lektionen aus dem Kong direkt auf Kinder übertragen.

Bedingte Verstärker einsetzen

Lehrer und auch Eltern verwenden oft Tabellen, um Leistung zu messen. Ich habe in den Häusern von Freunden schon viele Tabellen gesehen, in denen für jede erledigte Aufgabe ein Kästchen angekreuzt (oder mit einem Sticker markiert) werden kann, wie z. B. das Bett machen, die Hausaufgaben erledigen, Zähne putzen u.s.w. In den meisten Fällen dienen diese Tabellen als bedingte Verstärker, wobei der primäre Verstärker Anerkennung ist. (Zur Erinnerung: Primäre Verstärker sind alles, was von Natur aus verstärkend auf ein Tier wirkt, während bedingte Verstärker Dinge sind, die so konsequent mit einem primären Verstärker verknüpft wurden, dass sie nun selbst verstärkend wirken.) Wenn ich für eine gut erledigte Aufgabe ein Kästchen ausfülle, ist das ein Ersatz für das ausgesprochene: „Gut gemacht!" Ich stimme dem Prinzip zu, aber meiner Erfahrung nach ist es umso leichter, Verhalten zu beeinflussen, desto stärker der primäre Verstärker ist. In unserem Heim können Tabellen für konkrete primäre Verstärker ausgefüllt werden.

Zum Beispiel musste mein jüngerer Sohn eine Zeit lang eine Tabelle für das Tragen seiner Nachtspange ausfüllen, während mein älterer Sohn jeden Abend ein Kästchen für die Verwendung von Zahnseide ausfüllen musste. (Ursprünglich war das auch eine Zahnspangen-Tabelle, aber dann erfuhr er beim nächsten Zahnarzttermin, dass die Nachtspange nicht mehr nötig war. Mein Sohn war am Boden zerstört, dass er seine Spange nicht mehr tragen sollte, da die Tabelle noch nicht voll war. Also schlug ich vor, sie zu einer Zahnseide-Tabelle umzuwandeln und er stimmte zu.) Sobald alle 72 Kästchen in beiden Tabellen ausgefüllt waren, fuhren wir zu Michael's, unserem örtlichen Laden für Kreativbedarf, um eines dieser realistischen Plastiktiere für ihre Sammlung zu kaufen. (Meine Kinder liebten diese Tierfiguren so, wie viele Kinder Lego lieben, weshalb das wirklich eine riesige Belohnung für sie darstellte.) Und ja, das ist viel Arbeit für einen einzigen Preis, aber wir hatten mit kleineren Tabellen angefangen, als die Kinder noch jünger waren und uns gesteigert. In den letzten eineinhalb Monaten dieser Tabellen gab es nur zwei ausgelassene Zahnseide-Kästchen und ein ausgelassenenes Zahnspangen-Kästchen, zuzüglich der Nacht, in der ich meinem Sohn sagte, er soll die Spange nicht tragen, da er eine Magengrippe hatte. (Ich fand es nicht sicher, ihn die Spange tragen zu lassen, während sich ein mögliches Erbrechen abzeichnete. Aber er hatte die Spange schon eingesetzt, weshalb ich ihm erlaubte, das Kästchen auszufüllen.) Meine Söhne waren damals zehn und zwölf Jahre alt und ich finde das eine ausgezeichnete Erfolgsrate für Verhaltensweisen, die beiden keinen großen Spaß machen.

Im Laufe der Jahre hatten meine Söhne Tabellen für das Aufräumen ihrer Zimmer; das Üben von Mathe-Aufgaben; Händewaschen nach der Toilette; daran denken, die Toilette auch abzuziehen; das iPad nach Gebrauch aufladen sowie diverse andere Verhaltensweisen, von denen ich möchte, dass sie klappen, ohne dass ich die mühsame Nörgeltante des Haushalts spielen muss. Wenn eines der Kinder ein Problem mit einer schlechten Angewohnheit oder einer Verhaltensweise hatte, dann bat es mich um eine Tabelle. Tabellen waren ihnen dabei behilflich, dass sie ihre Betten machten, mehr lasen und aufhörten, an den Nägeln zu kauen. Sie baten mich um Tabellen, weil sie wussten, dass diese funktionieren und weil es ihnen Spaß macht, sich etwas zu erarbeiten. Am Anfang wollten sie als Verstärkung für eine fertig ausgefüllte Tabelle zu ihrem liebsten Bagel-Laden essen gehen, aber später wünschten sie sich die Tiere am meisten. Ihnen war es viel lieber, lange Zeit für eine große Belohnung zu arbeiten, anstatt etwas Kleines – wie eine Süßigkeit – für eine kleine Leistung zu verdienen. Für sie sind langfristige Ziele eine größere Motivation, obwohl wir dafür mit kürzeren Zeiträumen beginnen und uns langsam zu diesem großen Belohnungsaufschub vorarbeiten mussten. (Interessanterweise gibt es Studien, die darauf hindeuten, dass Eigenkontrolle effektiv zu Verhaltensänderungen beitragen kann, selbst ohne Verstärkung. Da dies für Hunde nicht relevant ist, möchte ich nicht großartig darauf eingehen – aber es würde sich unverantwortlich anfühlen, wenn ich diesen Aspekt im Zusammenhang mit dem Ausfüllen von Tabellen nicht wenigstens kurz erwähnen würde.)

Während einer besonders stressigen Periode begann ich einmal, mir meine Augenbrauen immer dann auszureißen, wenn ich nervlich besonders belastet war. Meine Söhne waren diejenigen, die vorschlugen: „Mom, vielleicht brauchst du eine Tabelle, um damit aufhören zu können!“ Und es half wirklich! Ich erstellte mir genau so eine Tabelle, wie ich es schon so oft für sie gemacht hatte und kreuzte am Ende jeden Tages ein Kästchen an, wenn ich es geschafft hatte, meine eigenen Ängste nicht an meinen Augenbrauen auszulassen. Sobald ich die Tabelle fertiggestellt hatte, feierte ich meinen Erfolg mit einer Bestellung bei Athleta, meinem Lieblingskleidungskatalog. (Als der Abgabetermin für dieses Buch näherrückte, merkte ich, dass ich mich schon wieder verhielt, wie ein Vogel, der sich die eigenen Federn rupft. Ich bin nun in der Mitte einer neuen Augenbrauen-Tabelle – das Thema ist also ganz klar noch nicht völlig gelöst.)

Die ursprüngliche Augenbrauen-Tabelle war nicht das erste Mal, dass ich eine Tabelle verwendete, um mein eigenes Verhalten abzuändern. Ich habe Tabellen verwendet, um mich gesünder zu ernähren, um bei meinen Physiotherapie-Übungen nach einer Laufverletzung konsequent zu bleiben und um innerhalb meines wöchentlichen Einkaufsbudgets zu bleiben – etwas, das schon immer eine Herausforderung für mich war.

Die Verwendung einer Tabelle half mir auch dabei, die eine Verhaltensverbesserung zu erreichen, auf die ich am meisten stolz bin: Ich hörte auf, meine Kinder anzubrüllen. Sobald ich erkannt hatte, wie ironisch es ist, dass ich in meinem Berufsleben Hunde ohne den Einsatz von Brüllen ausbilde, aber das zuhause bei meinen Kindern weniger gut schaffte, erstellte ich mir eine Tabelle. Ich kreuzte jeden Tag an, an dem ich meine Kinder nicht angeschrien hatte. Dass ich diese Tabelle jeden Tag bei uns am Kühlschrank hängen sah, gab mir den Anstoß, den ich brauchte, um mich besser zu verhalten. Ich dachte es mir als eine „Der-Weg-zum-besseren-Ich-Tabelle" und es funktionierte. Anfangs war ich gelegentlich erfolgreich, aber machte immer noch Fehler. Anstatt mich selbst dafür zu geißeln, rief ich mir einfach in Erinnerung, dass ich morgen wieder die Chance haben würde, ein Kästchen auszufüllen. Während der ersten drei Wochen füllte ich ungefähr an zwei Dritteln aller Tage ein Kästchen aus, aber schaffte es nicht an dem anderen Drittel. In Woche fünf gab es nur einen einzigen Ausrutscher und ab Woche sechs war ich offiziell „schreifrei". Ich füllte noch einige Wochen danach Tabellen zu dem Thema aus und belohnte mich selbst am Ende jeder Tabelle mit etwas Besonderem in Bezug auf den Laufsport, wie z. B. neuer Kleidung oder einer Massage – oder mit edler Schokolade. Ich füllte mehrere Tabellen komplett aus, bevor ich merkte, dass ich keine Verstärkung mehr brauchte, um meine Kinder nicht anzubrüllen. Ich war eine schreifreie Person geworden und kann gar nicht ausdrücken, wie froh ich darüber bin.

Es ist absolut fraglich, ob man den Prozess, den ich für mein eigenes „Schreifrei Training" anwendete, überhaupt als Verstärkung bezeichnen kann. Das Problem ist, dass ich selbst für die Folgen verantwortlich war – Kleidung, Massage oder Schokolade – und deshalb auch in der Lage gewesen wäre, mir diese Dinge jederzeit zu leisten. Trotzdem würden viele Leute einräumen, dass derartige Strategien durchaus „verstärkungsähnliche" Wirkung erzielen, auch wenn Selbst-Verstärkung technisch vielleicht eine Fehlbezeichnung ist. Vielleicht war es einfach meine Eigenkontrolle, die die Verhaltensänderung herbeiführte. Ich möchte gerne glauben, dass es mir doch ein Ansporn war, mir etwas für mich Wertvolles zu erarbeiten. Es fühlte sich zumindest so an, als ob es zum Erfolg meiner Strategie beitragen würde.

Eine kleine positive Verstärkung kann viel Ärger ersparen

Da ich eine positive Person bin, weiß ich die vielen zauberhaften und freudvollen Augenblicke meines Lebens zu schätzen. Allerdings muss ich auch mit vielen Situationen zurechtkommen, die ärgerlich bis unerträglich sind, und ich versuche immer, diese Situationen zu lösen. Manchmal kann eine kleine Verstärkung den entscheidenden Unterschied zwischen „läuft wie ein Uhrwerk" und „läuft völlig aus dem Ruder" ausmachen. Ich will wirklich nicht Tabellen für jedes Verhalten führen müssen, das meine Kinder jeden Tag ausführen sollen und manchmal ist es einfacher, spontan einen Verstärker anzubieten, wenn sie ein Verhalten ausführen sollen, das ihnen aus irgendwelchen Gründen widerstrebt.

Vor Jahren hatten wir das Problem, dass es jeden Morgen eine wilde Hetze war, in die Vorschule und den Kindergarten zu kommen. Ich hatte jeweils ein Kind in jeder dieser Einrichtungen und es schien, als ob sie jeden Morgne von Neuem überrascht wären, dass sie ihre Zähne putzen mussten *und* sich anziehen *und* ihren Rucksack mitnehmen. Ich mag es nicht, mich gehetzt zu fühlen und dann auch noch unter Zeitdruck nach Sweatshirts und Schuhen suchen zu müssen. Schließlich traf ich die Entscheidung, mir die Morgenroutine ein bisschen zu erleichtern. Wenn die Kinder pünktlich ins Auto einstiegen und dann auch fertig waren und alles Nötige für den Tag dabei hatten, bekamen sie jeweils ein Tic Tac. Sobald es eine Verstärkung gab, für die sie sich anstrengen konnten, übernahmen sie selbst Verantwortung für ihre Schuhe (oft sogar schon am Vorabend) und ihre Sweatshirts und waren bemüht, ihr Frühstück pünktlich zu essen und sich die Zähne zu putzen. Es war so leicht, dass es einfach dumm von mir gewesen war, so lange zu warten (Monate!), bevor ich das System so änderte, dass es für uns alle funktionierte. Es erstaunt mich immer noch, wie sehr sie bereit waren, sich für ein winziges Pfefferminzbonbon anzustrengen!

Ein anderes Alltagsärgernis war das fehlende Bewusstsein meiner Kinder, dass sie ihre saubere Wäsche wegräumen sollten. Ich wusch die Wäsche, faltete sie und legte dann jedem Kind einen Stapel Wäsche vor seine Tür. Sehr oft bemerkten sie nicht einmal, dass die Wäsche da war, aber sobald ich sie darauf hinwies, räumten sie sie weg. Mir gefiel dieses System nicht, da ich der Meinung war, sie seien alt genug, um ihre Wäsche zu sehen und unaufgefordert wegzuräumen. Das Problem lag mehr am *Bemerken* der Wäsche als am Wegräumen. Ich wollte, dass sie einen Wäschestapel sehen und diesen gleichzeitig als Signal zum Wegräumen begreifen würden.

Ich entschied mich, mit einem Verstärkersystem anzufangen, um dieses Verhalten zu verbessern. Dafür versteckte ich unter jedem Wäschestapel einen kleinen Schatz. Nach dem Wegräumen ihrer Wäschen fanden sie also einen Comic, ein bisschen Geld, eine Süßigkeit oder sogar ein neues Buch. Sie begannen zu verstehen, dass das Bemerken und Wegräumen der Wäsche zu guten Dingen führte. Keiner der beiden hatte ein großes Problem damit gehabt, die Wäsche wegzuräumen, sobald ich ihre Aufmerksamkeit darauf gelenkt hatte – aber ich wollte, dass sie ihre Aufmerksamkeit von selbst darauf lenkten, anstatt das mir zu überlassen. (Sie hätten schummeln und den Verstärker nehmen können, ohne die Wäsche wegzuräumen, aber das war nicht der Fall – vielleicht, weil sie wussten, dass sie dann nie wieder eine Belohnung bekämen. Sobald sie begannen, die Wäsche als Chance zu begreifen, um sich etwas zu verdienen, arbeiteten sie sich zum Boden des Stapels vor, indem sie die Kleidung wegräumten.)

Der ursprüngliche Plan war, sie nur manchmal und unregelmäßig zu verstärken – was oft dazu beiträgt, ein Verhalten noch wahrscheinlicher zu machen – und den Verstärker dann langsam auszuschleichen. Leider musste ich erkennen, dass meine Kinder jegliches Interesse an der Wäsche verloren, wenn ich versuchte, die Verstärkungsrate unter fünfundzwanzig Prozent zu senken (ihnen also einmal von viermal etwas zu geben). Ich muss ehrlich anerkennen, dass sie eigentlich mich dazu abrichteten, weiterhin Verstärker für diese anscheinend verhasste Aufgabe anzubieten. Einer meiner Kollegen meinte sogar, dass ich in dieser Situation Bestechung einsetzen würde. Darüber lässt sich streiten, aber wie auch immer: Ich akzeptierte einfach, dass mein System nicht perfekt war, da dies immer noch erheblich einfacher war, als den ständigen Anblick der unaufgeräumten Wäsche ertragen zu müssen!

Als meine Kinder älter wurden und ins Teenager-Alter kamen, hörten sie wieder auf, ihre Wäsche wegzuräumen. Die Verstärker, die bis dato funktioniert hatten (obwohl ich sie altersentsprechend angepasst hatte) verbesserten das Wäsche-Aufräumverhalten nicht mehr. Anstatt auf Granit zu beißen, entschied ich mich zu einer völlig neuen Strategie. Da es mir missfällt, Wäsche im Gang herumliegen zu sehen, begann ich einfach, die Wäsche in ihre Zimmer vor den Schrank zu legen. Sie räumen sie immer noch nicht sofort weg, aber zumindest muss ich sie nicht mehr sehen. Manchmal ist es die Anstrengung, die nötig wäre, um ein Verhalten zu ändern, einfach nicht wert und man tut besser daran, den ärgerlichen Aspekt des Problems zu vermeiden, wenn möglich. In dem Fall änderte ich mein eigenes Verhalten, anstatt zu versuchen, das anderer Leute zu ändern. Ich weiß, dass das nicht sehr inspirierend ist, aber so ist das echte Leben. Immerhin spart mir meine Strategie viel Zeit und Energie, die ich anderswo einsetzen kann. Ich werde später noch einmal auf meine traurige Wäschesaga zurückkommen, wenn ich über Erfolg in einem allgemeineren Sinn spreche.

Für viele Menschen bedeutet das Verhalten des Partners die größte Sorgenquelle. Deshalb sollten Sie sich vielleicht darüber Gedanken machen, wie Sie das Verhalten Ihres Partners verstärken können. Dies betrifft viele Dinge, wie das Geschirr abwaschen, das Auto volltanken, im Rahmen des Haushaltsbudgets bleiben, anstatt zu viel Kleidung oder Sportausrüstung zu kaufen und viele andere Verhalten, die Sie gerne hätten. Welche Verstärkung am besten wirkt, hängt ganz von der Person ab: Das könnte eine Massage sein, die Gelegenheit, beim Filmschauen am Lieblingsplatz zu sitzen, Zeit für sich alleine, während Sie mit dem Hund gehen oder mit den Kindern in den Park gehen oder auch die Lieblingsnachspeise. Wichtig ist nur, dass die Person, die Sie beeinflussen möchten, das erwünschte Verhalten unter höherer Wahrscheinlichkeit wieder ausführt, und zwar aufgrund der Konsequenzen, die Sie in Reaktion auf das Verhalten bieten.

Falls Sie gerade in der Stimmung für so etwas sind – hier ist noch ein etwas ekliges Beispiel für den Einsatz von Verstärkern. Es geht dabei um Hundekot und das Problem, dass Menschen diesen nicht wegräumen. Vor mehr als zwanzig Jahren war ich Teil einer Hundetrainingskonferenz, an der Hunderte von Menschen mit ihren Hunden teilnahmen. Wir verbrachten den ganzen Tag damit, positive Trainingstechniken einzuüben, da diese damals noch ewas völlig Neues für viele Leute waren. Es gab eine ganze Anzahl von sogenannten „Crossover-Trainern“, womit Menschen gemeint waren, die zuvor mit aversiven Methoden trainiert hatten, aber nun auf menschlichere und positivere Methoden umgestiegen waren. Während der Übungseinheiten besprachen die Vortragenden mit fröhlicher Miene positive Verstärkung, während das Publikum ihre Worte förmlich aufsog und so begeistert war, dass es fast in „Hallelujah! Lobet das positive Training!“-Rufe ausgebrochen wäre. Ironischerweise gab es zwischen den Übungseinheiten strenge Durchsagen in einem ganz anderen Tonfall. Das Problem war die große Menge an Hundekot in der Umgebung des Hotels und der Konferenzräume. Die Organisatoren der Konferenz hatten große Sorge, dass sie in Zukunft dort keine Konferenzen mehr abhalten dürfen würden. Die Teilnehmer mussten ihr Verhalten ändern und die Hinterlassenschaften ihrer Hunde wegräumen. Aufgrund der Thematik der Konferenz würde man denken, dass dazu positive Taktiken eingesetzt wurden, aber paradoxerweise war das nicht der Fall.

Die Organisatoren standen auf und schrien die Teilnehmer an – sie sagten uns, dass wir hohe Strafgebühren zahlen müssten, wenn wir die Hinterlassenschaften unserer Hunde nicht wegräumen würden. Uns wurde außerdem gesagt, dass versteckte Kameras uns aufzeichnen würden und dass alle, die dabei erwischt würden, wie sie den Kot ihres Hundes liegenließen, öffentlich anhand einer Namenslesung und Veröffentlichung der betreffenden Videosequenz bloßgestellt würden. Pause um Pause wurde uns während der Konferenz mit öffentlicher Erniedrigung gedroht. Ich war schockiert, dass Strafe ausgerechnet bei dieser Konferenz die Strategie der Wahl war, um Verhalten zu modifizieren. Und es war erstaunlich, wie viel Arbeit die Organisatoren bereitwillig in die Überwachung und Bestrafung der Konferenzteilnehmer investierten!

Mir scheint, dass es so viel besser gewesen wäre, Leute zu verstärken, die beim richtigen Verhalten – also dem Wegräumen ihres Hundekots – „erwischt" wurden. Sie hätten vielleicht einen Geschenkkorb mit Hundesachen erhalten können? Oder in einer Dia-Schau als vorbildliche Bürger herausgestellt werden? Einen Gutschein für gratis Getränke oder Essen erhalten können? Eine weitere Option wäre gewesen, das bereits bestehende Kotproblem zu lösen, indem man den Kot wertvoll gemacht hätte. Man hätte einen Wettbewerb sponsern können, um zu sehen, wer den meisten Kot nach Gewicht einsammeln kann. Wenn Kot wertvoll wäre, würden Leute ihn aufsammeln. Für den Gewinner vielleicht eine gratis Konferenzanmeldung für das nächste Jahr oder eine Gratisauswahl der meistverkaufen Hundebücher des Jahres? Die positiven Optionen hätten so gut funktioniert und trotzdem führte die Abkehr von aversivem, strafenden Hundetraining nicht zu einem ähnlichen Gesinnungswechsel in Bezug auf das Ändern menschlichen Verhaltens – nicht einmal bei denjenigen, die diese neuen, besseren Methoden unterrichteten. Es war so schade.

Ich habe schon viele Klienten gehabt, die das Wegräumen von Hundekot im Garten zu einer Aufgabe für ihre Kinder gemacht haben. Ich schlage immer vor, den Kot wertvoll zu machen, um die Wahrscheinlichkeit des Wegräumverhaltens zu erhöhen. Um ehrlich zu sein, machen das nicht allzu viele Leute, vielleicht weil das Abwiegen von Kot oder das Zählen von Hundekottüten zu ekelhaft ist. Aber der kleine Prozentsatz der Menschen, die sich dafür entscheiden, hat extrem saubere Gärten sowie Kinder, die gerne Kot aufsammeln, weil er einen Wert hat. Das heißt, die Kinder werden für ihre Anstrengungen verstärkt – sei es, indem sie sich einen Film aussuchen dürfen, an einem Abend besonders lang aufbleiben dürfen oder indem sie zusätzliches Datenvolumen für ihr Smartphone erhalten. Ich finde es verrückt, von Leuten zu verlangen, dass sie Kot aufsammeln sollen, nur weil das so gewollt ist – und dann auch noch eine gute Kooperation zu erwarten. Ich hasse diese Arbeit und alle anderen hassen sie genauso. Um das klar zu stellen, ich bin nicht dafür, diese Aufgabe nur an die Kinder zu delegieren. Ich empfehle immer, dass Familienmitglieder diese Arbeit unter sich aufteilen, weil sie so besonders unbeliebt ist. Viele Familien nehmen diesen Rat an – aber normalerweise nicht diejenigen, die den Kot „aufwerten“. Warum nicht? Weil ihre Kinder oft die Gelegenheit zu einer Verstärkung nicht verlieren wollen. Wenn es für sie einen Wert hat, den Kot aufzusammeln, wollen sie es immer machen.

Natürlich ist das nur der Fall, wenn der Verstärker auch den entsprechenden Wert hat. Ein paar Sticker oder eine Handvoll M&Ms wären wahrscheinlich für die wenigsten Kinder genügend Motivation, um Kot aufzusammeln.

Freunde von mir hatten ein Problem mit ihrem jüngsten Sohn, als dieser zirka sechs war – und dieses Problem verlangte nach einer Lösung, die dem Leitsatz „Mache Kot wertvoll und die Leute werden ihn aufsammeln" folgte. Übrigens ist auch diese Geschichte ekelhaft, aber nachdem Sie es durch den Kot-Abschnitt geschafft haben, sind Sie wahrscheinlich abgehärtet. (Hmm, vielleicht hätte ich die folgende Warnung früher bringen sollen? Warnung: Manche Themen dieses Buches sind widerlich. Ich hoffe, Sie verzeihen mir die Verwendung solch ekelhafter Details, da sie einem übergeordneten Zweck dienen – oder zumindest versuche ich, mir das selbst einzureden.) Ihr Sohn war ein notorischer Nasenbohrer, was an sich schon ekelerregend genug wäre, aber das Schlimmste daran war, dass er seinen Popel an die Wände schmierte. Kinderlose denken sich jetzt vielleicht: „Pfui, was für ein Kind macht so etwas?" Und ich nehme an, viele Mit-Eltern denken sich: „Natürlich hat er das gemacht!" Meine Freunde waren offensichtlich angewidert und wollten sein Verhalten ändern. Ich schlug ihnen vor, den Rotz wertvoll zu machen. In anderen Worten, er sollte seinen Rotz in einTaschentuch geben, dieses in einen nur zu diesem Zweck bestimmten Sammelbehälter werfen und eine Belohnung erhalten, wenn der Behälter voll war. Natürlich ändert dies nichts am eigentlichen Nasenbohren, welches ebenfalls ein unerwünschtes Verhalten war. Meine Freunde waren jedoch überhaupt nicht davon überzeugt, dass sie in der Lage wären, dieses Verhalten zu unterbinden (zumindest zu dem damaligen Zeitpunkt), weshalb es ihnen genügte, zu kontrollieren, was mit dem Ergebnis passierte. Der Erfolg des Plans bedeutete, dass kein Rotz mehr an ihren Wänden klebte und das war schon ein Sieg. Die Lösung mag Ihnen nicht attraktiv erscheinen, aber vielleicht können Sie ihren Reiz erkennen, wenn sie dazu beiträgt, die Wände vor dem Rotz aus der Nase Ihres Erstklässlers zu schützen.

Kapitel 9
Weitere Grundsätze und Ideen aus dem Hundetraining

Zusätzliche Leitgedanken meiner Philosophie

Ich bin Hundetrainerin im Herzen, ob ich nun gerade mit Hunden arbeite oder nicht. Meine immer gegenwärtige Hundetrainer-Brille hilft mir dabei, mit komplexen Sachverhalten und Problemen umzugehen, indem ich Grundsätze und Ideen aus meiner professionellen Weltsicht sowohl auf ernste Probleme als auch auf banale Alltagsaufgaben anwende. Aufgrund meines Wissens aus dem Hundetraining kennt mein Hirn Wege, um viele Situationen zu meistern, die ansonsten belastender und ärgerlicher wären. Ich konnte schon mit vielen Situationen gut umgehen (und sogar Kompetenz beweisen, trotz gelegentlichen Mangels an Erfahrung), weil ich direkt bekannte Techniken und Ideen aus dem Hundetraining angewandt habe.

Wer auf Prävention und Situationskontrolle setzt, ist kein Drückeberger!

Immer wieder und manchmal sogar täglich höre ich Klienten sagen: „Jedes Mal, wenn ich auf die Hundewiese gehe, beißt mein Hund einen anderen Hund“, oder „Mein Hund dreht durch, wenn Gäste an der Tür sind.“ Dies sind beides häufige Verhaltensprobleme, die durch harte Arbeit und konsequente Bemühungen stark verbessert werden können. Eine grundlegende Strategie dabei ist, zumindest einen Teil dieser Anstrengungen in Prävention zu stecken – den Hund also einfach nicht Situationen auszusetzen, mit denen er nicht umgehen kann. Das ist doch nachvollziehbar?

Es hat keinerlei Vorteile, wenn Sie Ihren Hund einer Situation aussetzen, in der Sie wissen, dass er scheitern wird. Es ist weder nett noch hilfreich, weshalb ich Hunden so etwas nicht antue. Ich selbst wäre nicht gern zum Scheitern verurteilt, weshalb ich zum Beispiel als mittelmäßige Skifahrerin niemals versuchen würde, eine schwarze Piste zu herunterfahren. Unter den Umständen würde ich nur körperlichen und psychischen Schaden erleiden. Aus dem gleichen Grund habe ich meine Kinder im Kleinkindalter nie alleine zuhause gelassen und ich würde niemals einen englischen Muttersprachler dazu ermutigen, Deutsch auf Universitätsniveau zu studieren, wenn sein derzeitiges Vokabular auf „Gesundheit" und „Kindergarten" beschränkt ist. Ich habe nichts dagegen, wenn man sich selbst oder andere anspornt und eine Herausforderung – selbst eine wirklich schwierige – ist nicht unbedingt etwas Schlechtes. Aber es tut niemandem gut, sich in einer Situation zu befinden, in der das Scheitern so gut wie garantiert ist.

Es ist eine gute Idee, Probleme zu vermeiden, indem wir Situationen verhindern, die unter Garantie zu Problemen führen, und in vielen Fällen verhalten die Menschen sich auch entsprechend. Allerdings habe ich gelernt, dass in der Hundewelt eine Voreingenommenheit dazu herrscht, was passieren „sollte" – und das führt dazu, dass die Leute aufhören, ihren gesunden Menschenverstand (den gar nicht so viele Menschen besitzen) einzusetzen. Sie meinen, dass der Hund Gäste höflich begrüßen „sollte" oder nett mit allen anderen Hunden auf der Wiese spielen „sollte". Diese Erwartungen führen zu einer Wahrnehmungsverzerrung, die den Hund schlussendlich daran hindert, sich gut zu benehmen – die Erwartungen stehen einer Prävention und Situationskontrolle im Weg. Was wirklich schade ist, da es ein nützlicher Teil des Plans zur Verbesserung des Hundeverhaltens wäre, den Hund von Situationen fernzuhalten, die ganz sicher zu unerwünschtem Verhalten führen werden. Ein bisschen Prävention und Situationskontrolle tragen sehr viel zum schlussendlichen Erfolg bei, weshalb Hundetrainer diese Werkzeuge ungeniert und ständig einsetzen. Es kann eine Erleichterung sein, diese grundlegenden Techniken anzuwenden und es muss keine große Anstrengung bedeuten – allein die Bereitschaft, Vorkehrungen zu treffen, um Probleme im Vorfeld zu vermeiden.

Das Schwierigste daran ist oft, zu akzeptieren, dass das Vermeiden von Problemen produktiv sein kann und nicht bedeutet, dass man sich drückt. Es ist eine großartige Idee, den Hund in einem Hinterzimmer oder in seiner Hundebox zu halten, wenn Besuch kommt, um das mögliche Chaos zu vermeiden. Viele Hunde beruhigen sich nach dem ersten Hereinkommen und können dann aus ihrer Gefangenschaft entlassen werden, um Zeit mit der Gesellschaft zu verbringen. Für andere Hunde wäre es vielleicht besser, völlig fernzubleiben – mit einem eingefrorenen Kong oder einem anderen sicheren Futterspielzeug zur Beschäftigung natürlich. Wenn Hunde auf der Hundewiese aggressiv sind, können lange Spaziergänge oder Apportierspiele an anderen Orten ein großartiger Ersatz sein. Es gibt zusätzliche nützliche Techniken, um das Problem direkt anzugehen, aber ein Teil der Lösung sind immer Prävention und Situationskontrolle, da sie den Hund davon abhalten, ein ungewolltes Verhalten auszuführen und zu verstärken. Sie können helfen, die problematischen Gewohnheiten abzulegen und viele Hunde sind genauso erleichtert, sich nicht mehr in dieser Situation zu befinden, wie ihre Besitzer erleichtert sind, nicht mehr mit dem Hund in dieser Situation umgehen zu müssen. In der Zwischenzeit kann man Verhaltensmodifikation einsetzen, damit der Hund lernt, mit einer größeren Bandbreite an Situationen zurechtzukommen.

Auch Menschen in nicht-hundebezogenen Situationen verpassen aus demselben Grund – dass die Dinge so und so sein „sollten" – oft die Gelegenheit, Probleme anhand von Prävention und Situationskontrolle zu vermeiden. Ich habe eine Freundin, die sich immer sehr aufregt, wenn jemand in ihrer Familie ein Papiertaschentuch in einer Tasche vergisst, da dieses in der Waschmaschine zerfällt und sich über die gesamte Wäsche verteilt. In meinem Haushalt stören mich in der Tasche vergessene Taschentücher überhaupt nicht, obwohl im Winter immer mindestens einmal pro Woche ein Taschentuch in der Wäsche auftaucht und ich während der Pollensaison im

Frühjahr oft nach jeder Wäsche ein Taschentuch finde. Wenn Sie nun denken, dass ich einfach total entspannt und locker bin und mich das alles deshalb nicht stört, dann danke ich Ihnen für das Kompliment. Ich kann Ihnen aber versichern, dass es fehlgeleitet ist. Meine Lösung zu dem Problem lautet Prävention, weshalb ich nur Taschentücher kaufe, die in der Waschmaschine oder im Trockner nicht zerfallen. Wenn Taschentücher also bei mir eine Wäsche mitmachen, werfe ich sie einfach direkt aus dem Trockner in einem Stück weg. Ich habe den Tipp meiner Freundin mitgeteilt, konnte sie aber nicht bekehren. Sie meint, ihre Familie „sollte" daran denken, Taschentücher aus Taschen zu entfernen und versucht weiterhin, dies durchzusetzen. Ich könnte meine Familie – einschließlich mir – wahrscheinlich unter dem Einsatz verschiedener Techniken dazu bringen, verlässlich alle Tücher aus den Taschen zu entfernen. Ich könnte auch jede einzelne Tasche in jedem einzelnen Kleidungsstück gewissenhaft vor jeder Wäsche kontrollieren, aber ich habe mich dazu entschieden, die Situation zu kontrollieren, weil ich wichtigere Verhaltensweisen zu beeinflussen habe. Auf diese Weise habe ich Zeit, mich um Verhaltensweisen zu kümmern, die mir wichtiger sind, weil ich nicht Zeit und emotionale Energie darauf verschwende, zerfledderte Taschentücher aus diversen Kleidungsstücken zu ziehen und mich gleichzeitig zu ärgern.

Prävention ist nicht dasselbe, wie sich zu drücken, und dasselbe gilt für Situationskontrolle. Beide sind einfach Strategien, um Probleme zu vermeiden – ob nun als zeitweilige Lösung, die Teil einer kompletten Behandlungsstrategie ist oder als Dauerlösung, um ein Problem schnell und einfach in den Griff zu bekommen. In vielen Fällen helfe ich Hunden, Selbstkontrolle in für sie bisher unkontrollierbaren Situation zu erlernen (wie zum Beispiel Besucher an der Tür zu begrüßen), indem ich allmählich auf den Erfolg hinarbeite. Der Hund könnte sich beispielsweise anfangs in einem anderen Raum befinden, wenn Gäste hereinkommen und erst am Spaß teilhaben dürfen, wenn die Besucher bereits sitzen und die Erinnerung an die Türglocke (so aufregend!) verblasst ist. In der Frühphase der Problembehandlung würde der Hund an der Leine hereingeführt und müsste eine Zeit lang auf Abstand sitzen bleiben, bevor er zu seinem privaten Zufluchtsort zurückkehrt. Dies hilft einem Hund, sich in der Anwesenheit von Gästen ruhig zu benehmen, ohne ihnen zu nahe zu kommen. Mit der Zeit könnte man die Distanz zwischen Hund und Besuchern verringern, ebenso wie die Zeit, die vergehen muss, bis er sie begrüßen darf. Nach sehr viel Übung und vielen Besuchen könnte der Hund die Gäste dann begrüßen, während sie noch stehen, wobei sie sich aber bereits in einiger Entfernung von der Haustür befänden. Gleichzeitig würden wir daran arbeiten, ihn von der Leine zu lassen. Später könnte er die Besucher an der Tür begrüßen, aber erst nach deren Eintreten, und der letzte Schritt wäre, sie direkt beim Hereinkommen zu begrüßen.

Dieser Hund wäre bei jedem Schritt auf dem Weg in der Lage, erfolgreich zu sein, weil nichts von ihm verlangt würde, das viel zu schwierig ist und alles übersteigt, was er bisher gelernt hat. Der Anfang besteht darin, die Situation zu kontrollieren, indem er beim Eintreten der Gäste weggesperrt wird. So kann ein sicheres Scheitern vermieden werden. Ich möchte einen Hund nicht Situationen aussetzen, mit denen er nicht umgehen kann – aber womit er umgehen kann, ist nicht festgeschrieben. Für viele Familien führt dieser allmähliche Prozess zu Begrüßungen, die für alle Beteiligten ruhig und erfreulich ablaufen und zu einem Hund, der gerne mit Gästen interagieren darf. Für andere Familien könnte es eine dauerhafte Lösung sein, den Hund zum Schutz und Komfort aller weggesperrt zu lassen, wenn Besuch kommt. Es hängt sehr viel vom Hund und von den Eigenschaften der Besucher ab. Wie problematisch ist sein unerwünschtes Verhalten gegenüber Gästen? (Ist er ein wenig aufgeregt oder ziemlich aggressiv?) Wer sind die Gäste? (Handelt es sich um Hundeliebhaber, Kinder, gebrechliche ältere Menschen oder eine wichtige Geschäftsverbindung?) Wie oft empfangen Sie Besuch? (Mehrmals täglich oder ein paar Mal pro Monat?)

Ich möchte gerne wiederholen, dass es keine Drückeberger-Haltung ist, wenn Sie Situationskontrolle und Prävention entweder dauerhaft oder als Teil einer Strategie für eine langfristige Verhaltensänderung einsetzen. Es ist eine nützliche Art, um Verhalten zum Besseren zu verändern. Reißfeste Taschentücher können auch eine gute Zwischenlösung sein, wenn man langfristig darauf hinarbeiten möchte, Taschentücher aus der Wäsche fernzuhalten (indem alle darauf trainiert werden, ihre Taschen durchzugehen, bevor sie Kleidung in die Wäsche werfen und indem dieses Verhalten bei Erfolg verstärkt wird). Auf diese Weise wird ein Versagen zu einem kleinen Missgeschick im Alltag und nicht zu einem extrem ärgerlichen Rückfall, der sowohl die Laune als auch die Wäsche verdirbt.

Prävention kann sowohl bei Hunden als auch Menschen einfach bedeuten, Versuchungen zu vermeiden. Warum machen Sie es sich nicht leicht und lagern einfach keine Lebensmittel auf den Arbeitsflächen, wenn Ihr Hund diese für ein Buffet hält? Hunde sind Opportunisten und es ist unrealistisch zu glauben, dass die meisten Hunde kein Essen stehlen würden, das so leicht zu erreichen ist. Ein Mülleimer in einem Schrank unter der Spüle oder mit einem schwer zu öffnenden Deckel ist eine vernünftige Art, um Prävention zu Ihrem Vorteil einzusetzen. Ich halte meine eigenen „opportunistischen Tendenzen" mit Prävention im Zaum. Ich halte mich selbst davon ab, Eis zu verschlingen, indem ich Eis mit Minz-Schokostückchen kaufe – eine Geschmacksrichtung, die ich nicht mag, aber die der Rest meiner Familie gerne isst. Es ist keine schlechte Strategie, eine Party auszulassen, wenn man dem Alkohol nicht widerstehen kann oder wenn man es nicht schafft, nicht mit dem Ex zu streiten. Prävention kann Sie vor allen möglichen Problemen schützen, weshalb es klug ist, die Nützlichkeit dieser Strategie in Betracht zu ziehen, wenn Sie ein wie auch immer geartetes Problem vermeiden möchten. Bezüglich einer weniger wichtigen Angelegenheit: Halten Sie Ihre Küchenschubladen während des Kochens oder Backens geschlossen, um einen schlimmen Schlamassel zu vermeiden. Eine ganze Besteckschublade voller Mehl oder völlig mit Öl bespritzte Geschirrtücher stellen eine riesen Putzherausforderung dar, während es viel einfacher ist, genau den gleichen Dreck vom Boden oder von den Arbeitsflächen zu entfernen.

Bewegung wirkt sich auf unterschiedliche Weise auf Verhalten aus

Mein Lieblingssalatbesteck aus Holz ist mit den Zahnabdrücken meines Hundes Bugsy dekoriert. Dies sind die einzigen meiner Sachen, die er jemals beschädigt hat. Sicher, es gab einige grundlose Attacken auf unschuldige Quitschspielzeuge und er schlachtete gelegentlich eines seiner Stofftiere, aber er war von Natur aus kein zerstörerischer Kauer. Sie werden das vielleicht nur schwer glauben können, aber als ich eines Tages von der Arbeit heimkam und ihn dabei erwischte, wie er diese besonderen Souvenire aus Costa Rica genoss, empfand ich nur Mitgefühl für ihn. Ich verstand, warum er nicht ganz er selbst war. Es war Jagdsaison.

Unser Bewegungsradius war während der zehn Tage stark begrenzt, in denen Jäger die Umgebung durchstreiften. Da wir eine starke Abneigung dagegen hegten, versehentlich für ein Reh gehalten und erschossen zu werden, gingen wir auf unseren Spaziergängen nur an der Leine die Straße entlang und machten nicht wie sonst lange Waldspaziergänge ohne Leine im Umkreis unserer 150-Morgen großen Farm. Das war ganz offensichtlich nicht genügend Bewegung für Bugsy, der kompensierte, indem er die Holz-„Stöckchen" zerkaute, die praktischerweise herumlagen. Jedes Mal, wenn ich diese Salatgarnitur verwende, denke ich daran, dass Bewegung wichtig ist, wenn wir gutes Verhalten wollen. Und das gilt selbst für gut erzogene Hunde.

Der alte Spruch „Ein müder Hund ist ein guter Hund" drückt die Bedeutung körperlicher Aktivität aus – auch wenn das vorbildliche Verhalten, das Hunde zeigen, die ausreichend Bewegung bekommen, vielleicht mehr mit chemischen Stoffen – konkret mit dem Läuferhoch – zu tun hat als mit Müdigkeit. Das Läuferhoch wird von Botenstoffen namens Endocannabinoide verursacht, die das Lustzentrum unseres Gehirns stimulieren. Endocannabinoide mildern Schmerzen und Angst und erzeugen ein Wohlgefühl. Natürlich sind Verhalten und Physiologie sowie deren Verknüpfungen nie völlig unkompliziert. Es gibt Hinweise, dass Cannabinoide in niedriger Dosis zu Hyperaktivität führen können, obwohl sie in höheren Dosen beruhigend wirken.

Was bedeutet das also für unsere Hunde? Die ideale Menge an Bewegung variiert von Hund zu Hund. Alter, Rasse und individuelle Unterschiede spielen eine Rolle dabei, wieviel Bewegung nötig ist, um den Heiligenschein unseres Hundes intakt zu halten und ihm verhaltenstechnisch keine Hörner wachsen zu lassen. Für manche Hunde sind kleine Mengen an Bewegung ideal. Für andere hat dieselbe Menge an Bewegung – vielleicht ein gemütlicher, zwanzigminütiger Spaziergang an der Leine – den gegenteiligen Effekt. Sie werden dadurch energetisiert, was im Extremfall zu Hyperaktivität führen kann. (Das ist ein bisschen entmutigend für diejenigen unter uns, die es sich zum Ziel gesetzt haben, Hunde selten bis niemals „hochzudrehen".)

Wie wirkt sich diese „Sportchemie" auf Menschen aus? Ein flotter Spaziergang während der Mittagspause könnte Sie vor Ihrem Arbeitsnachmittag energetisieren, und das ist vielleicht wünschenswert. Oder er könnte dazu führen, dass Sie bis zum Feierabend nicht mehr stillsitzen können, was vielleicht nicht wünschenswert wäre. Vielleicht wäre Laufen für Sie während des Arbeitstags eine bessere Option, aber andererseits wollen Sie sich auf der Arbeit vielleicht nicht zu behaglich, friedvoll und glückselig fühlen. Wenn Sie für Ihre Arbeit konfrontationsfreudig, provokant und voller Energie oder wohlgezieltem Ärger sein müssen, könnten zu viele Endocannabinoide Ihr Ende sein. Es hängt ganz davon ab, als was Sie arbeiten und welcher Geisteszustand nötig ist, damit Sie bestmöglich funktionieren können.

Es hat auf viele Hunde eine große Auswirkung, wenn sie in vollem Tempo rennen dürfen, anstatt in einem langsameren Tempo zu gehen. Viele Hunde beruhigen sich, wenn sie die Gelegenheit bekommen, sich einmal wirklich auszupowern und schnell zu rennen, anstatt auf Leinenspaziergängen dahinzuschleichen oder in menschlichem Tempo zu laufen. Und dabei kommt es nicht darauf an, wie lange die Spaziergänge ausfallen. Das ist einer der Gründe, warum ich sehr dafür bin, Hunden sichere Gelegenheiten zum Rennen ohne Leine zu bieten. Es ist auch der Grund, warum ich meine Kinder manchmal ein paar Runden um den Häuserblock rennen ließ, mit Pausen zwischen jeder Runde. Nach einer derartigen Anstrengung befanden sie sich immer in einer besseren psychischen Verfassung und waren nicht so aufgedreht, wie das wahrscheinlich der Fall gewesen wäre, wenn wir auf den Spielplatz gegangen wären und sie dort auf den Geräten gespielt hätten.

Das Wissen, dass unterschiedliche Hunde unterschiedliche Mengen an Bewegung sowie verschiedene Bewegungsarten und -intensitäten benötigen, half mir, meine eigene Reaktion auf unterschiedliche Sporterfahrungen besser zu verstehen. Obwohl mein Mann in jeder Distanz Rennen gelaufen ist – von der kürzesten Sprintdistanz von 55 Metern bis hin zu einem Marathon (42 Kilometer) – bevorzugt er Sprints. Das bedeutet, dass er seinen Sport machen muss, indem er in voller oder fast voller Geschwindigkeit rennt und zwischen jedem Geschwindigkeitsausbruch sehr viele

Pausen macht. Ich bin definitiv eine Distanzläuferin, da ich 15-km-Laufwettbewerbe oder Halbmarathons am liebsten habe. Ich habe auch die eine Marathonteilnahme sehr genossen, für die ich trainiert habe. Ich habe meinen Mann früher immer geneckt, wenn ich ihn mit seiner Sprint-Gruppe auf der Laufbahn sah. Die Sprinter rennen 10-15 Sekunden lang und ruhen sich dann mehrere Minuten lang aus. Für mich sah es so aus, als ob sie fast nichts machen würden, während ich während der sechzig bis neunzig Minuten Übungszeit Runde um Runde auf der Laufbahn drehte, ohne ein einziges Mal stehenzubleiben. Ich änderte meine Meinung, nachdem ich einmal mit seiner Gruppe gemeinsam trainiert hatte.

Es war trotz Pausen ermüdend, so schnell zu rennen. Ich hatte noch keine vierzig Minuten trainiert, als ich begann, mir Sorgen zu machen, dass ich mir eine Blöße geben und erbrechen würde. Es war anstrengend, aber ich schaffte es ohne Erbrechen nach Hause (stolz!). Allerdings hatte ich das Bedürfnis, mich eine gute Stunde lang auf dem Sofa auszuruhen, bevor ich wieder etwas Anstrengendes machen konnte, wie duschen oder mir eine Suppendose zum Essen aufwärmen. Ich hatte das zwar nicht vorhergesehen, aber meine Müdigkeit nach dem schnellen Rennen – obwohl wir nur in kurzen Intervallen trainiert hatten – machte in Anbetracht der hündischen Reaktion auf Fullspeed-Laufen Sinn. Obwohl das Sprinttraining mich auf eine gute Art müde gemacht hatte, wäre es zu viel geworden, wenn ich an dem Tag noch sehr viel länger gelaufen wäre. Ich sehe das auch manchmal bei Hunden, weil es sie reizbar machen kann, wenn sie zu *müde* sind.

Frustration hat einen enormen Wert

Es gab viele Überraschungen, als ich begann, in Vollzeit mit Hunden zu arbeiten, die ernsthafte Aggressionsprobleme haben. Ich hatte keine Ahnung, wie emotional kraftraubend einerseits und außergewöhnlich erfüllend andererseits mein Beruf werden würde. Ich hatte nicht gewusst, dass viele Menschen nachts aufstehen, um auf die Toilette zu gehen und nicht wieder in ihr Zimmer können, weil der Hund sie nicht lässt. Ich hatte nicht damit gerechnet, zu wie vielen Hunden ich eine tiefe Zuneigung entwickeln würde, obwohl sie nicht einmal mir gehörten. Und es war mir nicht bewusst, wie viele Hunde nicht in der Lage sind, mit ihren Frustrationen umzugehen und was für ernsthafte Aggressionsprobleme daraus entstehen können.

Es hat sich herausgestellt, dass Frustration ein Hauptfaktor für die Entstehung von Aggression ist. Wenn Sie sich an Zeiten erinnern, in denen Sie selbst wirklich frustriert waren, dann erkennen Sie wahrscheinlich, dass Sie damals nicht die beste Version Ihrer selbst waren. Vielleicht wollte Ihr Computer nicht hochfahren oder Sie hatten sich verfahren, weil jemand Ihnen eine schlechte Wegbeschreibung gegeben hatte; der Fahrer vor Ihnen schlich mit 20 km/h unter der Geschwindigkeitsgrenze auf einer einspurigen Straße dahin; eine DVD aus dem Verleih war so zerkratzt, dass sie ständig hängen blieb und Sie das Ende des Films nicht sehen konnten; Sie versuchten, eine Batteriepackung zu öffnen, die so gut verschweißt war, dass wahrscheinlich nicht einmal die Genies der NSA sie hätten öffnen können; Sie wollten ein Zelt aufzustellen, bei dem leider drei Zeltstangen fehlten, und das Ganze im Regen. Vielleicht ging Ihr Temperament mit Ihnen durch und Sie schmissen einen Gegenstand gegen die Wand oder brüllten jemanden an, der überhaupt nichts dafür konnte. Vielleicht traten Sie gegen etwas, mit dem Endergebnis, dass Ihre nun schmerzende Zehe das Elend nur noch vergrößerte.

Die meisten von uns können einigermaßen gut mit Frustration umgehen – zumindest meistens, und wir flippen selten aus. Wir schlagen niemanden und wir werfen keine Computer aus dem Fenster, auch wenn der Drang dies zu tun manchmal sehr stark ist. Allerdings gibt es einige wenige Leute, die wirklich durchdrehen. Frustration macht diese Menschen zu einer Gefahr für andere und für sich selbst. Aggressive Autofahrer sind ein Beispiel für Frustration, die zu Aggression führt. Auch viele Fälle von häuslicher Gewalt werden durch Frustrationsgefühle verschlimmert, besonders in wirtschaftlich schwierigen Zeiten. Ziemlich viele der aggressiven Hunde, mit denen ich gearbeitet habe, sind das hündische Pendant zu Menschen, die einfach nicht mit Frustration umgehen können. Ein hündischer Tobsuchtsanfall ist allerdings ein echtes Problem, wenn man bedenkt, über wie viel Kraft die Zähne und Kiefer verfügen. Das Schlimmste ist, dass Hunde, die aus Frustration zubeißen, mit besonders hoher Wahrscheinlichkeit fest zubeißen, weil sie jegliche Hemmung und Kontrolle verloren haben. Ein Hundebiss ist nie akzeptabel, aber ein sanfter, gehemmter Biss, der kaum oder gar nicht weh tut, keine blauen Flecken hinterlässt und die Haut nicht ritzt, ist wirklich etwas völlig anderes als ein Beißvorfall mit mehreren Bissen in schneller Abfolge, bei denen der Hund seine kräftigen Zähne und Kiefer mit voller Gewalt einsetzt. Letzteres kann zu Stichwunden, Operationen, Knochenbrüchen, Wiederherstellungschirurgie, Gerichtsverfahren und allen möglichen anderen alptraumhaften Situationen führen, die in Wirklichkeit nicht die typischen Folgen der allermeisten Hundebisse sind.

Hunde, die aus Frustration heraus aggressiv agieren, neigen oft zu Tobsuchtsanfällen, wenn sie nicht bekommen, was sie wollen. Sie haben im Allgemeinen eine schlechte Impulskontrolle, keine Selbstkontrolle und wenig Geduld. Manchmal wird die Aggression auf einen unschuldigen Beobachter umgeleitet, wenn der Hund etwas sieht, das er aufgrund einer Leine, eines Zauns oder eines Fensters nicht erreichen kann. Aggression ist häufig die Folge, wenn solche Hunde etwas sehen, das sie wollen, aber nicht haben können, sei es ein Knochen, ein Spielzeug oder ein Spielkamerad.

Hunde müssen lernen, mit Frustration umzugehen und viele beginnen das schon als Welpen zu lernen, da die Wurfgeschwister in den gemeinsam verbrachten Wochen eine ständige Quelle der Frustration sind. Einzelwelpen machen diese Erfahrung oft nicht, was der Grund sein könnte, warum Trainer und Verhaltensexperten regelmäßig aggressive Einzelwelpen sehen. (Ich schränke hier durch den Ausdruck „könnte" ein, da es zu wenige wissenschaftliche Studien zu dem Thema gibt. Jedoch deuten sowohl Beobachtungen als auch der Hausverstand darauf hin, dass eine mangelnde Frustrationstoleranz der Grund für die ernsthaften Verhaltensprobleme ist, die Einzelwelpen so häufig zeigen.) Einzelwelpen bekommen die volle Aufmerksamkeit der Mutter, sie werden beim Säugen nie von der Zitze weggedrängt und niemand unterbricht jemals ihr Spiel, indem er den Spielgefährten stiehlt. Das Ergebnis? Oft ist das ein Hund, der niemals Frustration erleben musste und deshalb niemals gelernt hat, damit umzugehen. Dies kann zu einem Hund führen, der einen Wutausbruch aufgrund von Dingen bekommt, die bei einem typischen Hund nur eine milde Irritation und keinerlei Verhaltensreaktion hervorrufen würden.

Auch für Kinder kann das Leben ziemlich frustrierend sein. Sie finden oft nicht, was sie brauchen oder wollen, oder etwas in der Schule verwirrt sie, weil sie beispielsweise nicht wissen, was sie mit einer unfertigen Hausaufgabe machen sollen oder sie können auf dem Spielplatz nicht ihr Lieblingsgerät benützen, weil schon jemand anderes dort ist. Sie müssen immer in der Schlange warten, warten, bis sie dran sind oder zusehen, wie jemand anderer den Kinderzug anführen oder eine Botschaft ins Büro bringen darf. Sie schaffen es vielleicht nicht, ein Ei zu pellen, eine Orange zu schälen oder eine Tüte Salzstangen zu öffnen. Vielleicht lässt sich der Knopf an einer neuen Hose schwer öffnen oder die Schnürsenkel bei einem Paar Fußballschuhe gehen ständig auf. Jede einzelne dieser Frustrationen ist schlimm, aber gemeinsam bieten sie in ihrer Erfahrung eine wichtige Chance für die Entwicklung.

Wenn Kinder die Gelegenheit erhalten, Frustrationen zu erleben und mit ihnen umzugehen, ist es weniger wahrscheinlich, dass sie später als Erwachsene aus Frustration ihre Beherrschung verlieren werden. Die so entwickelte Selbstkontrolle spielt eine wichtige Rolle, um zu vernünftigen Menschen heranzuwachsen, die nicht gleich auseinanderfallen, wenn die Dinge einmal nicht nach Wunsch verlaufen. Obwohl viele Leute sich darüber lustig machten, fand ich es großartig, dass Prinzessin Diana ihre Kinder bei McDonald's in der Schlange warten ließ, anstatt die „königliche Behandlung" zu akzeptieren und die Schlange überspringen zu dürfen. Denn das hätte ihre Kinder einer – wenn auch kleinen – Gelegenheit beraubt, sich ein bisschen frustriert zu fühlen.

Manchmal, wenn etwas nicht gut für meine Kinder läuft, bin ich hin- und hergerissen. Einerseits fühle ich mit ihnen mit, aber andererseits denke ich: „Gut so. Ich bringe ihnen bei, mit Frustration umzugehen, und das ist wichtig." Es ist wichtig, sie Frustration spüren zu lassen und in solchen Situationen erleichtert es mein Gewissen, dass ich ihnen eine Gelegenheit verschaffe, zu lernen, wie man Frustration auf eine kontrollierte Weise verarbeitet. Das hilft meinem eigenen psychischen Wohlbefinden besonders dann, wenn ich glaube, dass ich teilweise Grund für die Frustration bin – weil ich zu lange brauche, um mich für den Park fertigzumachen oder weil ich sie gebeten hatte, mir etwas zu bringen, das außerhalb ihrer Reichweite ist. Meine Schuld wird von dem Wissen gemindert, dass ihre derzeitige Frustration auch Vorteile mit sich bringt.

Regeln und wann man sie brechen sollte

Einer meiner Lieblingssprüche in Bezug auf meine Arbeit lautet: „Gute Trainer kennen alle Regeln. Herausragende Trainer wissen, wann sie jede einzelne Regel brechen können." Ich liebe diesen Spruch, weil er so wahr ist. Es ist wichtig, die Grundsätze der Lerntheorie zu kennen, alles über Hundeverhalten zu wissen, und zu verstehen, wie Menschen ihre Stärken einsetzen können, um bestmöglich mit ihren eigenen Hunden umzugehen. Dafür gibt es eine Vielzahl an Regeln, aber es ist nicht immer im besten Interesse des Hundes, diese völlig gedanken- und kritiklos zu befolgen. Es ist wesentlich, die Begründungen und Logik hinter den Regeln zu verstehen, sodass Sie wissen, wann eine Regel nicht auf einen bestimmten Hund oder eine bestimmte Situation zutrifft oder wann andere Faktoren die Vorteile der Regelbefolgung überwiegen.

Die Entscheidung, Regeln zu brechen, kann hilfreich sein, wenn sie von einem erfahrenen Trainer getroffen wird, der unkonventionell denken kann. Manchmal läuft es darauf hinaus, die Vor- und Nachteile von Regel versus Regelbruch abzuwägen. Zum Beispiel erlaube ich meinen Hunden in der Regel nicht, Taschentücher zu fressen, auch wenn Hunde dies in der Regel sehr befriedigend finden. Trotzdem habe ich meinem Hund vor Jahren einmal erlaubt, Taschentücher zu fressen – die ich ihm sogar selbst gab. Ich brach eine Regel, aber ich stehe zu meiner Entscheidung. Lassen Sie mich erklären.

Nachdem wir aufs Land gezogen waren, war es eines meiner größten Trainingsziele, meinen Hund Bugsy von Rehen abrufen zu können, wenn wir mit ihm ohne Leine auf unserer Farm in Black Earth, Wisconsin, unterwegs waren. Um dieses ambitionierte Ziel zu erreichen, übte ich den Rückruf unter starken Ablenkungen, wie zum Beispiel in Anwesenheit anderer Hunde oder aufregender Fährten, denen er gerne folgen wollte. Ich übte auch, ihn zurückzurufen, wenn er bereits ein Reh erspäht hatte, aber noch nicht losgerannt war – oder wenn er bereits losgestartet war, aber noch keine große Geschwindigkeit erreicht hatte. Ich arbeitete mit unterschiedlichen Verstärkern an diesem Rückruf: mit Leckerchen, Spielzeugen, Kauknochen, Fangspielen und gefüllten Kongs.

An einem bestimmten Morgen war ich mit Bugsy zu einem Spaziergang aufgebrochen. Eine meiner Jackentaschen war mit Leckerlis und ein paar Kauknochen befüllt. Mein Plan war, ein paar Rückrufe zu üben, da ich bereits frische Rehspuren auf den Feldern entdeckt hatte. Ich war mir halbwegs sicher, dass er den Rückruf auch dann erfolgreich befolgen würde, wenn er bereits in vollem Tempo hinter einem Reh her war, und das auszuprobieren war der Trainingsplan für diesen Tag. Nach zirka zwei Sekunden im Freien merkte ich, dass es sehr viel kälter war, als ich gedacht hatte, weshalb ich mir eine wärmere Jacke anzog – und damit die ursprüngliche Jacke zusammen mit den ganzen Leckerchen in der Tasche wieder ins Haus schmiss. Ich ging also voller Trainingseifer los – aber leider ohne die hochqualitativen Verstärker, die notwendig waren, um mein Ziel zu erreichen. (Sehen Sie, so etwas passiert auch Profi-Trainern!)

In seliger Unkenntnis meines Fehlers stapfte ich fröhlich durch den Schnee und hielt Ausschau nach Rehen. Als wir in die Nähe des Waldrands kamen, erblickten Bugsy und ich die Herde. Er zögerte, bevor er lossprengte, was wahrscheinlich damit zusammenhing, dass er es gewöhnt war, zurückgerufen zu werden, bevor sich überhaupt eine Gelegenheit zu einer richtigen Hatz ergab. Ich hatte das immer so gemacht, weil es viel einfacher ist, Hunde zurückzurufen, wenn sie noch nicht in vollem Tempo jagen. Da ich ihn diesmal nicht rief, hörte er auf, zu zögern, und rannte auf die Rehe zu. Sobald er seine volle Geschwindigkeit erreicht hatte, rief ich in einer lauten, fröhlichen Stimme: „Bugsy, komm!“ Während Bugsy beidrehte, um zu mir zurückzukommen, griff ich in meine Tasche, im Inbegriff, als Belohnung für seine wundervolle Reaktion einen Jackpot voller Verstärker herauszuziehen – und fand nichts als zwei Taschentücher. Ich lobte ihn wie verrückt, als er auf mich zu rannte und wog meine Optionen ab.

Normalerweise wäre die bestmögliche Verstärkung gewesen, selbst wegzurennen und ihn mich jagen zu lassen. Da ich aber nur langsam und mühselig durch den Schnee stapfen konnte, hätte ihm das an jenem Tag sehr viel weniger Spaß gemacht, als die Rehe zu jagen – und ich wollte nicht, dass er seine Entscheidung bereuen würde, von den Rehen abgelassen zu haben. Meine Gedanken liefen schneller als sonst an einem kalten Morgen und mein nächster Schritt war, das kalte Wetter zu meinem Vorteil zu nutzen. Ich putzte mir die Nase zuerst an einem Taschentuch und dann am zweiten. Als Bugsy bei mir ankam, gab ich ihm die Taschentücher, die er begeistert annahm und zu beschnüffeln und zu belecken begann. Was für eine Belohnung! Ich kann mir direkt vorstellen, wie er dachte: „Wow! Zuhause darf ich die nie haben! Die sind es absolut wert, dafür von Rehen abzulassen!“ Nur damit Sie es wissen, ich dachte währenddessen an zwei Dinge gleichzeitig. Ich dachte, was für ein herrlicher Trainingserfolg dies war und ich dachte, wie froh (und überrascht!) ich war, keinen Würgereiz zu verspüren, während ich meinem Hund zusah, wie er sich an diesen Taschentüchern gütlich tat.

Ich möchte auf keinen Fall empfehlen, gebrauchte Taschentücher als eine Standardverstärkung einzusetzen. Mir graust sogar noch, während ich dies niederschreibe, dabei war ich diejenige, die sie ihm gab! Was ich aber sehr wohl empfehle, ist eine Regel zu brechen, wenn es einen guten Grund dafür gibt. Ich brach meine eigene Regel, die besagt, Hunden keine gebrauchten Taschentücher zu geben, weil ich seinen Trainingserfolg nicht gefährden wollte und mir in diesem entscheidenden Augenblick keine andere Verstärkung einfiel, die ihn ausreichend belohnt hätte. Wie viele Hunde war Bugsy wild auf Taschentücher – besonders, wenn jemand diese bereits benutzt hatte. Aber wie viele Besitzer ließ ich sie ihn nie haben. Aus Sicht eines professionellen Hundetrainers war die Regel in diesem Augenblick weniger wichtig, als meinem Hund mitzuteilen, dass es die richtige Entscheidung gewesen war, von den Rehen abzudrehen. Die Tatsache, dass er etwas haben durfte, wozu er normalerweise keinen Zugang hatte, machte diese Verstärkung zusätzlich zu etwas Besonderem und Mächtigem. Was Bugsy betrifft, so verbesserte sich sein Rückruf von Rehen nach diesem einen Vorfall, obwohl ich ihn danach nie wieder mit gebrauchten Taschentüchern verstärkte.

Eine wichtige Regel lautet, Hunde zu verstärken, wenn sie ein Signal befolgen, aber nicht, wenn sie es ignorieren. Ich habe allzu oft gesehen, wie Leute diese Regel brechen. Sie verlangen „Sitz" oder „Schüttel' dich" oder etwas Ähnliches und der Hund macht es nicht – woraufhin sie ihn beiläufig streicheln und ihm trotzdem ein Leckerchen geben. Dadurch wird nur das Nicht-Zeigen einer korrekten Reaktion verstärkt, was von einer Trainingsperspektive aus einfach dämlich ist. Jedoch habe auch ich Hunde schon für die Entscheidung verstärkt, *nicht* zu machen, was ich verlangt hatte. Ich spazierte zum Beispiel einmal mit einem nicht-angeleinten Hund über eine Wiese, aber als ich ihn rief, kam er nicht. Dies überraschte mich, da der Rückruf dieses Hundes eigentlich bombensicher war. Ich ging in seine Richtung, um zu sehen, was los war, und sah, was er gesehen hatte: ein halb versenktes Stück Stacheldraht, das ihn fast ganz umsäumte. Wäre er wie verlangt zu mir gerannt, hätte er sich daran verletzen können. Ich lobte und belohnte ihn für seine gute Entscheidung. Es ist selten eine gute Entscheidung, ein Signal zu ignorieren, aber das war eine Ausnahme.

Ein anderes Beispiel für einen Regelbruch betrifft die Regel, dass man Trainingseinheiten immer mit etwas Positivem beenden sollte.

Ich brach diese Regel erst kürzlich, als ein Hund nicht korrekt reagierte und ich trotzdem aufhörte. Warum ich das tat? Weil ich Donnergrollen gehört hatte und wusste, dass dieser Hund panische Angst vor Donner hat. Ich habe eigentlich sogar den Verdacht, dass dieser Hund das aufziehende Gewitter schon vor mir gespürt hatte und deshalb nicht richtig reagierte. An diesem Punkt blieb keine Zeit mehr, um eine gute Reaktion zu erhalten. Ich ging einfach sofort mit der Hündin nach drinnen, wo sie sich sicherer fühlte. Sowohl ihr Wohlbefinden und ihre Sicherheit als auch ihr Vertrauen in mich waren wichtiger, als die Trainingseinheit positiv zu beenden. Ein weniger erfahrener Trainer wäre hier vielleicht zu stark darauf fixiert gewesen, die Regel zu befolgen und hätte darüber vergessen, was der Preis für den Hund hätte sein können.

Auch außerhalb des Hundetrainings überlege ich sorgfältig, wann welche Regeln gebrochen werden sollten. Es entspricht meiner allgemeinen Lebenseinstellung, dass der Gedanke hinter einer Regel wichtiger ist, als diese auf den Buchstaben genau zu befolgen. Dies zeigt sich auf unterschiedlichste Weise. Zum Beispiel wird Bildung in unserer Familie sehr hoch bewertet und es gibt wenige Gründe für Fehltage. Die allgemeine Regel bei uns zuhause lautet, dass die Schule Priorität vor anderen Aktivitäten hat, selbst wenn diese wirklich Spaß machen. Dennoch zögerten mein Mann und ich nicht, unsere Kinder ein ganzes Halbjahr lang (wirklich!) aus der Schule zu nehmen, damit wir in Costa Rica leben konnten, wo mein Mann als Teil eines Professoren-Austauschprogramms unterrichtete. Die Bildung, die unsere Kinder erhielten, indem sie in einem fremden Land lebten, reisten und dort in die öffentliche Schule gingen (können Sie Sprachvertiefungsprogramm sagen?), war den Regelbruch bezüglich keiner Schulfehltage zuhause wert. Bei dieser Regel geht es nämlich darum, den Stellenwert von Bildung hervorzuheben, und dieses eine Halbjahr in Costa Rica war für unsere Kinder die bestmögliche Bildungserfahrung. Mir ist es wichtiger, den Zweck einer Regel zu verstehen und dementsprechend zu handeln, als eine Regel nur um der Regel willen zu befolgen.

Es gab noch ein anderes Mal, an dem es für mich völlig in Ordnung war, dass eine Regel gebrochen wurde. Mein älterer Sohn war damals zwei oder drei Jahre alt und in einer Spielgruppe. Eine allgemeine Regel bei derartigen Zusammenkünften lautet, dass kein Stoßen oder Schubsen erlaubt ist, da Freundlichkeit und Sicherheit im Mittelpunkt stehen sollten. Einige Monate lang gab es einen Jungen in der Spielgruppe, der sehr grob war und den ich als sozialen Panzer bezeichnet hätte. Er schubste die anderen Kinder, stahl ihre Spielsachen, stellte ihnen ein Bein, biss die anderen gelegentlich und verhielt sich einfach nicht nett. Die meisten von uns Müttern wären mehr als bereit gewesen, zusammenzuarbeiten, um für einen glatteren Ablauf in der Gruppe zu sorgen – wenn die Mutter dieses Kindes das Problem anerkannt hätte. Sie fand an seinem Verhalten jedoch anscheinend nichts zu beanstanden, was insofern erschütternd war, als die anderen Kinder bereits begannen, ihn zu meiden, wohl aus Angst. Wir restlichen Mütter waren kurz davor, die beiden zu bitten, nicht mehr zu kommen, als mein Sohn das Problem unabsichtlich löste, indem er eine Regel brach. Mein Sohn war hingefallen und dieses Kind ging zu ihm hin und trampelte ihm mit voller Absicht zuerst mit dem einen, dann mit dem anderen Fuß direkt auf dem Bauch herum. Ein paar von uns rannten sofort hin und zogen diesen Jungen von meinem Sohn ab. Ich war besorgt, dass er verletzt sein könnte und war sehr wütend (der Augenblick der Löwenmutter!). Dabei entging mir, dass mein Sohn auch zornig war. Er ging direkt auf den Jungen zu, der auf ihn getreten war, schrie, „Nein, nein, nein", und stieß ihn um. Der Junge hörte nicht auf zu weinen und konnte sich fast eine halbe Stunde lang nicht mehr beruhigen. Die andere Mutter war wutentbrannt und meinte zu mir, dass sie meinem Sohn den Hintern versohlen würde, wenn ich es nicht täte. Woraufhin die anderen Mütter ihr mitteilten, dass sie aus der Gruppe fliegen würde, wenn sie dies täte. Sie kam weiterhin zu der Spielgruppe, aber ihr Sohn drangsalierte die anderen Kinder nicht mehr. Mein Sohn hatte eine Regel gebrochen, aber ich sagte ihm nicht, dass er einen Fehler gemacht habe oder dass es falsch gewesen sei, weil ich die Situation nicht so interpretierte. Obwohl ich nicht wollen würde, dass mein Sohn auf alles sofort körperlich reagiert, ist nicht zu leugnen, dass Vermeidung in diesem Fall nicht gewirkt hatte, während der Schubser sehr wohl gewirkt hatte. Sich zur Wehr zu setzen (besonders gegen einen Tyrannen) ist manchmal ein effektiver Weg, um ein Problem mit einer anderen Person zu lösen. Und ich wollte nicht so tun, als ob es anders wäre, da dies meinen Sohn der Chance beraubt hätte, durch echte Lebenserfahrung etwas Praktisches zu lernen. Die Regel, die Stoßen und Schubsen verbietet, ist dazu gedacht, Harmonie und Sicherheit zu erzeugen, aber in diesem Fall wurde die Harmonie durch einen zeitgerechten Schubser erzeugt, selbst wenn der gegen die Regeln war.

Ich denke, diese Bereitschaft, hin und wieder Regeln gezielt und wohlüberlegt zu brechen, entspricht sowohl meiner Lebensphilosophie als auch meiner Hundetrainingsphilosophie. Herausragende Trainer befolgen nicht einfach sklavisch Regeln, denn das könnte zu schlechten Trainingsentscheidungen führen. Es ist in niemandes Interesse, zu sehr von einem Regelwerk eingeschränkt zu werden. Deshalb kann es ein Zeichen sein, dass ein Trainer noch viel lernen muss, wenn er alle Regeln immer und überall befolgt. Ich glaube, dass Eltern, Lehrer und andere, die regelmäßig mit Menschen zu tun haben, manchmal eine kluge Wahl treffen, wenn sie sich dazu entscheiden, eine Regel zu brechen.

Verhaltensprobleme können einen medizinischen Grund haben

Wenn ich mit Hunden arbeite, bin ich mir immer der Möglichkeit bewusst, dass ein Verhaltensproblem einen medizinischen Grund haben könnte, wie zum Beispiel Schmerzen oder Krankheit. Ich bin Verhaltensexpertin und verfüge über keine medizinische Ausbildung, weshalb ich meine Klienten immer dazu ermutige, ihre Hunde gründlich von einem Tierarzt durchchecken zu lassen, um Erkrankungen auszuschließen. Manchmal schlage ich explizit einen Tierarztbesuch vor, um die Möglichkeit von Schmerzen oder Beschwerden (durch Verletzung oder Krankheit) konkret zu untersuchen. Es gibt gewisse Hinweise, die in diese Richtung deuten, denn obwohl die meisten Hunde ihr Unwohlsein nicht zur Schau stellen, gibt es viele Verhaltenshinweise auf Schmerzen.

Verhaltensveränderungen können darauf zurückzuführen sein, wie ein Hund sich körperlich fühlt. Jede Veränderung – sei es, dass Ihr Hund weniger energiegeladen oder weniger fröhlich als sonst ist; dass er Dinge, an denen er sonst Spaß hat, nicht mehr machen möchte; dass er rastlos wirkt; ungewöhnlich anhänglich ist; oder weniger Kontakt als normal sucht – kann bedeuten, dass etwas nicht stimmt. Ich erinnere mich an eine Hündin, die nicht mehr spielen wollte, was für sie sehr ungewöhnlich war. Schlimmer noch, diese sanfte Hündin begann, den anderen Hund im Haushalt anzuknurren, was in den sechs Jahren, während der diese Familie beide Hunde hatte, noch nie vorgekommen war. Ich ermutigte sie dazu, die Möglichkeit zu untersuchen, dass die Hündin Schmerzen haben könnte. Woraufhin ein Hundechiropraktiker entdeckte, dass die Hündin Rückenprobleme aufgrund einer defekten Bandscheibe hatte, was sehr schmerzhaft war. Kein Wunder, dass die arme Hündin nicht wollte, dass ihr Hundefreund mit ihr tobte oder auf sie draufsprang – und kein Wunder, dass sie knurrte, wenn er spielen wollte! Hunde möchten manchmal keine anderen Hunde in der Nähe haben, wenn sie unter Schmerzen leiden, und besonders keine jungen, wilden oder lebhaften Hunde. Bei einer verletzten Pfote, einer wehen Schulter oder einem anderen schmerzhaften Körperbereich tut es weh, wenn andere Hunde einen anspringen oder versuchen, spielerisch zu raufen.

Wenn ein Hund hauptsächlich nachts gereizt wirkt, kann dies ebenfalls ein Warnsignal für ein körperliches Problem sein. Eine Verletzung oder Erkrankung kann sich durch die Tagesaktivitäten verschlechtern und in schlechter Laune resultieren. Wenn ein Hund an hochaktiven Tagen oder nach einer außergewöhnlich hohen Menge an Bewegung aggressives oder untypisches Verhalten zeigt, könnte das ebenfalls auf Schmerzen hindeuten. Denn eine Verletzung oder Reizung kann sich durch zusätzliche Bewegung verschlimmern. Gleichermaßen kann ein Wechsel zwischen guten und schlechten Tagen ein Hinweis auf eine Verletzung oder ein anderes körperliches Problem sein. Wenn Ihr Hund an manchen Tagen völlig normal wirkt, während er an anderen Tagen verdrossen, mürrisch, aggressiv oder sonst wie anders scheint, dann könnten Schmerzen ein Grund sein. Menschen mit Rückenproblemen, Arthritis und einer Vielzahl anderer chronischer, aber wechselhafter Erkrankungen werden das verstehen – manche Tage sind einfach schlechter als andere, während man sich an guten Tagen vielleicht sogar ziemlich gut fühlt.

Es ist ungewöhnlich, dass sich ein erwachsener Hund plötzlich aggressiv verhält. Die meiste Aggression entwickelt sich in jungen oder jugendlichen Hunden und verstärkt sich nach verschiedenen Warnzeichen allmählich. Wenn eine für die Persönlichkeit des jeweiligen Hundes untypische Aggression urplötzlich bei einem erwachsenen Hund auftritt, könnte das bedeuten, dass der Hund Schmerzen hat. Bei mir schrillen die Alarmglocken besonders, wenn ein Hund im Alter von über vier Jahren plötzlich Aggression zeigt, da es zu diesem Zeitpunkt extrem unwahrscheinlich ist, dass Faktoren der geistigen und körperlichen Entwicklung zu einer Aggression führen, die überhaupt keine Vorboten hatte. Während meiner Ausbildung bei Patricia McConnell war ich bei Hunderten ihrer Fälle zugegen, darunter bei einem zehnjährigen Beagle-Mischling, der plötzlich aggressiv geworden war. Odin war bis dahin ein freundlicher und anhänglicher Hund gewesen, aber nun mied er die Familie. Er bleckte die Zähne, wenn man sich ihm näherte und biss zu, wenn er angefasst wurde. Die Familie beschrieb es als eine völlige Veränderung der Persönlichkeit. Die Schwere des Problems bestürzte mich und ich hatte nicht sehr viel Hoffnung.

Trisha wusste bereits (und brachte es mir an jenem Tag bei), dass Schmerzen in Betracht gezogen werden sollten, wenn eine Aggression sich schnell entwickelt und der Persönlichkeit des Hundes überhaupt nicht entspricht, besonders im Fall von erwachsenen Hunden. Dieser Hund wurde sofort an einen Tierarzt überwiesen, der einen schlimm vereiterten Zahn entdeckte. Sobald der Zahn gezogen war, verhielt der Hund sich wieder wie sein gewöhnliches, freundliches Selbst. Es tat ihm nicht mehr weg, angefasst zu werden, also hörte er auf, zu drohen und zu beißen, um Menschen – selbst geliebte Menschen – von sich fernzuhalten.

Bei vielen Hunden ist Fressunlust ein offensichtliches Zeichen, dass etwas nicht stimmt. Wenn Hunde nicht fressen, ist das oft der erste offensichtliche Hinweis auf ein echtes Problem und viele Menschen reagieren richtig, indem sie den Hund zum Tierarzt bringen. Ich passte einmal auf einen vier Monate alten Welpen auf, den ich nicht sehr gut kannte und seine Nahrungsverweigerung rettete ihm vielleicht das Leben. Die kleine Hündin hatte am Nachmittag erbrochen und ich hatte das bemerkt, aber in Wahrheit ist ein erbrechender Welpe ein nicht gerade seltenes Ereignis. Ein paar Stunden später verweigerte sie jedoch ihr Futter, was bei den meisten Welpen komisch ist, und besonders bei diesem. Es war ein Samstagabend und Schneegestöber, aber ich fuhr sofort in die nächste diensthabende Notfallpraxis mit ihr, da ich wirklich um ihr Leben fürchtete. Glücklicherweise hatte ich ihre Nahrungsverweigerung als das potenzielle Symptom einer ernsthaften Erkrankung erkannt, denn sie litt unter Parvovirose, die bei Welpen oft tödlich verläuft. Ihre Krankheit wurde in einem sehr frühen Stadium erkannt und obwohl sie zwei Tage lang in der Klinik bleiben musste, überlebte sie. Ich kenne Fälle, in denen ein appetitloser Hund mit einer ernsthaften Erkrankung wie Leberversagen oder Krebs diagnostiziert wurde – aber Futterverweigerung kann auch Anzeichen sein, dass ein Hund aus anderen, weniger alarmierenden Gründen Schmerzen hat.

Ein weiteres Anzeichen für ein potenziell ernsthaftes Problem ist, wenn ein Hund auf Berührung reagiert. Wenn Sie Ihren Hund auf eine Weise anfassen, die er normalerweise mögen oder ignorieren würde und er diesmal stark darauf reagiert, dann tut ihm vielleicht etwas weh. Typische Reaktionen, die bei einer Berührung auf Schmerzen hindeuten, sind: aufjaulen, aufspringen, wegducken, winseln, Ihre Hand lecken, sich entziehen und möglicherweise sogar knurren, wenn dies untypisch für die Persönlichkeit Ihres Hundes ist. Wenn ein Hund auf Berührung aufgrund von Schmerzen reagiert, dann reagiert er oft nur, wenn er an einer bestimmten Stelle angefasst wird.

Wenn Sie aus irgendeinem Grund den Verdacht haben, dass Ihr Hund Schmerzen haben könnte, dann machen Sie sofort einen Tierarzttermin aus. Nur das medizinische Fachpersonal kann ein körperliches Problem diagnostizieren, das dem Hund möglicherweise Schmerzen bereitet, aber viele aufmerksame Menschen haben ihren Hunden zusätzliche Schmerzen oder Schlimmeres erspart, indem sie die verhaltensbedingten Warnsingale erkannten und sofort medizinische Hilfe in Anspruch nahmen.

Das Wissen, dass medizinische Probleme Verhalten beeinflussen können, hat mir auch schon bei Menschen geholfen. Meine Kinder sind normalerweise optimistische, fröhliche Kinder, außer wenn sie etwas traurig macht (oder sie – Gott bewahre – hungrig sind!) Als sie drei und vier Jahre alt waren, waren beide einige Tage lang weinerlich und ich wusste nicht mehr weiter. Ich wusste sehr wohl, dass ich nicht mehr sehr viele Tage mit so viel Unglück aushalten würde, aber ich schaffte es nicht, sie aufzuheitern. Ein Teil des Problems lag darin, dass ich nicht wusste, warum sie in so untypisch düsterer Stimmung waren. Es stellte sich heraus, dass eine Halsentzündung schuld war.

Als sie das erste Mal eine Halsentzündung hatten, kannte ich die Zeichen nicht: Das untypische und anscheinend grundlose Weinen war bereits seit Tagen im Gange, bevor sie über Halsweh und Bauchweh zu klagen begannen, was mich dazu veranlasste, mit ihnen zum Arzt zu gehen. Ich konnte erst im Rückblick erkennen, dass die Weinerlichkeit allen anderen Krankheitssymptomen vorausgegangen war. Zehn Monate später hatte ich es wieder mit weinerlichen Kindern zu tun und diesmal schaffte ich es, die Hinweise richtig zu deuten und mich zu erinnern, dass eine Halsentzündung die Ursache der letzten derartigen Episode gewesen war. Ich brachte die Kinder sofort zur Kinderärztin und teilte dieser meinen Verdacht auf Halsentzündung mit, sowie warum ich das dachte. Wie sich herausstellte, war meine Vermutung genau richtig. Ich konnte in dieser Situation proaktiv sein, weil ich schon eine Erkrankung im Verdacht hatte, bevor die Kinder über Unwohlsein klagten. Indem ich früh erkannte, dass sie krank sein könnten, ersparte ich ihnen zusätzliche Tage voller Schmerzen und Beschwerden und verringerte außerdem die Ansteckungsgefahr für andere Kinder (oder deren Eltern!). Ich schaffte es zu einigen Gelegenheiten, meine Kinder ärztlich untersuchen zu lassen, weil ich immer den Gedanken im Kopf habe, dass Verhalten Hinweise auf medizinische Probleme beinhalten kann und dass Verhaltensveränderungen eine medizinische Ursache haben können.

Als einer meiner Söhne sich im Alter von neun Jahren den Knöchel brach, war das ziemlich schmerzhaft, obwohl er nicht viel darüber sprach. Aufgrund seines Verhaltens merkte ich trotzdem, dass er während der ersten 48 Stunden in einem wirklich schlechten Zustand war. Er wollte nicht lesen, was in absolutem Gegensatz zu seiner gewöhnlichen Lesebegeisterung steht und er schlief enorm viel. Am Tag nach dem Bruch blieb er außerdem auf ärztlichen Rat von der Schule zuhause und wollte mich nicht einmal kurz (um nicht den Verstand zu verlieren!) laufen gehen lassen. Normalerweise machte es ihm nichts aus, alleine zuhause zu sein, und die Tatsache, dass es ihm an jenem Tag sehr wohl etwas ausmachte, sagte sehr viel darüber aus, wie furchtbar er sich fühlen musste. (Um meinen Verstand zu bewahren, musste ich den Lauf durch eine Schokoladenorgie ersetzen – falls Sie sich gefragt haben. Elternschaft bringt viele Opfer mit sich.)

Putzen wie ein Hundetrainer

Obwohl ich das Kleinkind-Töpfchentraining und die damit einhergehenden Sauereien glücklicherweise bereits im Rückspiegel des Lebens sehe (Hallelujah!), ist mein Leben noch lange nicht schmutzfrei. Weshalb ich einen anderen nützlichen Aspekt der Hundetrainer-Erfahrung erwähnen muss: Reinigungstechniken! Im Gegensatz zu den meisten Gedanken in diesem Buch hat Putzen eigentlich nichts mit Hundetraining und Verhaltensbeeinflussung zu tun, aber wenn man beruflich Zeit mit Hunden verbringt, verbringt man auch Zeit damit, hinter ihnen her sauber zu machen. Das gehört einfach dazu. Folglich habe ich mehr über Reinigungsmethoden gelernt, als ich sonst darüber wissen würde, und das war mir schon oft dienlich. Während des Töpfchentraining passieren Unfälle und Fast-Unfälle, und meine Söhne und deren Freunde trafen wahrlich nicht immer perfekt – also stand Saubermachen regelmäßig auf der Tagesordnung. Ich kann putzen wie ein Hundetrainer, und das ist gut so.

Die meisten Reinigungsprodukte lassen einen verschmutzten Bereich sauber erscheinen, weil es sauber aussieht und weil der Geruch zeitweilig von einem anderen Geruch überdeckt wird – aber auf Hunde ist die Wirkung nicht dieselbe. Die meisten Produkte reagieren chemisch mit dem Urin, wodurch dieser „gefestigt" wird – was bedeutet, dass er einerseits schwerer zu entfernen ist, und dass der Uringeruch sich für einen Hund andererseits sogar noch verstärkt. Es ist wie ein Schild in Geruchsform, auf dem steht: „Achtung! Hier befindet sich das Klo!" Enzymreiniger entfernen den Fleck *und* den Geruch durch eine chemische Reaktion, die den Geruch neutralisiert. Da ich mich mit Enzymprodukten auskenne, riechen meine Toiletten (und meine Teppiche) besser als die einiger Freunde, die ebenfalls Jungs haben. Falls es Sie interessiert, diese Produkte sind auch wirksam, um Erbrochenes und dessen Geruch von Böden und Teppichen zu entfernen. Das Wissen, dass ich derartige Unfälle reinigen kann, entspannte mich sehr, als meine Kinder noch zu klein waren, um es bei Erbrechen rechtzeitig auf die Toilette zu schaffen. Auf diese Weise konnte ich mich ganz darauf konzentrieren, sie vor dem Ersticken zu bewahren, was wichtiger war. Da wir in einem sehr trockenen, hochgelegenen Wüstenklima auf über 2000 Meter leben, ist auch Nasenbluten keine Seltenheit. Obwohl ich meistens Wasserstoffperoxid verwende, um Blutflecken zu entfernen, nehme ich manchmal auch einen Enzymreiniger. (Eine Hundetrainer-Freundin, die auch Tierarztgehilfin ist, informierte mich über die Wunderwirkung von Wasserstoffperoxid zur Entfernung von Blutflecken. Aber da es manche Materialien bleichen kann, ist es nicht immer die beste Wahl. Wissen ist Macht!)

Jedes Individuum als Individuum behandeln

Der offensichtlich wahre Spruch „Hunde sind, wer sie sind, und das Gleiche gilt für Menschen", erscheint mir sehr tiefsinnig, obwohl wir als Gesellschaft eher so tun, als ob wir dem nicht zustimmen würden. Wir scheinen zu erwarten, dass alle Achtjährigen gern mit Lego spielen, dass alle Teenager sich für ihre Eltern genieren und dass alle Kinder jeden Alters gerne auf Geburtstagsfeste gehen. Diese Vorstellungen mögen auf viele Menschen zutreffen, aber sie können auch falsch sein. Individuen entsprechen nicht immer dem typischen Verhalten und den typischen Interessen der Gruppe. Manchmal müssen wir aufgrund begrenzter Informationen Vermutungen anstellen, wie zum Beispiel, wenn wir ein Geschenk für jemanden kaufen, den wir noch nie getroffen haben. In dem Fall verwenden wir die Informationen, die wir haben. Das könnte einen Fußball für ein unter zehnjähriges Kind bedeuten, Gewürze oder Kerzen für eine Frau und ein T-Shirt mit einem „Als Chemiker weiß ich: Alkohol ist eine Lösung"-Spruch für einen Wissenschaftler. Manche dieser Geschenke sind vielleicht ein Hit, während andere eher danebengehen – weil sie eben nur auf Vermutungen basieren. Vermutungen, die auf wenig mehr als Alter, Geschlecht oder Beruf beruhen, können oft falsch sein.

Ich persönlich finde es sehr ermüdend, dass Leute immer annehmen, ich hätte Angst vor Insekten und Spinnen, nur weil ich eine Frau bin – und dass ich aus diesem Grund auch über die berufliche Beschäftigung meines Mannes mit Borkenkäfern entsetzt sein müsste. Da auch ich Insekten für meinen Doktortitel erforscht habe (tropische Faltenwespen, um genau zu sein), finde ich die Annahme, ich müsse Insekten abstoßend finden, ein bisschen beleidigend. Wobei es sicherlich stimmt, dass viele Frauen diesen kleinen

Weltwundern nicht viel abgewinnen können. Wichtig ist, unsere Informationen über andere Leute immer wieder auf den neuesten Stand zu bringen, damit wir sie als mehr behandeln können als nur Stellvertreter der Gruppe, der sie angehören.

Ich habe diese Lektion durch Hunde gelernt und bemühe mich wirklich sehr, sie auf Menschen anzuwenden. Hunde sind sehr unterschiedlich und obwohl manche oder alle ihrer Eigenschaften rassespezifisch sein können, versteht man einen Hund nicht wirklich, wenn man nur seine Rasse kennt. Die Rasse kann zwar Hinweise auf Interessen und Verhalten geben, aber es ist sehr riskant, wenn wir annehmen, dass das alles ist. Ich kenne genügend Labrador Retriever, die keinerlei Interesse am Apportieren zeigen. Wenn man ihnen einen Tennisball wirft, sehen sie einen mit einem Blick an, der auszudrücken scheint: „Naja, du hast ihn geworfen. Wenn du den Ball wieder haben willst, dann musst du ihn wohl holen gehen!" Ich habe auch schon Wasserspaniels kennengelernt, die wasserscheuer waren als eine durchschnittliche Katze, einen Rattler, der Angst vor Mäusen hatte und einen Border Collie, der nicht gerade ein schneller Lerner war. Es ist wichtig, individuelle Unterschiede anzuerkennen. Wenn wir die Rasse eines Hundes kennen, kann uns das einen guten Hinweis auf die wahrscheinlichen Interessen und das Verhalten dieses Hundes liefern – aber wir könnten auch falsch liegen, weil es immerhin nur eine Vermutung ist.

Wann immer ich einen Hund kennenlerne, treffe ich meine Entscheidungen anfangs basiered auf dem Wissen, das ich habe – auch wenn es wenig ist. Weshalb ich immer ein Quietschspielzeug für Terrier parat habe, aber Tennisbälle für Labis, Border Collies und Deutsche Schäferhunde. Bei Weimaranern und Dalmatinern ist es von Anfang an eine Prioriät, von ihren Besitzern herauszufinden, wie und wieviel sie normalerweise bewegt werden, während das bei Möpsen und Französischen Bulldoggen weniger im Vordergrund steht. Wenn ich dann mehr herausfinde, passe ich meine Strategie an, sodass meine Vorgehensweise immer auf der Beurteilung des Individuums aufgebaut ist.

Ironischerweise versuche ich jedoch häufig, meine Kinder und ihr Verhalten zu verstehen, indem ich sie mit verallgemeinerten Hunderassen vergleiche. Ich erinnere mich nur zu gut an die Phase, in der mein Ältester wie ein Windhund war (er hatte zwei Geschwindigkeitsstufen: schnell und schnell eingeschlafen), während mein Jüngerer wie eine Mischung aus einem Irish Setter und einem Magyar Vizsla war (er sprühte dermaßen vor Freude und abenteuerlustiger Energie, dass der Soundtrack seines Lebens einfach „Juuucheeee!“ war). Genau wie bei Hunden passe ich mich an meine Kinder an, wenn sie sich verändern oder ich Neues über sie erfahre. Momentan finde ich, dass ihr Verhalten mit einem Golden Retriever und einem Papillon vergleichbar ist, aber ich bin sicher, mir fallen in der Zukunft noch neue Rassevergleiche ein.

Alter, Rasse und Geschlecht können gute Hinweise zu einem individuellen Hund liefern, aber es sind immer nur Vermutungen. Egal, welcher Spezies wir angehören – die Individualität eines jeden muss respektiert werden. Ich bin sehr bemüht, mir dieses Mantra bei allen immer wieder in Erinnerung zu rufen, insbesondere bei meinen Kindern.

Den Hund sehen, nicht seine Geschichte

Einer meiner Lieblingsratschläge ist die Mahnung an all jene, die einen Hund adoptieren: „Sieh den Hund, nicht seine Geschichte.“ Wenn wir wissen, dass ein Hund misshandelt wurde oder einen schweren Lebensanfang hatte, dann betrachten wir diesen Hund allzu oft nur in diesem Licht, was ihm nicht unbedingt einen

Gefallen tut. Es ist einfach, einen Hund zu brandmarken und darüber zu vergessen, dass wir ihn sehen sollten, wie er jetzt ist und nicht, wie er einmal war. Ebenso leicht passiert der Fehler, dass unsere Ziele für einen Hund – wie wir ihn uns in der Zukunft wünschen – überschatten, wer er jetzt gerade ist, und das kann unsere Fähigkeit beeinträchtigen, die liebenswerte Kreatur vor unseren Augen wertzuschätzen. Ich rufe mir immer ins Gedächtnis, dass ich den Hund und nicht seine Geschichte sehen sollte und versuche, diesen Ratschlag auch anderen Menschen zu vermitteln.

Auch Menschen, die in jüngster Vergangenheit mit einer sehr schwierigen Situation zurechtkommen mussten – wie Scheidung, Trennung, Einweisung in eine Pflegestelle, Witwenschaft, Verbrechensopfer, usw. – haben damit zu kämpfen, als mehr gesehen zu werden. Es ist immer besser, als sich selbst gesehen zu werden und nicht als die Person, die so und so erlebt hat. Niemand möchte als die Frau gesehen werden, deren Mann sie gerade für die Nachbarin verlassen hat oder als der Mann, der von seinem Angestellten angegriffen wurde. Dasselbe gilt für Menschen mit Allergien oder anderen gesundheitlichen Problemen. Es ist besser, jemanden als eine Person zu betrachten, die zufällig allergisch auf Erdnüsse ist oder unter Asthma leidet, anstatt sie als den Erdnuss-Allergiker oder die Asthmatikerin abzustempeln. Als die auswärts lebende Freundin einer Bekannten einmal auf Besuch in unserer Stadt war, erzählte sie unserer gemeinsamen Bekannten, wie sehr sie eine große Party genossen hatte, die mein Mann und ich damals gegeben hatten, weil sie dort fast niemanden kannte. Es war so lange her gewesen, seit diese Frau zuletzt das Gefühl gehabt hatte, als sie selbst gesehen zu werden und nicht als „die, deren Mann plötzlich im Alter von 43 Jahren verstorben ist“. Sie wollte einmal von Menschen als sie selbst gesehen werden und nicht bloß als ihre Geschichte.

Wenn etwas keinen Sinn ergibt, haben wir die Ursache des Problems noch nicht gänzlich verstanden

Normalerweise zeigt ein Hund Muster in seinem Verhalten, anhand der ich verstehen kann, was los ist. Aggression ist bei weitem das häufigste Verhaltensproblem der Hunde, mit denen ich arbeite, weil es eines meiner Fachgebiete ist. In dem Fall erlauben mir meine Beobachtungen in Kombination mit der Fallgeschichte fast immer überzeugende Rückschlüsse auf die Ursache für das Verhalten des Hundes. Sehr oft ist es Angst, aber manchmal kann auch etwas anderes das Hauptproblem sein wie Frustration, Schmerzen, die Unfähigkeit, mit Erregung umzugehen oder soziale Verwirrung. Was auch immer der Grund für das Verhalten ist – normalerweise gibt es immer eine Anzahl von Hinweisen, die alle auf dieselbe Ursache hindeuten. Das Muster ergibt normalerweise Sinn.

Wenn ich höre, dass ein Hund sich Männern gegenüber aggressiv verhält, aber nicht Frauen gegenüber; dass er bei bekannten Menschen entspannt ist, aber nicht bei Fremden; dass er einem Hut- oder Rucksackträger gegenüber eher aggressiv ist und dass er Menschen von hinten beißt – dann ergibt sich für mich das klare Bild von einem ängstlichen Hund. Wenn ich die Besitzer in solchen Fällen frage: „Haben Sie manchmal das Gefühl, dass Ihr Hund tief im Inneren ein kleiner Angsthase ist?“, ist die Antwort, „Ja“. Spreche ich hingegen mit einem Besitzer, der mir erzählt, dass der Hund plötzlich auf völlig uncharakteristische Weise aggressiv wurde, dass er normalerweise nur abends aggressiv wird und dass er gute und schlechte Tage hat, dann habe ich den Verdacht, dass Schmerzen vorliegen. Wenn ich also frage: „Wird es schlechter, wenn er viel Bewegung bekommt?“, dann lautet die Antwort für gewöhnlich „Ja“.

In den seltenen Fällen, in denen die Dinge keinen Sinn ergeben oder einem Muster folgen, kommen oft mehrere Sachen zusammen, wodurch es schwieriger wird, die wahre Quelle des Problems zu finden. Aufgrund multipler Ursachen gibt es weniger offensichtliche Muster. Wenn ein Hund schlechter auf Männer und Hutträger reagiert, gleichzeitig aber abends schlechter drauf ist und manchmal, aber nicht immer, auf vertraute Menschen reagiert, dann leidet dieser Hund womöglich sowohl unter Ängsten als auch unter Schmerzen. Ängstliche Hunde sind bei bekannten Menschen für gewöhnlich entspannt, aber wenn sie ein zusätzliches Problem haben, das Berührungen schmerzhaft macht, reagieren sie vielleicht auch auf Streichelversuche von ihren menschlichen Gefährten. Die Muster, die auf einen ängstlichen Hund hindeuten und diejenigen, die auf Schmerzen hinweisen, passen nicht zusammen, weshalb es schwieriger ist, die Wurzel des Problems zu erkennen, wenn beide vorliegen.

Vielleicht liegt bei dem Hund trotz einer gründlichen Tierarztuntersuchung ein nicht-diagnostiziertes Gesundheitsproblem vor, das eine Rolle spielt, oder vielleicht ist der Hund nur in bestimmten Situationen ängstlich, aber ansonsten selbstsicher. Vielleicht hat ein den Besitzern unbekanntes traumatisches Ereignis Auswirkungen, weshalb sich das Aggressionsverhalten vor und nach dem Vorfall unterscheidet. So etwas kann verwirrend sein, da ich eine Fallgeschichte aufnehme, die sich über beide Zeiträume erstreckt. Es ist möglich, dass ein Hund nur dann unerwünschtes Verhalten zeigt, wenn seine Schmerzen, Ängste oder Frustrationen durch Änderungen im Wetterdruck verstärkt werden. Oder durch einen gelegentlich auftretenden Ton im Zuhause, der für Menschen nicht hörbar ist – wie zum Beispiel ein ferner Zug, das hochfrequente Surren von Elektrowerkzeugen auf der anderen Straßenseite oder das Pfeifen des Windes durch einen Zaun. Immer, wenn es mir schwer fällt, herauszufinden, warum ein Hund sich auf eine bestimmte Art verhält, liegen normalerweise mehrere Ursachen vor, die ich noch nicht alle entdeckt habe.

Oft trifft dasselbe auf andere Menschen und sogar unbelebte Objekte zu. Wenn man es gewöhnt ist, den Dingen auf den Grund zu gehen, es aber manchmal nicht schafft, dann sollte man in Betracht ziehen, dass hier mehrere Variablen das Wasser trüben könnten – und dass dies der Grund ist, warum man die Ursache des Problems noch immer nicht zweifelsfrei feststellen konnte. Dieser Leitgedanke war mir dienlich, als ich mir eine schmerzhafte Laufverletzung in der Hüfte zugezogen hatte. Ich versuchte, dem Problem mit der Hilfe von chiropraktischen Behandlungen, Massagen, physiotherapeutischen Übungen, Wärme, diversen Dehnungsübungen und Ruhe beizukommen. Alles half kurzzeitig, aber sobald ich wieder mit dem Laufen anfing, waren die Schmerzen zurück. Nach zweijährigen Heilungsversuchen schlug ein Laufcoach vor, Gluten, Laktose und Zucker aus meiner Ernährung zu streichen, um die Entzündung zu hemmen. Danach konnte ich wieder laufen – solange ich auch meine Übungen und die andere Körperarbeit weitermachte. Die Lektion? Das Problem lag an einem physischen Schaden an der Hüfte in Kombination mit einem Entzündungsprozess. Ich hatte nicht alle Problemquellen richtig erkannt, was den Erfolg meiner Lösungsversuche beeinträchtigte.

Um ein weniger ernstes Beispiel anzuführen: Dasselbe geschieht oft, wenn ich versuche, ein Rezept zu perfektionieren. Da ich auf über 2000 Metern Höhe wohne, stellt Backen eine Herausforderung dar. Bei einem neuen Rezept benötige ich manchmal mehrere Versuche, wobei ich unterschiedliche Mengen an Mehl und Flüssigkeit ausprobiere (die Standardvarianten, um Rezepte in Höhenlagen erfolgreich umzusetzen) – und am Ende funktioniert es fast. Nur, wenn ich es nicht ganz hinbekomme, erkenne ich an, dass ich vielleicht auch mit ein paar anderen möglichen Faktoren spielen muss, wie der Backtemperatur oder den Backzeiten. Dafür hat das Backen in Höhenlage einen entscheidenden Vorteil: Ich habe immer eine Ausrede. Wenn etwas nicht ganz gelingt oder sogar ein Desaster ist – wie mein Holländisches Apfelbrot, das eher an eine trockene Pastete erinnerte – muss ich nur sagen: „Naja, es ist die Höhe." Woraufhin alle, die ebenfalls hier leben, verständnisvoll nicken.

Ähnliche Situationen, in denen ich immer denke: „Was könnte noch zu dem Problem beitragen?" sind: Reparaturen an meinem Fahrrad; Herausfinden, warum mein Kind an einem bestimmten Tag alles andere als wild darauf ist, in die Schule zu gehen und das Wachstum meines Gemüse- und Kräutergartens. In unserer Gesellschaft herrscht oft das von einem altmodischen (und falschen) medizinischen Modell inspirierte Vorurteil, dass es einen einzigen Grund für alle Erkrankungen und Probleme geben müsse. In vielen Fällen beeinträchtigt dies unsere Fähigkeit, die Quellen einer Schwierigkeit oder einen Lösungsansatz zu finden.

Lernen am Erfolg

Es ist offensichtlich leichter, einen Hund dazu zu bewegen, sich auf Signal hinzulegen, wenn man sich alleine mit ihm im Wohnzimmer befindet, als wenn man vor dem Eingang zur Hundewiese steht, wo er von sieben Hunden verbellt wird. In manchen anderen Situationen ist es weniger offensichtlich, dass es an uns liegt, Veränderungen vorzunehmen, um dem Hund ein Erfolgserlebnis zu ermöglichen – anstatt unter zu schwierigen Bedingungen einfach auf das Beste zu hoffen. Hundetrainer wissen, dass Planung nötig ist, um ein Tier dazu zu bekommen, ein erwünschtes Verhalten auszuführen. Also müssen wir Situationen herbeiführen, in denen der Hund überhaupt in der Lage ist, zu machen, was wir von ihm wollen. In unserer Branche nennen wir diese Manipulation der Bedingungen „Lernen am Erfolg".

Hundetrainer ermöglichen es ihren Hunden immer wieder, „am Erfolg zu lernen", indem sie das Umfeld kontrollieren. Wenn man es richtig macht, ist weniger Anstrengung nötig, um den Hund zu kontrollieren, weil er in der Lage ist, das Richtige zu tun. Das Ziel ist, erwünschtes Verhalten zu ermutigen, indem wir es leichter machen, während wir gleichzeitig unerwünschtem Verhalten entgegentreten, indem wir es schwieriger machen. Wenn ein Hund Sie beispielsweise immer zur Begrüßung anspringt und darüber vielleicht vergisst, dass er sich eigentlich hinsetzen sollte, dann könnten Sie ein Schutzgitter aufbauen, das den Hund körperlich davon abhält, Sie anzuspringen. Danach könnten Sie den Hund dafür verstärken, dass er nun macht, was Sie wollen, nämlich Sitzen. Oder Sie könnten eine kleine Decke auf den Boden legen, wenn Sie möchten, dass Ihr Hund sich niederlegt und Sie wissen, dass er auf dieser Decke gerne liegt. Die Gegenwart der Decke erleichtert es dem Hund also, das Richtige zu tun. Einen Hund auf Erfolgskurs zu bringen kann einfach bedeuten, in einem umzäunten Garten zu arbeiten, sodass der Hund nicht der Versuchung nachgeben kann, die Straße hinunterzurennen und deshalb mit größerer Wahrscheinlichkeit auf den Abruf reagiert.

Erfolg bietet die Gelegenheit, unsere Hunde positiv zu verstärken. Einem Hund das Lernen am Erfolg zu ermöglichen bedeutet, ihm eine angemessene Situation und die Fähigkeiten zu bieten, damit er sich so verhalten kann, wie wir das gerne hätten. Das kann bedeuten, sich an einem Ort ohne zu viele Ablenkungen aufzuhalten und die Futtermotivation des Hundes zu steigern, indem wir nicht trainieren, wenn er einen vollen Magen hat. Sie könnten in Betracht ziehen, seinen Hundefreund in ein anderes Zimmer zu sperren, damit er nicht ständig spielen will und sich deshalb auf nichts anderes mehr konzentrieren kann. Und Sie sollten zu der Tageszeit mit ihm arbeiten, an der seine Konzentrationsfähigkeit am höchsten ist. Wenn Sie die Jalousien herunterlassen, hält ihn das vielleicht davon ab, jedes Mal zum Fenster zu rasen, wenn draußen Leute vorbeigehen. Und wenn Sie alle Spielzeuge entfernen, die für die Trainingseinheit nicht nötig sind, sollte ihm das helfen, sich auf Sie und das Training zu konzentrieren. Wie Sie Ihren Hund auf Erfolgskurs bringen können, ändert sich mit zunehmender Lern- und Trainingserfahrung, wodurch dem Hund immer wieder Erfolgserlebnisse beschert sind. Das fördert sein Selbstbewusstsein, seine Freude am Training und seine Beziehung zu Ihnen.

Manchmal sind vielschichtige Pläne nötig, um einem Hund ein Erfolgserlebnis zu bescheren. Stellen wir uns zum Beispiel vor, Ihr Hund soll Ihre Arbeitgeberin höflich begrüßen, wenn diese Sie zuhause besucht. Sie möchten nicht, dass Ihr Hund Ihre Chefin anspringt und verärgert. Um Ihrem Hund die Aufgabe der höflichen Begrüßung zu erleichtern, sollten Sie es ihm so leicht wie möglich machen, das Richtige zu tun. Dafür wäre es klug, Ihren Hund vor dem Eintreffen des Besuchs ausführlich zu bewegen, sodass er zufrieden und müde ist. Üben Sie ein „Sitz" ein, wenn die Türklingel schellt, sodass Ihr Hund bereits mit Ihren Erwartungen vertraut ist. Verstärken Sie ihn, wenn er Menschen höflich begrüßt. Wenn Ihre Chefin kommt, sollten Sie besondere Leckerchen parat haben, sodass Ihr Hund mehr Interesse an Ihnen als an ihr zeigt. Schließlich bieten Sie ihm einen Kauartikel an, damit er mit etwas anderem beschäftigt ist, als Ihre Arbeitgeberin anzuspringen. All diese Bemühungen von Ihrer Seite machen es Ihrem Hund leichter, das Richtige zu tun. Sie haben ihn auf Erfolgskurs gebracht. Als Draufgabe haben Sie auch sich selbst auf Erfolgskurs gebracht, weil Sie sich nun keine Gedanken mehr über das Verhalten Ihres Hundes machen müssen und sich ganz darauf konzentrieren können, Ihrer Chefin gegenüber ein charmanter und aufmerksamer Gastgeber zu sein.

Ebenso vernünftig ist es, Menschen auf Erfolgskurs zu bringen. Es gibt zahlreiche Situationen, in denen dieses Konzept nützlich ist und es ist eine wichtige Art der Verhaltensbeeinflussung. Genau wie bei der Arbeit mit Hunden sind Vorausplanung und Detailgenauigkeit nötig, um Menschen das Lernen am Erfolg zu ermöglichen. Als meine Kinder noch klein waren, gehörten Postamt-Besuche zu den Besorgungen, die mir am meisten verhasst waren. Das Amt war ein kleiner Raum, es gab dort nichts Interessantes und die Schlange bewegte sich nur langsam vorwärts. Man bringt zwei Kleinkinder nicht dazu, sich bis zu dreißig Minuten lang in einem kleinen, langweiligen Raum gut zu benehmen, indem man ihnen sagt, sie sollen „brav sein." Ich musste mich wirklich anstrengen, um ihnen in dieser herausfordernden Situation ein Erfolgserlebnis zu ermöglichen. Ich hatte immer ein kleines Buch für meine Kinder in der Handtasche, das ich ihnen in derartigen Situationen vorlas. Sie liebten dieses Buch, aber bekamen es nur vorgelesen, wenn wir in einer Schlange standen. Dadurch wurde es zu etwas Besonderem und aufgrund dieses Buchs freuten sie sich darauf, in einer Schlange stehen zu können. Ich hatte außerdem immer Obst zum Naschen dabei sowie eine Aktivitätsmöglichkeit – wie zum Beispiel einen Malblock und Buntstifte oder eine Zaubertafel. Auch hatte ich immer ein paar Witze parat, die ich in solchen Situationen erzählen konnte. Der Punkt war, ihnen ein Erfolgserlebnis zu ermöglichen, indem ich alle Hindernisse dafür aus dem Weg räumte. Im Postamt bestand das Hindernis aus Langweile und dasselbe traf zu, als ich meine Kinder einmal während der Weihnachtszeit in einer langen Warteschlange in der Bank beschäftigen musste. Sie erinnern sich vielleicht: Ich wies sie an, sich hinzusetzen und sich nicht vom Fleck zu rühren (oder in Hundetrainersprache ausgedrückt: Ich verlangte ein „Sitz und Bleib" von ihnen). Aber ich brachte sie auf Erfolgskurs, indem ich sie neben dem Weihnachtsbaum platzierte und ihnen Stickeralben zur Unterhaltung gab.

Wir haben in vielen Lebensbereichen die Chance, anderen das Lernen am Erfolg zu ermöglichen. Wenn wir Menschen an den Universitätsinstituten im Umgang mit der nötigen Technik schulen, bringen wir sie für ihre Vorlesungen und Unterrichtseinheiten auf Erfolgskurs, da sie auf ihre Aufgabe vorbereitet wurden. Wenn Crosslauf-Coaches ihre Sportler die tatsächliche Rennstrecke zu Übungszwecken vor dem Rennen laufen lassen, bringen sie sie auf Erfolgskurs. Läufer meistern Rennen besser, wenn sie keine Angst haben, dass sie sich verlaufen könnten oder dass sie Energie für einen Anstieg sparen müssen. Wir können uns selbst (und unsere Familie) auf ernährungstechnischen Erfolgskurs bringen, indem wir gesunde und gut schmeckende Lebensmittel kaufen. Es ist sinnvoll, den Menschen in unserem Umfeld ihre Aufgaben zu erleichtern, indem wir sie auf Erfolgskurs bringen. Ich würde es auf jeden Fall empfehlen, anstatt einfach auf das Beste zu hoffen, oder sich zu denken, dass alle für ihre eigenen Handlungen verantwortlich sind und dass schwierige Situationen einfach durchgestanden werden müssen.

Es gibt zahlreiche Wege, um Menschen auf Erfolgskurs zu bringen. Um nur einige zu nennen: Setzen Sie Ihre Kinder mit dem Rücken zum Fenster, während sie lernen oder ihre Hausaufgaben machen. Ist Ihr Kind ein Morgenmensch, dann lassen Sie es alle bereits bekannten Hausaufgaben in der Früh vor der Schule machen, anstatt bis zum Nachmittag damit zu warten. Wenn Sie jemandem das Schuhebinden beibringen wollen, dann verwenden Sie Schuhbänder aus einem Material und in einer Länge, die das Binden so leicht wie möglich machen. Wollen Sie jemandem beibringen, einen Spiegel zu putzen, dann verwenden Sie Reinigunsprodukte, die keine Streifen hinterlassen. So ermöglichen Sie es der Person, die Aufgabe richtig zu erledigen, selbst wenn ihre Technik noch nicht ganz ausgefeilt ist. Wenn man Surfen lernen will, sollte man sinnvollerweise an einem Strand beginnen, an dem die Wellen leicht zu reiten, aber nicht zu hoch sind. Wenn der Ehepartner das Geschirr vom Abendessen in die Spülmaschine räumen soll, sollten Sie sicherstellen, dass der Geschirrspüler komplett leer ist. Auf diese Weise steht genügend Platz zur Verfügung und es ist außerdem unmöglich, bereits vorhandenes Geschirr in der Maschine versehentlich für sauber zu halten. Wenn Sie an Ihrem Arbeitsplatz ein Team leiten, das für ein unerwartetes Projekt Überstunden machen muss, dann stellen Sie Essen zur Verfügung, das wirklich Energie spendet. Eine ordentliche Mahlzeit mit Gemüse und einer Eiweißquelle kurbelt die Produktivität und langzeitige Zusammenarbeit besser an als ein zuckerhaltiges Gebäck. Wenn Ihr Kind gerade seine feste Zahnspange entfernt bekommen hat und nun Zahnschienen tragen (beziehungsweise in einer Box aufbewahren) muss, dann sollten Sie in ein paar zusätzliche Aufbewahrungsboxen investieren – eine für die Schule, eine für das Auto. Auf diese Weise hat Ihr Kind immer einen guten Ort für die Aufbewahrung parat, wenn es die Schiene zum Essen herausnehmen muss, aber seine übliche Aufbewahrungsbox vergessen hat – und Sie vermeiden, dass sie in eine Serviette gewickelt wird oder etwas anderes damit geschieht, was ein Verlieren oder Wegwerfen wahrscheinlicher macht.

In der Welt des Hundetrainings ist es immer der Plan, dem Hund ein Lernen am Erfolg zu ermöglichen. Professionelle Hundetrainer möchten, dass Hunde immer wieder erfolgreich sind, während sie die notwendigen Schritte durchlaufen, um eine neue Fähigkeit oder ein neues Verhalten zu erlernen und zu meistern. Das Geheimnis dieser ständigen Erfolgserlebnisse besteht teilweise darin, die Misserfolge zu vermeiden, die entstehen, wenn wir von unseren Hunden etwas erwarten, für das sie nicht ausgebildet wurden oder das sie noch nicht gelernt haben. Menschen erwarten oft, dass Hunde wissen, wie etwas geht, nur weil sie Hunde sind. Wir müssen unseren Klienten häufig beibringen, dieses Problem zu vermeiden. Leute erzählen mir beispielsweise oft, dass ihr Hund nicht kommt, wenn sie ihn rufen. Meine erste Frage lautet dann: „Haben Sie ihm beigebracht, zu kommen, wenn Sie ihn rufen?" Die typische Antwort darauf lautet „Nein", aber die Leute sind trotzdem verwirrt oder enttäuscht darüber, dass ihr Hund nicht auf Abruf kommt. Wenn Leute einem Hund begegnen, erwarten sie oft, dass dieser „Sitz" und „Pfote geben" machen kann – ohne viel Rücksicht darauf, dass viele Hunde diese konkreten Verhaltensweisen nie gelernt haben, und schon gar nicht an einem fremden Ort und auf das Signal einer fremden Person hin. Eine gute Faustregel lautet, dass man von Hunden nie etwas erwarten sollte, das sie nicht gelernt haben. Gleichermaßen sollten wir von Menschen keine Dinge erwarten, für die sie nie vorbereitet wurden oder die sie nie gelernt haben.

Es gibt viele Beispiele für Verhaltensweisen, deren Beherrschung man bei niemandem jemals voraussetzen würde, ohne dass die Person in irgendeiner Weise dafür ausgebildet oder darauf vorbereitet worden wäre. Es wäre komisch, von jemandem einen Schwalben-Kopfsprung oder ein Rückwärtssalto ohne vorherige Übung oder Ausbildung zu erwarten. In Bezug auf derartige Tricks erscheint es uns also logisch, keine Erwartungen zu haben. Trotzdem erwarten wir manchmal andere Dinge von Leuten, für die sie genauso unvorbereitet sind wie für einen professionellen Kopfsprung oder einen Salto.

Zahreiche Forschungsarbeiten haben ergeben, dass Menschen von Natur aus – zumindest bis zu einem gewissen Grad – fälschlicherweise annehmen, dass andere wissen, was sie wissen. Viele Leute erwarten von ihren Haus- und Tiersittern, dass diese von selbst wissen, wo das Katzenfutter aufbewahrt wird und an welchem Tag Müllabholung ist. Wir erwarten oft von unserem Ehepartner, dass dieser automatisch weiß, welche Wäschestücke nicht in den Trockner gehören. Es wird oft einfach angenommen, dass jemand Auto fahren kann, selbst wenn diese Person das noch nie gemacht hat, oder dass jemand ohne vorherige Erfahrung einen Tisch festlich decken kann. Von neuen Mitarbeitern wird oft erwartet, dass sie wie von Zauberhand und ohne Erklärung verstehen, wie ein komplexes Telefonsystem mit zahlreichen Leitungen funktioniert. Bei kleinen Kindern besteht manchmal die Erwartung, dass sie Schreibschrift lesen und schreiben können sollten, obwohl sie diese Fähigkeit noch gar nicht gelernt haben. Menschen aus den Vereinigten Staaten sind berühmt dafür, von allen anderen anzunehmen, dass sie Englisch sprechen – egal, wo auf der Welt sie leben. Bei Familientreffen kommt es regelmäßig zu Problemen, weil erwartet wird, dass neue Ehepartner alle Traditionen und Tabuthemen der Schwiegereltern kennen. Jede Familie hat unterschiedliche Verhaltensregeln, aber die Mehrheit der Menschen erkennt das nicht und hat daher unfaire Erwartungen an Gäste – die diesen natürlich nicht entsprechen können.

Um dieses Problem der zum Scheitern verurteilten Erwartungen zu vermeiden, machte ich es mir zur besonderen Aufgabe, meinem Mann vor unserer Hochzeit die häufigsten jiddischen Wörter beizubringen. Ich wusste, dass meine Verwandten davon ausgehen würden, dass er sie kannte, obwohl er nicht jüdisch ist. Er musste nur ein sehr kleines Vokabular meistern, um dem Problem zu entgehen: *Chuzpe* (Unverfrorenheit, besonderer Mut), *Bubbe* (Großmutter), *Zeyde* (Großvater), *Masel tov* (Gratuliere oder Viel Glück – was für eine lustige Mischung für eine Hochzeit!), *meschugge* (verrückt), *Naches* (Stolz oder Zufriedenheit, besonders im Zusammenhang mit den eigenen Kindern oder Enkeln). Die Annahme, dass er diese Wörter kennen würde, mag albern erscheinen, aber Menschen nehmen noch viel unbegründetere Dinge an.

Bedauerlicherweise führen wir auch oft Fehlschläge auf Arten herbei, die uns nicht einmal bewusst sind. Beispielsweise beginnt das Schuljahr bei uns in der ersten Augustwoche, obwohl wir zu der Zeit das schönste Wetter des Jahres haben. Mai und Juni können ziemlich heiß sein, aber im Juli und August kommt der Monsun-

Regen, was uns herrliches Wetter um die dreißig Grad beschert, in Kombination mit erfrischenden Regengüssen am Nachmittag. Ich muss jedes Jahr lachen, wenn ich verschiedene Lehrer oder Schulleiter die Bemerkung machen höre, wie unwillig die Kinder in der Schule seien – und so *unruhig*. Sie können sich anscheinend überhaupt nicht konzentrieren! Ich möchte darauf immer antworten: „Ähm, glauben Sie, es könnte möglicherweise daran liegen, dass immer noch SOMMER ist?" Ein Schulbeginn während perfekten Strand- oder Picknickwetters bringt unsere Kinder einfach nicht auf Erfolgskurs.

Um bei dem Thema zu bleiben: Wir können unseren Kindern ein erfolgreiches Lernen ermöglichen, wenn wir uns Gedanken darüber machen, um welche Zeit die Schule beginnt. In den Vereinigten Staaten beginnt die Highschool oft früh, während Grundschulkinder erst später in die Schule müssen. Als meine Kinder beispielsweise in der Grundschule waren, begann ihr Tag um 8:40 Uhr, während sie in der Highschool schon um 7:30 Uhr in der Schule sein müssen. Das ist nicht das Beste für ihren Lernerfolg. Unser innerer Rhythmus verändert sich mit zunehmendem Alter. Die meisten jüngeren Kinder sind Frühaufsteher und viele wachen schon um sechs Uhr – oder, aus Elternperspektive noch schlimmer, um fünf Uhr – auf, während Jugendliche von Natur aus einen späteren Rhythmus haben und gerne lang aufbleiben, dafür aber erst spät am Morgen oder sogar erst gegen Mittag aufwachen. Es ist bekannt, dass die innere Uhr sich umstellt, wenn wir älter werden, weshalb viele Leute gegen die natürliche Tendenz ihres Körpers ankämpfen, wenn sie versuchen, es um neun Uhr zur Arbeit zu schaffen. Dieser traditionelle Beginn des Arbeitstages ist perfekt für die Menschen, die ihn erfunden haben, weil sie an der Macht sind – das heißt, Leute im Alter zwischen vierzig und sechzig. Für die jüngeren Arbeitskräfte ist es jedoch kein natürlicher Rhythmus. Wenn wir älter werden und uns dem Pensionsalter nähern, erlebt unser Schlaf-

Wach-Rhythmus eine Art „zweite Kindheit", was bedeutet, dass wir wieder von selbst gegen Tagesanbruch aufwachen. Natürlich handelt es sich hierbei um Verallgemeinerungen und viele Menschen verbringen ihr ganzes Leben als entweder Morgenmenschen oder Nachteulen. Trotzdem besteht mit zunehmendem Alter diese allgemeine Tendenz zur Veränderung und es wäre sinnvoll, wenn die Schule zu der Zeit beginnen würde, die für die Mehrheit der Schüler am natürlichsten ist und am besten funktioniert. Das wäre eine Art, um vielen Menschen ein Lernen am Erfolg leichter zu ermöglichen.

Wie würde Erfolg aussehen? (Was soll geschehen?)

Eine Frage, die ich meinen Klienten regelmäßig stelle, lautet: „Wie würde Erfolg aussehen?" Es ist wirklich wichtig, zu wissen, was das Ziel ist, bevor wir versuchen, darauf hinzuarbeiten. Ebenso wichtig ist, dass alle Familienmitglieder sich über dieses Ziel einig sind. Dies ist außerdem ein Weg, um meine Klienten wissen zu lassen, wie groß das Projekt ist, das wir uns vornehmen. Zusätzlich können sie dadurch die Wahrscheinlichkeit eines Erfolgserlebnisses besser abschätzen. Nehmen wir zum Beispiel an, zwei verschiedene Familien suchten bei mir Rat, deren Hunde beide eine lange Liste aggressiver Interaktionen mit anderen Hunden vorweisen, darunter auch Beißvorfälle. Wenn ich frage, wie Erfolg aussehen würde, sagt eine Familie, dass sie gerne entspannte Spaziergänge in ihrer Umgebung mit dem Hund unternehmen würden, die für ihn eine positive Erfahrung sein sollen. Das Ziel der anderen Familie besteht darin, mit dem Hund in eine Hundezone gehen zu können. Die Wahrscheinlichkeit, dass die erste Familie erfolgreich sein wird, ist sehr viel höher als die Erfolgswahrscheinlichkeit der zweiten Familie – weil einfach nicht jeder Hund in eine Hundezone gehen kann (oder sollte!). Gleichermaßen gilt, wenn ich drei Familien hätte, deren Angsthunde fremde Personen anbellen, anknurren und auf diese hinfahren, dann würde mein Optimismus stark von deren jeweiligem Ziel abhängen: Es gibt einen großen Unterschied zwischen der Familie, deren Ziel es ist, den Hund an Onkel Joe zu gewöhnen, der bei ihnen einziehen soll, der Familie, deren Hund bei allen Menschen entspannt sein soll, und der Familie, die aus ihrem Hund einen Therapiehund machen möchte. (Für Menschen außerhalb unserer Branche mag es eine Überraschung sein, wie viele Menschen dieses Ziel für Hunde setzen, die für eine derartige Arbeit völlig ungeeignet sind, aber ich weiß, dass meine Hundetrainerkollegen hier mit dem Kopf nicken werden.) In diesem Fall wären die ersten zwei Ziele möglich, obwohl das zweite ein sehr viel größeres und langfristigeres Projekt darstellen würde. Das Ziel der dritten Familie wäre aber einfach unrealistisch. Manchmal haben Familienmitglieder auch unterschiedliche Ziele, merken das aber erst, wenn sie konkret gefragt werden, was sie erreichen möchten.

Ich habe schon einmal angekündigt, dass ich auf meine Versuche zurückkommen werde, das Verhalten meiner Kinder bezüglich des Wegräumens ihrer Wäsche zu beeinflussen. Zu Beginn meiner Bemühungen hätte ich die Frage, „Wie würde Erfolg aussehen?", folgendermaßen beantwortet: Meine Kinder würden die Wäschestapel vor ihrer Tür wegräumen, sobald sie sie sahen. Dieses Ziel erreichte ich nur auf begrenzte und kurzzeitige Weise. Das Projekt war erst dann wirklich abgeschlossen, als ich meine Antwort dahingehend abänderte, dass es mir eigentlich nur darum ging, keine Wäschestapel in den Türrahmen liegen zu haben – selbst wenn dies bedeutete, dass ich die Wäsche selbst vor den Schrank in ihrem Zimmer legen musste.

Wie Erfolg aussehen würde ist ein entscheidender Faktor, wenn es darum geht, ob Sie Ihr Ziel überhaupt erreichen können und wie viel Arbeit dafür nötig ist. Wenn Ihr Ziel ist, ein bisschen Französisch zu lernen, um auf Ihrer Reise nicht als ignorant abgestempelt zu werden, dann müssen Sie dafür zirka ein Monat lang mit einem Online-Programm lernen und die Erfolgswahrscheinlichkeit ist hoch. Wenn Sie Französisch jedoch so gut beherrschen wollen, dass Sie die gesamte Geschäftskommunnikation in dieser Sprache abwickeln können, brauchen Sie wahrscheinlich fast ein ganzes Jahr dafür und müssen einiges in Kurse und Konversationsprogramme mit Muttersprachlern investieren, vielleicht zusätzlich zu Sprachreisen, die die Gelegenheit zu echter Übung bieten. Ob Sie Ihr Ziel erreichen, hängt davon ab, wie hart Sie daran arbeiten und wie es um Ihr Sprachtalent steht. Beide Ziele sind gleichermaßen legitim und gut definiert. Aber Ihre Antwort auf die Frage, „Wie würde Erfolg aussehen?“, bedingt die unterschiedlichen Anforderungen sowie eine unterschiedliche Dauer und Erfolgswahrscheinlichkeit.

Konflikte entstehen oft aufgrund des fehlenden Bewusstseins, dass es unterschiedliche Antworten auf diese Frage gibt. Wenn ein Kind seine Note in einem Fach von einer Drei auf eine Zwei verbessern will, aber die Eltern sich eine Einser-Schülerin wünschen, dann besteht das Problem hier in den unterschiedlichen Antworten auf die Frage, „Wie würde Erfolg aussehen?“. Oft merken Leute gar nicht rechtzeitig, dass sie unterschiedliche Ziele haben, was zu Problemen – vielleicht in der Form eines Streits – führen kann. Im Alltag kann das eine Kleinigkeit sein, wie beispielsweise ein vager Plan, das Haus zu putzen. Für die eine Person bedeutet Erfolg vielleicht einfach, dass ein Weg von der Haustür ins Wohnzimmer und in die Küche frei ist, während die andere Person sich ein makellos sauberes Haus wünscht, in dem jederzeit Gäste empfangen werden können. Auch dies sind beides realistische Ziele, aber wenn das Ziel nicht einvernehmlich ist, sind Konflikte vorprogrammiert. Ich habe aus dem Hundetraining gelernt, dass es wirklich wichtig ist, auf die Frage, „Wie würde Erfolg aussehen?“, eine klare Antwort zu haben, der alle zustimmen. Und der erste Schritt, um diese Antwort zu erhalten, besteht darin, die Frage zu stellen.

Schlusswort

Ich bin gerne Hundetrainerin, weil ich dadurch mit meinen zwei liebsten Spezies zusammenarbeiten kann – Menschen und Hunden. Es ist mir eine Freude, wenn ich die Beziehung zwischen den beiden durch einen Fokus auf Verhalten und Verhaltensbeeinflussung zu verbessern vermag. Ich habe immer davon geträumt, mit Tieren zu arbeiten und ich kann mich nicht an eine Zeit erinnern, an der es nicht so war. Es ist keine Überraschung, dass ich meine Interaktionen mit Hunden und Menschen während meiner Arbeit als Hundetrainerin genieße, aber es war eine unvorhergesehene Freude in meiner Karriere, als ich entdeckte, dass die Fähigkeiten und Ideen aus meiner Berufserfahrung auch mein Leben abseits der Arbeit auf ganz viele Weisen verbessern können. Jeder kann die dafür nötigen Techniken in seinem Leben anwenden, ganz gleich, womit man sein Geld verdient. Diese unterwartete Wendung der Dinge macht mich so glücklich, dass es mir manchmal wirklich wie Zauberei vorkommt. Ich muss mir regelmäßig ins Gedächtnis rufen, dass es keine Zauberei ist, sondern nur Hundetraining – weil wir alle auf gewisse Weise wie Hunde sind.

Danksagungen

Ein Buch zu schreiben ist wie eine gefühlsmäßige Achterbahnfahrt aus Liebe und Hass, aber meine Gefühle der Dankbarkeit für diejenigen, die mir bei der Umsetzung dieses Projekts geholfen haben, befanden sich stets auf einer kontinuierlich steigenden Kurve. Patricia B. McConnell ist bereits seit langem meine Mentorin und Freundin, und ich bin dankbar für alles, was sie mich über Hunde gelehrt hat sowie für all den Spaß, den wir miteinander haben, und ihre aufschlussreichen Rückmeldungen zu einer früheren Version dieses Buchs. Danke an alle Hundetrainer und Hundeverhaltensexperten, die sich einen vorherigen Entwurf dieses Buchs angesehen haben und hilfreiche Vorschläge dazu gemacht haben: Jenn Barg, Laura Monaco Torelli, Melissa Shyan-Norwalt und Pia Silvani. Auch Adrienne Hoveys und Larry Woodwards scharfe Augen haben frühe Entwürfe des Manuskripts verbessert. Linda Case, Debbie Jacobs und Deb Jones halfen mir bei der Herausforderung, das Verlagswesen kennenzulernen, indem sie ihre eigenen Erfahrungen und ihr Wissen mit mir teilten. Danke an Jon Luke, der dieses Projekt von Anfang an unterstützte und so freundlich war, mir viele hilfreiche Ratschläge zu geben – und der mich zum Lachen brachte.

Meine Lektorin Eileen Anderson ist außerordentlich talentiert darin, die englische Sprache nach ihrem Willen zu formen. Zusätzlich kennt sie sich bestens mit Hundetrainingskonzepten und dem Verlagswesen aus. Es war solch ein Glück für mich, in Kontakt mit ihr zu kommen, dass ich nun befürchte, mein Glück für das nächste Jahrzehnt aufgebraucht zu haben – denn wir wurden nicht nur Geschäftspartner, sondern auch Freundinnen. Sie hat dieses Buch und die zugehörige Schreiberfahrung dermaßen verbessert, dass alle meine Versuche, die Tiefe meiner Dankbarkeit auszudrücken, unzureichend erscheinen müssen. Ich kann nur ein ehrliches und von

Herzen kommendes „Danke!“ sagen, in der Hoffnung, dass sie auch diesmal verstehen wird, was ich gemeint habe, selbst wenn ich es nicht genau so geschrieben habe.

Danke an die Familie, in der ich aufgewachsen bin: meine Eltern Bobbi und Ralph London sowie meine Schwester Marla London. Und Danke an die Familie, mit der ich heute mein Zuhause teile: meinen Mann Rich Hofstetter sowie unsere Söhne Evan Hofstetter und Brian Hofstetter. Meine Familie erfüllt mein Leben mit Freude, Liebe und Lachen – in Kombination mit gerade genügend Schrulligkeit, um für Geschichten zu sorgen – der Traum eines jeden Autors.

Ich bin auch den vielen Hunden zu Dank verpflichtet, die mein Leben schön (wenn auch ein bisschen dreckig) gemacht haben und die mir so viel Glück bescherten.

Über die Autorin

Karen B. London, Ph.D., ist Certified Professional Dog Trainer (zertifizierte Hundetrainerin) und Certified Applied Animal Behaviorist (zertifizierte Verhaltenstherapeutin für Tiere). Sie erhielt ihren Bachelor of Science in Biologie von der University of California, Los Angeles (UCLA) und ihren Ph.D. in Zoologie von der University of Wisconsin-Madison, wo sie das Abwehrverhalten von neotropischen Faltenwespen erforschte sowie eine Nestbau-Verbindung zwischen zwei Wespenarten.

Sie begann im Jahr 1997 professionell mit Hunden zu arbeiten und arbeitet seit Jahren mit Klienten in 1-zu-1 Beratungsgesprächen und als Instruktorin von Gruppenkursen. Sie hält außerdem Seminare über Hundetraining und Hundeethologie für Trainer, tierärztliches Personal, Tierheimmitarbeiter sowie eine breite Öffentlichkeit ab.

Sie schreibt für TheBark.com, schreibt die Tierkolumne für die Zeitung *Arizona Daily Sun* und ist Lehrbeauftragte am Biologischen Institut der Northern Arizona University, für das sie in Nicaragua und Costa Rica Tropische Ökologie unterrichtet sowie Naturschutz-Feldkurse geleitet hat. Sie unterrichtet außerdem einen Kurs für Studienanfänger mit dem Titel „Sex, Bugs and Rock'n Roll", in dem es um die Bedeutung von Insekten für unsere Gesellschaft geht.

Karen lebt mit ihrem Mann und ihren zwei Söhnen in Flagstaff, Arizona.
Instagram: @Karen.London.Dog.Behavior

Das könnte Sie auch interessieren:

Patricia B. McConnell

Das andere Ende der Leine

Was unseren Umgang mit Hunden bestimmt

Dieses Buch wirft eine revolutionäre, neue Perspektive auf unseren Umgang mit Hunden: Es beleuchtet unser Verhalten im Vergleich zu dem der Hunde! Patricia McConnell betrachtet uns Menschen augenzwinkernd wie eine interessante Spezies von Säugetieren. Fundiert, aber höchst unterhaltsam beschreibt sie, wie wir uns in Gegenwart von Hunden verhalten, wie die Hunde unser Verhalten interpretieren (oder missverstehen) könnten und wie wir am besten mit unseren vierbeinigen Freunden umgehen, um das Beste aus ihnen herauszuholen.
Beginnen Sie, Hundeverhalten aus der Sicht eines Hundes zu betrachten und Sie werden verstehen, warum vieles, das wie Ungehorsam Ihres Hundes aussieht, einfach ein großes Missverständnis ist. Denn wir sind Primaten, die Hunde Caniden – und sprechen folglich andere Sprachen!

ISBN: 978-3-95464-183-3
Paperback, s/w, 320 Seiten 12,95 EUR

Patricia B. McConnell

Liebst du mich auch?

Die Gefühlswelt bei Hund und Mensch

Hunde und Menschen gehören zwar verschiedenen Arten an, aber die aktuelle Wissenschaft liefert faszinierende und unwiderlegbare Beweise dafür, dass unsere Gemeinsamkeiten größer sind als unsere Unterschiede. Das gilt auch für die Fähigkeit zum Empfinden von Gefühlen, die Hunden wie allen anderen Tieren auch von der Wissenschaft lange Zeit abgesprochen wurde. Die Autorin beleuchtet, wie Gefühle entstehen, wozu sie dienen und warum sie für Menschen und Tiere gleichermaßen wichtig sind. Dabei weiß sie wissenschaftliche Tatsachen so mit Herz und Humor zu vereinbaren, dass das Lesen zu einem gleichermaßen lehrreichen wie unterhaltsamen Vergnügen wird. Lesen Sie, wie Angst, Zorn, Glück, Liebe, Mitleid, Trauer oder Eifersucht unsere Hunde und uns miteinander verbinden und wie wir lernen können, die subtilen Signale der Gesichtsmimik und Körpersprache unserer Hunde als Gradmesser für ihren Gefühlszustand besser zu erkennen: Ab sofort werden Sie Ihren Hund mit anderen Augen sehen.

ISBN: 978-3-95464-227-4
Paperback, s/w, 472 Seiten 16,95 EUR